U0909079

◎国家社会科学基金一般项目：中国传统孝道养老伦理思想及其当代启示研究（项目批准号：14BZX081）结项成果。

◎湖南省教育厅科学研究重点项目：湖南全面建成多层次农村社会养老保障体系研究（湘教通2019〔353〕号文件19A187）部分成果。

中国传统养老伦理思想研究

Research on Chinese Traditional Ethical Thought about Filial Care of the Elderly

潘剑锋　著

中国社会科学出版社

图书在版编目(CIP)数据

中国传统孝道养老伦理思想研究/潘剑锋著．—北京：中国社会科学出版社，2022.3

ISBN 978－7－5203－9762－9

Ⅰ.①中… Ⅱ.①潘… Ⅲ.①孝—传统文化—研究—中国②养老—研究—中国 Ⅳ.①B823.1②D669.68

中国版本图书馆 CIP 数据核字(2022)第 027938 号

出 版 人 赵剑英
责任编辑 宋燕鹏
责任校对 王 龙
责任印制 李寡寡

出　　版 中国社会科学出版社
社　　址 北京鼓楼西大街甲 158 号
邮　　编 100720
网　　址 http://www.csspw.cn
发 行 部 010－84083685
门 市 部 010－84029450
经　　销 新华书店及其他书店

印　　刷 北京明恒达印务有限公司
装　　订 廊坊市广阳区广增装订厂
版　　次 2022 年 3 月第 1 版
印　　次 2022 年 3 月第 1 次印刷

开　　本 710×1000 1/16
印　　张 18.5
插　　页 2
字　　数 276 千字
定　　价 98.00 元

序　言

“孝”作为中国传统文化的核心元素，是最基本的道德规范，是一切德行的根本，更是做人的基本准则。在我国，养老是与“孝”这一观念以及“孝”为核心的传统家庭伦理紧密相连的，传统孝道作为伦理道德准则和行为规范，在中国传统家庭养老中起着规范和约束作用，并增强了家庭和睦、民族团结、社会稳定，使老有所养，幼有所育，并很好地解决了中国历史上的养老难题。

传统孝道文化中蕴含着丰富的养老伦理思想，这些思想像“珍珠”一样散落在历史大儒们浩瀚的论“孝”史料和历代朝廷的典章制度之中。潘剑锋教授的《中国传统孝道养老伦理思想研究》把孝道思想史与中国养老伦理史很好地结合起来，对孝道文化中的“养老伦理”进行专门性研究，可以说是另辟新径，把握了中国孝道伦理思想的实质，扩展了孝道伦理思想研究的领域，研究视角具创新性。不仅如此，该著作能够以朝代为断限，对浩瀚的孝道养老伦理思想进行概括性梳理，并以每个朝代中的重要论孝典籍为重点考察对象，把各个历史时期的文化中蕴含的孝道养老伦理思想呈现出来，这种“系统法+个案法”研究方法令人感到耳目一新。由于孝道的内涵非常丰富，该著作站在较高的视野，以翔实的历史文化资料为参考，把孝道中的养老伦理思想扒梳出来，并把它们的发展脉络、发展规律以及历史价值深刻揭示出来，厘清了孝道养老伦理在不同历史时期的发展演变，清晰地展现了孝道养老伦理的历史脉络，丰富了孝道养老伦理思想，有助于从一个侧面把握中国独特的文明体系，由此丰富和拓展在孝道内容的研究。另外，该著作不仅仅局限于对传统孝道养老伦理的历史研究，更是把历史与现实结合起来，通过对传统孝道养老伦理思想的系统梳理与研究，以史为鉴，深入挖掘其蕴含的时代价值，对于当代中国进入老龄化社会如何解决养老问题具有重要意义。

诚然，研究中国养老伦理问题，要求作者既具有深厚的历史学养，也具有关注社会现实的情怀。从中国古代社会以来，中华孝道文化一直在发挥精神的作用，成为各个时期的人伦道德基础和政治统治的文化基础。孝道文化是中国历朝历代所推崇的文化，它是一个物质之孝与精神之孝的辩证统一体，既保障了老年人的基本生活需求，也保障了精神与情感需求，能帮助人们树立尊老爱幼、敬养父母的思想观念，还能净化社会风气，形成良好社会风尚。但随着我国社会进一步发展，生产方式的变更，社会经济政治条件改变，宗法制已被摧毁，传统的大家庭也逐渐走向崩溃，取而代之的是家庭的小型化、核心化，家庭结构小型化，造成家庭重心的下移，“子女优先”和“子女偏重”的观念左右着家庭的一切，加之民主平等等思想的传入，我国国民的思想也有着较大的变化，这自然冲击着老年人的地位，使得子女对孝道观念漠视。青年人对孝道观念的漠视，有些地方出现了侵犯老人权益，不赡养父母，嫌弃父母，甚至役使、虐待和遗弃父母，还挤占或抢占父母的财产，乃至残害父母的事时有发生。因此，传统意义上的孝道养老在一定程度上受到削弱。因此，如何引导人们客观看待中华孝道文化，不断根据社会发展的需要，取其精华去其糟粕，推动孝道文化迭代更新，使其更加适应现代社会的发展需求，作者也对此做出了进一步思考和深度探索。

2018 年 10 月 27 日，中共中央、国务院印发的《新时代公民道德建设实施纲要》指出：“中国特色社会主义进入新时代，加强公民道德建设、提高全社会道德水平，是全面建成小康社会、全面建设社会主义现代化强国的战略任务，是适应社会主要矛盾变化、满足人民对美好生活向往的迫切需要，是促进社会全面进步、人的全面发展的必然要求。”党的十九届四中全会“决议”也强调，在国家治理体系和治理能力现代化的进程中，要充分发挥“坚持共同的理想信念、价值理念、道德观念，弘扬中华优秀传统文化、革命文化、社会主义先进文化，促进全体人民在思想上精神上紧紧团结在一起的显著优势”。很显然，新时代公民道德建设的目的，一方面在于传承中国传统文化和发挥社会主义道德的显著优势；另一方面，为公民道德素养的全面提升创造条件，进而“推动全民道德素质和社会文明程度达到一个新高度”。而继承、发展传统养老伦理，是新时代公民道德建设的题中要义之一。当今社会，经济和科学技术的发展日益加速，知识的传播速度加快，传播广度深度增加，传播途径和方式也发生着极大的变化，传统孝道养老文化也会随着这一时代的发展不断创新。一方面，我们要根据社会主义核心价值观和《新时代公民道德建设实施纲要》的要求创新孝道养老文化的内涵；另一方面，又要优化孝道文化传承的社会环境、传播路径和技术手段，以此实现孝道养老文化的创造性转化和创新性发展。在这方面，作者的研究还可以持续深入，也会取得更大更多的研究成果。对此，本人充满期待。

是为序。

龙静云

（华中师范大学二级教授，博士研究生导师，

中国伦理学会副会长）

2022 年 2 月 17 日

目　　录

绪　论

中国古代虽然不像西方那样有明确的社会保障制度，但中国有着悠久的敬老尊老养老发展的历史，这些敬老尊老养老制度发展的历程就是社会保障发展的历史。因此，在中国养老是与“孝”这一观念和以“孝”为核心的传统道德伦理连在一起的。目前，研究孝道与养老关系、养老伦理的成果不太多，且从养老伦理思想、理论及其史学这一角度进行研究的成果更不多。

人们颂扬和研究孝道，主要是认为孝道在传统伦理道德体系中居于核心和基础地位，是百善之先，诸德之本。事实上孝道有着十分丰富的养老思想资源，可以说，一部中国孝道思想史就是养老伦理史，因为在中国支撑养老功能的是传统伦理“孝”的价值取向，孝是“天经地义”的行为的最高准则。① “孝”的观念确实对子女的养老行为构成了约束，因而保证了家庭养老的实行，解决了中国历史上的养老难题。但是，“孝”的养老思想内涵并不是一成不变的。随着时代的变迁，人的思想也会在社会大变革中发生转变，孝在当今养老中功能弱化。中国已于1999年10月提前进入人口老龄化国家的行列。数据显示， 2019年年底，中国60周岁及以上人口达到25388万人，占总人口的18.1%，其中65周岁及以上人口17603万人，占总人口的12.6%。②

---

① 杜卓等：《21世纪您如何养老?》，《中国教育报》2001年1月7日第1版。

② 龙敏飞：《“老年食堂”可助力社区养老》，《中国劳动保障报》2020年9月11日第8版。

相较于2018年年底，老年人口增加约439万人。2018年年末，中国60周岁及以上人口达24949万人，占总人口的17.9%，其中65周岁及以上人口16658万人，占总人口的11.9%。① 第七次全国人口普查数据发布，全国60周岁及以上人口达到2.55亿人，其中65周岁及以上人口为1.9亿人，老年化进程明显加快。② 全国老龄工作委员会办公室、中国老龄协会发布的《奋进中的中国老龄事业》中指出，2035年前后，中国老年人口占总人口的比例将超过1/4，2050年前后将超过1/3。③ 党的十八大提出了将养老作为民生的重大问题进行解决。党的十九大提出，积极应对人口老龄化，构建养老、孝老、敬老政策体系和社会环境，推进医养结合，加快老龄事业和产业发展。④ 今天在社会化养老还不完善的情况下，家庭养老出现了诸多问题，涉及子女抚养、父母赡养等案件大幅上升，给社会管理带来新的挑战。因此如何养老、怎样养老的问题成为一个十分突出的社会问题。解决养老问题，以往主要把发展经济、完善老年社会保障体系当作重点。但是仅仅依靠法律的震慑力量和经济的力量无法根本解决敬老养老意识淡漠的问题，要想解决问题，还必须坚持以科学的发展观为指导，辅之以道德教育。因此，要解决人口老龄化所带来的养老问题和现代社会中出现的养老道德问题就必须建立一种适应现代社会需要、反映现代社会生活并包含新孝道思想的现代养老伦理。因此，加强对养老伦理思想史研究，开展以传统社会文化为背景，以养老行孝思想上的历史演进为主轴，以养老行孝思想对中国社会政治、法律、宗教、道德等方面的影响为辅翼，梳理出传统养老行孝思想的理论体系以及发展演进的历史脉络，这可以为现代孝道养老伦理思想体系的构建奠定理论基础和历史坐标。

---

① 余雪雪、王雅、朱陈陈：《新型城镇化背景下养老社区的物业服务体系建设调查研究》，《广西质量监督导报》2020年第2期，第23—24页。

② 国家统计局于2021年5月11日发布，《光明日报》2021年5月12日第10版。

③ 贾洪祥、王健：《积极探索中国特色的健康老龄化方案》，《天津日报》2020年9月21日第13版。

④ 贾洪祥、王健：《积极探索中国特色的健康老龄化方案》，《天津日报》2020年9月21日第13版。

一　传统孝道文化概述

传统孝道文化是中国传统文化的重要组成部分，是封建统治者维护自身统治和巩固国家政权的重要方略。其提倡的敬老养老思想等都是中国传统文化的重要思想，在古代孝既是家庭道德的基础，也是支撑中国古代政治的伦理精神支柱，是封建宗法等级制度的伦理精神基础。①

（一）传统孝道文化内涵

早在甲骨文时代，就出现了“孝”字。《说文解字》上说：“善事父母者，从老省、从子、子承老也。”② 根据许慎的解释，孝字，是由“老”和“子”二字组合而成的，有父携子或子扶老之意。“孝”这一个字就传递了传统孝道文化的基本思想：子女有孝敬父母的义务。从伦理学上看，“孝”字还折射出众多家庭伦理道德思想。自古以来，中国社会十分注重家庭亲属间的关系，因此有着严密的家庭伦理秩序。与此同时，也可以延伸到臣对君、下对上、卑对尊等关系和秩序中，以及作为立身行道的准则。总之传统孝道文化的主要内容有以下几点。

1. 敬养父母

《增广贤文》的“羊羔跪乳”和《本草纲目·禽部》的“乌鸦反哺”是古人通过歌颂动物孝敬自己父母的精神，从而号召世人要更加孝敬父母。当然传统孝道文化所宣扬的赡养父母，最基本也最经常的义务是养亲，但养的价值似乎不如敬高。③ 因此我们用“敬养”二字来阐述更为准确。由于古代有着严厉的家庭内部等级关系，敬养父母是孝道的基本要求，这其中包括一系列纷繁复杂的思想和行为规范，其具体详细到与父母相处时要遵守的礼节，对待父母过错如何处理，

① 肖群忠：《孝与中国文化》，人民出版社 2001 年版，第 169 页。

② 许慎：《说文解字》，中华书局 1963 年版，第 173 页。

③ 肖群忠：《孝与中国文化》，人民出版社 2001 年版，第 261 页。

父母生病时的做法以及父母年迈时如何赡养等。子曰："今之孝者，是谓能养。至于犬马，皆能有养；不敬，何以别乎？"① 从这句话我们就可以得出，传统孝道文化侧重于子女既要赡养父母，更要尊敬父母。前者是从物质上满足父母，后者则侧重从精神上满足父母，更多是强调子女晚辈对父母长辈要尊敬，这也是中华礼仪的重要组成部分。

对父母做到"敬"，更多需要子女发自内心对父母的尊敬，在父母面前不仅要做到言语和行为符合规矩，还要时刻保持谦虚恭敬的态度，多听父母的意见。父母操劳一生都是为子女在拼搏，作为子女有义务在成人后尽早承担起赡养父母的责任。

2. 祭祀守丧

子女除了完成敬养父母的任务，还需要认真料理父母的后事。从古至今，子女一般会请法师、道士来家中做法，为父母超度，愿他们早日登上极乐世界，不要留念人间。《孝经·丧亲章》说，"孝子之丧亲也，哭不偯，礼不容，言不文，服美不安，闻乐不乐，食旨不甘，此哀戚之情也"。在丧礼期间，子女会为父母披麻戴孝，不必注重外貌和吃喝玩乐，父母去世，孝子应该哀痛，无暇顾及其他事情。逢年过节，古人都会在家中进行小规模的祭祀，以表达对已逝的亲人的思念。目前，这样的习俗在中国农村还保存得较完整。《春秋左传》中说道："祀，国之大事也。"中国历朝历代统治者会定期举行祭祀活动，以求今后风调雨顺，国泰民安。很显然祭祀活动是上到国家下到家庭都会参与的活动，它是中国传统孝道文化的一个重要内容，是稳定社会秩序的重要因素。

3. 繁衍后代

中国自古以来有"不孝有三，无后为大"之说，可见繁衍后代、延续家族血脉是传统孝道文化的主要内容。虽然这种想法催生了"重男轻女"的错误思想，但是这一思想也有其存在的合理性。以农耕经济为主的封建社会，主要靠家庭成员数量来提高产量。"光宗耀祖"

① 《论语·为政》。

“光耀门楣”等思想都表达了长辈希望子孙后代能够成人成才，也是子孙后代勉励自己考取功名、取得成就的精神寄托。与此同时，中国是一个多民族的国家，每个民族都有着自己的文化，需要后人将其继承和发扬光大。中华文明经过五千多年的积淀且经久不衰的原因就是传统孝道文化提倡的繁衍后代思想，让中国人除了重视血缘关系，还格外重视精神文明的传承。中国人在接受家庭教育的同时，自然而然也肩负起振兴家族的责任，千万个小家的发展也就形成合力推动中国的发展。

（二）传统孝道文化价值

1. 增强民族凝聚力

费孝通在《乡土中国》中论述过中华文化之所以强调传统孝道文化是因为社会稳定的需要。封建社会侧重人治，社会秩序更多是靠约定俗成的道德规范来约束。简单来说就是通过子孝父、父爱子的礼数来维持一个差序格局社会的稳定。在每个人的孩童阶段，主要是接受父辈经验，学会如何生存，如何保护自己。到自己成婚生子阶段，便将自己从父辈那里学到的东西继续传承下去，在保证血脉代代相传的同时，父的权威也会随着血脉的传承逐渐构建起来并得到巩固。一旦有人不听从权威、不孝敬父、不听从过来人的经验，很有可能会导致这个格局的崩溃，而受到世人的唾弃。因此百姓几乎都能够自觉做到孝敬、敬养父母、让父母颐养天年，养育儿女做到儿孙满堂。这在很大程度上将家庭各成员紧紧凝聚在一起。

孔子所提倡的“君君臣臣，父父子子”思想影响了中国数千年，在家做儿子的不能和父亲拌嘴，做君主要有君主的样子，做臣子的就不能以下犯上。从“父父子子”能够上升到“君君臣臣”无非就是将家庭中的“孝”上升到对国家的“忠”，这在一定程度上培养了人们的民族意识，在传统孝道文化的教育下各民族能够凝聚在一起，一同抗击外敌。纵观中国历史，前有谭嗣同的“我自横刀向天笑，去留肝胆两昆仑”；后有抗日战争时期，海外许多爱国华侨克服困难解囊相助，甚至回国亲赴战场，抛头颅、洒热血。只有对国家“忠”才有机会施展“孝”，没有大国，何来小家。传承与发展传统孝道文化能够弘扬民族精神，增强民族凝聚力。

2. 有利于社会和谐

家庭与社会的关系如同细胞与生物体的关系，无数个家庭构成社会。因此实现家庭和谐是构建和谐社会的基础。实现家庭和谐就得实现夫妻关系和谐，以及与子女父母关系和谐。其中夫妻关系是家庭关系的核心，如果夫妻之间能够做到相濡以沫、举案齐眉，那么家庭纷争就会大大减少。恩爱的父母能够让子女感受到家庭的温暖，使他们心中充满爱，子女之间自然而然能和谐相处，也懂得要孝敬父母长辈。与此同时，和谐的夫妻关系无疑也为敬养父母创造了条件，能够让年迈的父母享受天伦之乐。因此和谐的夫妻关系能够确保与子女父母关系和谐，从而实现家庭和谐。家庭和谐为和谐社会奠定了坚实的基础。

和谐家庭以家庭成员平等、民主为基础，以尊老爱幼为基调，在传承这些家庭美德的同时，能够服务于和谐社会的建设。传统孝道文化的传承与发展能够推动家庭内部关系和谐，在家尊敬父母、爱护妻子儿女；在外能与朋友情同手足。① 也使人和人之间都能坦诚相待，这在一定程度上避免了各种过激行为，减少了人际关系的摩擦和社会的不和谐因素。对稳定社会秩序、营造和谐社会风气有着重要作用。

3. 解决养老问题

古代的养老主要在家庭进行，子女共同承担起赡养父母的义务。汉代格外注重养老问题，统治阶层对“家庭养老”问题制定了一套较为完善的规章制度。传统社会认为没有老一辈的辛勤劳动，就没有后辈安逸的生活。因此整个社会普遍都尊敬老年人。以汉朝为例，当老年人达到法律规定的年龄，就可以享受相关的福利政策，如免除赋税等，家中有年满九十岁的老人都能够得到相应的免税待遇。汉朝针对老年人制定的一系列政策，不仅在一定程度上减少了家庭养老的负

① 宋素敏：《中国传统孝道及其现代价值》，《邢台学院学报》2016年第3期，第73—80页。

担，还体现了对老年人的尊敬。真正意义上做到了孝道文化所要求的“敬养”父母。

随着社会保障制度的完善，政府和社会也逐渐承担起更多的养老职能。当今养老方式可大致分为家庭养老和社会养老，但仍以家庭养老为主。可是现在的年轻人为了生计大多外出打工，没有时间陪伴在父母身旁，很难做到“父母在，不远游，游必有方”。因此单靠家庭养老的模式已经不能够满足现代社会的发展，再加上社会养老体系又不成熟，养老问题在中国显得格外严峻。政府有必要学习古代各朝代的做法，针对养老问题制定相关的法律法规，最大程度上降低家庭养老的成本，可以在相关领域免除有老人家庭的税收等或者对有高龄老人的家庭提供补助。与此同时，还要大力弘扬传统孝道，激发当代年轻人的养老敬老意识，子女有义务去赡养自己的父母，社会也有责任去善待那些将青春奉献给社会的老年人。

第一章　先秦时期：孝道养老伦理思想初步成型

第一节　先秦传统孝道养老伦理思想形成的根源

先秦是秦统一以前的历史时期，是中国传统观孝道养老伦理思想形成的勃兴阶段。先秦时期的孝道思想作为中国传统文化的主干已积淀并内化成最具民族特点和凝聚力的文化基因，成了一种深深浸染于国人心灵的普遍的伦理道德。谈“孝”必言之“养”，两者不可分割。先秦时期的孝道养老伦理思想主要集中体现在两周和春秋战国时期，在理论上，以“孝”为核心的儒家孝道养老理论奠定了尊老敬老的伦理基础，在实践上，以《周礼》《仪礼》《礼记》为标志的“三礼”的颁布，在丰富养老法规、礼仪、礼遇和保障老年人基本生活方面贡献斐然。

任何一个思想理论体系的构建都离不开对根源性问题的探讨，换言之，一个思想的形成若没有理论根源的支撑，在实践中就会如“盲人摸象”一般。对于孝道养老伦理思想的产生也不例外。关于孝道根源性问题的探究，国内权威专家学者已早有深入开展，如朱岚教授以文化生态根源为基点，从社会物质生产方式、社会组织结构、社会心理基础等方面深入分析了孝道产生的因素，还有多数学者认为孝道养老的产生离不开血缘基础上的“亲亲”关系和个体家庭双向的权利义务。“‘孝是中华文化中具有根源性、原发性、综合性的核心概念’‘孝道的基础是孝道的根源和本质问题。’”① 因此，对先秦传统孝道养老伦理思想形成根源的探析，在一定意义上说，就是寻找先秦传统孝道养老伦理思想产生的基础。笔者将视野缩至先秦，试图立足先秦时期多元背景，从经济、政治、伦理、宗教等几大方面进行分析。

（一）经济基础

经济是指社会物质从生产到流通再到交换等活动的统称。不同历史发展阶段对经济的定义亦不同，远古时代经济只是作为一种谋生的手段而存在的。先秦时期，人们的生产生活仅仅停留在为解决温饱问题上，整个社会经济发展还处于较低水平阶段，这主要是由当时的生产力和生产方式决定的。因此，生产力与生产方式是催生先秦孝道养老伦理思想产生的根本性因素，离开经济论孝道，远离物质谈孝行，都是行不通的。

从经济形态上看，先秦时期已经形成了原始农业经济，生产工具和技术的改进带来的成果填补了物质上的空缺。在原始社会由于物质生活水平低下，人类吃野果、穿树叶，过着穷困潦倒的生活，而年弱体衰的老人也常因频繁地迁徙而被抛弃，因此，养老行孝思想在那段时期可谓“空中楼阁”。随着生产工具的改进，原始农业经济得以形成，个体家庭也逐步发展起来，农业在先秦经济中开始占据了重要地位。农业的基础地位，可从传统社会的重农轻商价值观念中反映出来。周代就有制度规定国君、夫人、世子、公卿、命妇等不得往集市观光。儒家也以商为“贱”，如，孟子说：“古之为市也，以其所有易其所无者，有司治之耳。有贱丈夫焉，必求垄断而登之，以左右望罔市利。人皆以为贱，故从而征之。征商，自此贱丈夫始矣。”（《孟子·公孙丑下》）荀子提出：“工商重则国贫。”（《荀子·富国》）与农业经济占据重要地位的情形相适应，先秦经济呈现出家庭经济的属性，即家庭自给自足的农业社会经济形态。在这一社会形态中，家庭是一个全能单位，既是一个生活单位，又是一个生产单位。家庭的经

① 肖群忠：《〈中国孝文化研究〉介绍与摘要》，《伦理学研究》2004年第4期，第107页。

济属性体现在两大方面：一方面就是家庭生产。家庭生产加深了晚辈与长辈的情感，“由于农业生产是依赖世代经营的土地，加之传统社会中生产水平低下、生产工具落后和交通不便，广大农民多是世世代代在一片土地上生活、繁衍。在生产生活中，不但依赖全体家庭成员的共同努力，而且往往需要同族人的帮助，特别是在农忙季节和重大活动中。……这样，同一祖先所出的族人，他们之间本来就有着天然的情感上的、心理上的连接纽带，再加上生产生活中的合作互助，形成了一定的共同利益，这就使得他们紧紧地凝聚在一起”。① 另一方面就是家庭财产。在先秦时期，随着个体家庭对大家族依赖关系的逐步摆脱，人们的生产在满足了自身的温饱后还有剩余产品的出现，在这种背景下，私有财产亲子继承制度也随之兴起，父传子承，子女对老年父母的赡养乃天经地义。

从经济制度的环节看，生产、分配、交换、消费四大环节中长者都充当了重要的角色。先秦经历了从原始社会到奴隶社会，再到封建社会初期的发展过程，生产力不断进步，形式了精耕细作的农耕经济模式。从生产上看，先秦的社会生产主要由家庭组织来担当，同时，不同小家庭也必须为共同所属的“家族”服务，在宗族范围内参加农业生产劳动协作，而组织生产的往往通过家长，家长不仅在业务能力和生产技术上较为娴熟，而且在劳动对象和生产工具上也心中有数，特别是春秋战国时期随着铁器工具的广泛使用，一些耕作采掘技术操作都需要在常年的经验积累中形成，“顺天时，量地利，则用力少而成功多；任情返道，劳而无获”（《齐民要术》）。显然，若没有丰富的农事经验，反而会事倍功半。从分配上看，劳动成果的分配受到家长的制约，小家庭里是按照不同的家庭角色及相应个人需要分配，并由家族、宗族的家长和族长主持一定程度的公共劳动成果的统筹分配。从交换和消费的角度看，由于生产组织单位小，小家庭不仅能自给自足满足需求，还能得到大家族或宗族的统筹分配的弥补，先秦时期农业

① 王玉波：《大樊笼、小樊笼——中国传统生活方式》，中国新闻出版社 1989 年版，第 92 页。

自给自足程度较高，再加之那时人们的消费层级还较低，主要是用于满足个人和家庭婚丧嫁娶的小家庭消费及祭祀、庆典等宗族消费等，因此，人们不需要走出家庭、家族去从事其他的社会化的交换活动。这样就形成了当时相对封闭的社会结构，地区之间的交往和流动都较少，很多人甚至一生都没有走出自己的村落。在家庭或宗族中，每个人实质上处于了社会控制环境中，若有对长者不孝行为也将会受到家族或宗族的迅速控制与制裁。

同时，先秦传统孝道养老伦理思想的形成还离不开老年人在经济中的角色和地位。一方面，在“经验即为财富”的背景下，逐步形成了老年人的权威意识。部分老年人掌握着经济大权，这为其家长权威的巩固起了很大作用。所谓“不听老人言，吃亏在眼前”的“前喻文化”（美国文化人类学家玛格丽特·米德提出的，表示晚辈必须听长辈的）也深深影响至今。仔细反思我们现实生活中一些孝子行为，与其说是来自身心的自发行为，还不如说是一种对长者根深蒂固的权威的敬畏，这种权威意识来源于长者长期的所在家庭中承担的生产者和财产管理者的角色。另一方面，老年人是农业生产智慧的载体，传统农业知识和技能天然地载于老年人身上，在生产技术不发达、交通受限、信息交流困难的农业社会，老年人必受尊重，由此油然而生的对老者的一种崇拜意识。对于子女来说，如果脱离了家庭，没有生活资料，是无法在社会上立足的，因此，年轻人侍奉老年人，乃是顺理成章的事情，这就是老年人得到尊重和必须赡养的客观基础。

（二）政治基础

政治通常被理解为对一个政治实体的统治，在这里我们理解为上层建筑领域中的阶级统治者为维护自身利益实施的特定行为。中国传统政治模式素来有“家国一体”之称，先秦的宗法体系和礼制政治是推进“家国一体”模式的典型，建立在宗法体系上的礼制政治为先秦孝道养老的产生提供了思想的土壤。

宗法制度的确立和完善为先秦孝道养老伦理思想的产生奠定了坚实的制度基础。宗法制是以血缘为纽带、通过亲疏关系为判定标准、确定宗族成员的继承顺序的，以更好地团结成员标榜尊宗敬祖，维系血缘亲情，因而，血缘是宗法制的核心。宗法制的起源较早，最早可以追溯到原始父系氏族社会，在父系氏族社会子女要想得到父辈亡灵的庇佑就必须在其死后通过举行不同形式的祭奠。夏王朝的成立，王位的“禅让制”被“世袭制”取代，公天下从此变成了家天下，宗法制在逐步形成中。商代嫡长子继承制的确定证实了商代宗法制的存在，但宗法制真正形成的时期是在西周，并在西周基本定型。宗法制的形成和发展脉络深深影响着孝道养老伦理思想的地位。从宗法制的组织体系上看，“血缘宗法制特殊的组织体系，使孝观念的产生成为必然”。① 根据周代宗法制度的规定，其中宗族被分成两大部分，即大宗和小宗。周天子便是名副其实的大宗，天子会在下面地方封侯，诸侯对天子而言是小宗，但在他的封国内却是大宗。诸侯的其他儿子被分封为卿大夫，卿大夫对诸侯而言是小宗，但在他的采邑内是大宗，从卿大夫到士也是如此。大宗享有对宗族成员的统治权和政治上的特权。这样层层分封的“家国一体”的塔式结构如此庞大，要保持宗族社会秩序的稳定与国家的安宁，依靠道德的向心力就必然形成，这为“孝道”思想的产生提供了条件。从宗族主体看，“宗族、家族是宗法制度、宗法社会的原生体”②，宗族或家族作为宗法制的主体在推动“孝道”观念上做出了巨大的努力，他们把孝观念作为维系上下长幼伦理关系和增强内聚力的法宝，还通过制定族约、家规等形式把孝的具体规范予以制度化。从宗法制的物质载体上看，宗法制的推行衍生了众多强化“孝”观念的载体，如，共同供奉祖先的宗庙、祠堂、记载宗族世系的族谱，族产公田等，这些都大大强化了“尊宗敬祖”的观念，为后来演变成“善事父母”的孝道养老伦理思想奠定了基础。

政治学术环境的宽松和礼乐制度的颁布与推广对先秦孝道养老伦理思想起到了推波助澜的作用。可以说，先秦时期中国尊老养老的孝

---

① 朱岚：《中国传统孝道思想发展史》，国家行政学院出版社 2011 年版，第 23 页。

② 美籍华人学者许烺光在《宗族·种姓·俱乐部》（薛刚译，华夏出版社 1990 年版）一书中，以种姓代表印度，俱乐部代表美国，中国文化代表宗教。

道养老体系已初步成型，这得益于理论上孝道养老伦理思想的丰富和统治阶段对孝道养老伦理思想的倡导并付诸实践所起的促进作用。先秦时期，特别是春秋战国时期是中国历史上大分化时期，思想比较自由，诸子竞说，各种思潮得以充分展现，产生了许多大思想家，结出了许多文明的硕果，这催生了先秦孝道养老伦理思想。儒家思想以“孝”为先，倡导“孝、悌、忠、信、礼、义、廉、耻”，张扬尊老爱幼的伦理道德。先秦兼有思想家、教育家、伦理学家之称的孔子可谓积极倡导“孝道养老”的第一人，对系统孝道养老观的建立起到了奠基的作用；曾子在孔子孝养文化基础上进一步将其体系化、思辨化，他是孔子学生中孝道伦理最忠诚的实践者；儒家学派中思孟学派以继承发扬孔子学说“内圣”的一面而著称，在孝道观上孟子进行了人性论的证明；作为春秋战国时期思想集大成者的荀子同样重视“孝悌”观念，他把“孝悌”纳入礼的范围之内并贯彻“道义”的原则，对后世产生了深远的影响。战国后期亦出现百家争鸣局面，道、墨、法三家思想突出，道家提出的“六亲不和有孝慈”，墨家认为的“兼相爱即忠孝”，法家坚持的“尚法以尽忠孝”等观点都丰富了孝道养老伦理思想的宝库。任何一种风尚的形成都离不开统治阶层政策的出台，推行孝道是先秦三代治国的首要措施，孝也就成了国家政治的一项重要内容。传统的礼治政治在西周时期确立，《周礼》确立了全部规范、制度和礼仪，这为孝道养老伦理思想的形成与践行提供了依据。先秦颁布了众多“以民为本”的养老政策，《周礼》中就记载有当时的社会保障政策，如，设置“大司徒”职位以“保息”六政，“以保息六养万民，一曰慈幼，二曰养老，三曰振穷，四曰恤贫，五曰宽疾，六曰安富”。在生活方面，“五十异粮，六十宿肉，七十贰膳，八十常珍，九十饮食不离寝，膳饮从于游”，政府颁给粮、肉等以助人养老，且免征其子孙力役以便侍养老人。周代还颁布了养老礼宣言尊老尚齿的风尚，以天子为榜样，在全社会起到一种很好的政治教化作用，乡饮酒礼正是国家以“齿序”之则把尊长敬老的风气推广到每一个角落，最终变成一种尊老敬老的民间仪式。在先秦时期很多国君都曾以国家名义制定颁布一些养老法规，如设置养老机构，优待老人礼仪赐王杖、赐官爵，减免徭役，宴请老人，完善致仕制度，鼓励老有所为，等等，在那个生产力水平低下的情况下，较好地解决了老有所养的问题，维持了传统社会的稳定。

（三）伦理基础

从现实意义上看，伦理是指人与人相处的各种道德准则。伦理决定着特定社会中不同的人基于不同的角色与身份，享有一定的道德权利，担负一定的道德义务。先秦孝道养老伦理思想形成建立在一定的伦理观念文化和制度规范中，即伦理道德基础。著名学者孙炳耀和常宗虎认为尊老孝亲思想就是向家庭外的社会层面和国家层面扩展，而形成了一般意义上的尊老思想与观念。笔者认为，先秦的孝道养老伦理思想亦是在“忠孝”观上逐步发展而演变成的家庭伦理中的尊老孝亲观念。

先秦的伦理思想奠定了长者在家庭内外获得保障的思想基础。“孝”作为一种伦理道德观念，要获得生存繁衍必然要内化成人的自觉意识，而人类的思想是一步一步由蒙昧走向自觉的，孝观念发展的历史进程也一样，是人的主体性逐渐觉醒的过程。原始时期，整个社会处于蒙昧状态，普遍存在的弃老行为也不会受到任何道德谴责；商朝时期“尊神”观念占主导，在孝的伦理观念方面还表现得非常朦胧、淡漠；两周时期在继承商代的基础上孝观念已经明确确立并逐渐强化，具体的孝养伦理道德观念便建立起来了，“孝”成为西周道德规范体系中的一个核心范畴。“孝本质上是反映宗族共同体特殊凝聚需要的伦理原则。”① 西周血缘宗法等级制度的特殊性使孝道成为道德规范体系的核心，抓住了孝道，也就抓住了规范社会秩序的根本。因此，在西周初期，孝道就已经成为全体社会成员必须遵循的一条社会准则。到了春秋战国时期，儒家思想的影响广泛而深远，儒家伦理渗透于政治、经济、文化和社会生活的各个方面，“孝”是其伦理的核心部分，儒家代表都为倡导孝道寻找其合理的伦理价值。孔子主张“孝”

① 朱岚：《中国传统孝道思想发展史》，国家行政学院出版社 2011 年版，第 24 页。

是一切道德规范的根本，将孝视为“德之本也，教之所由生也”（《孝经·开宗明义》），人类的一切教化及道德的内化都是从孝道产生出来的，将“亲亲”之孝视为推行一切德行的起点；曾子也认为孝是一切教化和人伦关系的大法，并用其统领人的思想和行为，如，“夫孝，天之经，地之义也，民之行也”（《孝经·三才》）；孟子为孔子“仁爱”学说找到了合法性的基础，将以“人性”为根基作为孝道伦理的义理根据，他认为人的本性是善的，通过孝道教化人人都能达到“仁”的境界。先秦的这些伦理思想确立了养老天然是子女和家庭的责任，“乌鸦反哺”“羊羔跪乳”是天经地义的，对于子女来说，父母创造了生命哺育成长，孝敬父母意味着对自己本源的关切，被人们作为“众善之始”。在先秦是否、能否侍奉父母成为衡量社会成员道德水准高低的重要尺度，每个人亦以“对父母事生事死”进行自觉要求，这些观念又在文化的长期影响和实践中被强化，父母和子女之间形成了一种“抚养”和“反哺”的回路正相关关系。因此，以下敬上的孝道养老就成为个体生命自我保护的伦理手段而被人们认可和强调，同时扩展为家族维系和和谐内部结构秩序的伦理机制。

先秦的伦理规范成为调整“长者”与“幼者”关系的准则。明末清初的大学问家顾炎武说过：“有人伦然后有风俗，有风俗然后有政事，有政事然后有国家。”可以说，伦理规范是形成一种风俗的根基。一开始，“孝悌”是氏族社会为维护内部结构的秩序稳定形成的习俗，通过祈祷鬼神、祭祀先祖等形式，使每个成员都明确自己的社会身份和相应的政治地位，经过儒家论证、推动，形成了“三纲五伦”，用以约束人们生活的礼法规范。“在中国古代的社会结构是家族与国家的高度耦合，由子孝、妇从、父慈所构造的家庭关系，正是民顺、臣忠、君仁的社会关系的缩影。”① 所以，先秦时期国家建构孝道养老的伦理规范，被认为既是一个人从政的基本道德要求，也是稳固国家根基的必要条件。鲁哀公问孔子：“为政如之何？”孔子答：

① 姜向群：《中国传统尊老文化的社会成因及特点评析》，《东南大学学报》（哲学社会科学版）2003 年第 6 期，第 34—38 页。

“夫妇别，父子亲，君臣严。三者正，则庶物从之矣。”① 家中能敬养好父母，在外就可以管理好国家。“三纲”“五伦”可谓伦理规范的典范。“三纲”，即君为臣纲、父为子纲、夫为妻纲，最早是由法家代表人物韩非子提出的用以规范君臣、父子和夫妇的伦理规范。“五伦”，即君臣有义、父子有亲、夫妇有别、长幼有序、朋友有信，“五伦”是用以规范君臣、父子、夫妇、长幼、朋友的伦理规范，最早是由正统的儒家代表人物孟子提出，其思想来源于尧舜时代。正像孟子所说的，子孝则家齐。天子养老，等于养天下之父亲，以父统子，则天下归心，忠君则天下太平。“三纲五伦”都以调整家庭成员间的伦理关系为主题，在调整家族和宗族组织中的晚辈与长辈关系上发挥了重要作用。“三纲五伦”虽有极端化的倾向，但均在一定程度上强调子女对父母的义务与服从，其实质上为孝道养老伦理思想的合理性寻找了支撑点。

先秦的教育伦理化强化了以“家庭伦理”为核心的孝道养老伦理思想。从学校教育看，岳庆平指出：“不管是官学、私学还是书院，中国传统社会的学校都特别重视伦理教育，特别是孝道教育。如中文‘教养’‘教员’和‘教育’的‘教’字以‘孝’为偏旁。”② 可见，古代教育具有明显的目的性，即以明人伦为基本目标。“夏曰校，殷曰序，周曰庠，学则三代共之，皆以明人伦也。人伦明于上，小民亲于下”（《孟子・滕文公上》），此后被儒家作为理想而推崇。“设为庠序学校以教之。庠者养也，校者教也，序者射也”，那样就可以“谨庠序之教，申之以孝悌之义”。通过教化可以使得孝深入人心，落实在行动上就会对父母有亲、对君主有义，而人伦的首要标准是父与子的“亲”。自商代就有在学校举行养老礼仪的传统。甲骨文中就有关于“大学”的记载，在甲骨文字表《屯南》中已揭示了商代的学校教育制度，成立了贵族子弟就教的机构，执教者中既有掌握重权的包括商王在内的显贵人物，也有声望高且理政经验丰

---

① 《礼记・哀公问》。

② 岳庆平：《中国的家与国》，吉林文史出版社 1990 年版，第 79—80 页。

富的老人。儒家认为正确的教育能养成良好的素质，正如《论语·学而》中所言："其为人也孝悌，而好犯上者鲜矣，不好犯上而好作乱者，未之有也。"强调人之行莫大于孝，孝就是做人的根本。凡是孝敬父母、尊敬兄长的人，很少会冒犯上级，也很少会违背法律准则和道德规范，更不会破坏社会、危害人民。从社会教育上看，众多的社会习俗事实上也是一种社会教育，它们承担着重要的社会教化职能，如，乡饮酒礼，它以尊老尚齿为主要仪节，反映出了乡学的伦理教育特色。总言之，在传统的教育中，老年长者是以父母或家长、族长的身份，实施对子女的教育或者任老者为师，年老就是施教的首要资格标准。与此同时，通常将孝道作为教育的核心内容，本身就以尊养孝亲为教育内容。可以说，无论从施教主体还是施教内容看，老年人都获得了高度的认可。

（四）宗教基础

中国的原始文化其实是一个充满神灵的世界，礼是中国文化的统摄，而宗教则是礼制文化中的重要组成部分。早在《礼记》中就有记载："祈祠祭祀，供给鬼神。""我谓中国的伦理是孝的伦理：伦理之极致，便成了宗教……孝是道德，在为人；孝是宗教，在报本。"①因此，中国宗教具有礼制特色，其核心便是祖先崇拜的礼制。祖先崇拜是早期的孝观念，"祖先崇拜不仅使古代中国社会带着氏族制的脐带跨进了文明社会的门槛，进而由氏族制发展到宗法制，它还深刻影响了中国的家庭结构、社会结构、社会心理和意识形态"。② 这就是孝道思想产生的宗教基础。

祖先崇拜源于古代的图腾崇拜和生殖崇拜。图腾崇拜是原始社会最早的一种宗教信仰。原始人类由于认识水平低，对变化莫测的自然现象无法把握，感觉这些现象背后有一种不可捉摸的神秘力量控制着，继而就产生了对一种图腾的崇拜。那时人们认为，每个部落的人

① 《赵紫宸文集：第三卷》，商务印书馆 2007 年版，第 274—275 页。

② 朱岚：《中国传统孝道思想发展史》，国家行政学院出版社 2011 年版，第 27 页。

群都与某种特定的天生物或动植物有着非凡的特殊关系，他们将这种崇拜的物体视为该氏族的图腾然后将其作为全族的忌物，禁杀禁食，如熊、狼、鹿、鹰等，氏族还会举行共同崇拜仪式，以促进图腾的繁衍。这种图腾崇拜形式盛于母系氏族社会，这在客观上将个体聚集起来凝聚成一个群体，并形成集体力量抵抗自然界起了十分重要的作用。同时在“知母不知父”、父系血缘关系不确定的情况下有利于亲属血缘关系的认同。这充分说明，图腾崇拜与原始先民的孝意识息息相关。与图腾崇拜紧密相关的还表现在对生殖的崇拜上，古人把祖先的生殖附上了一层神秘的面纱，他们坚信命运是由祖先主宰的，因此，祖先的灵魂可以庇佑本族的成员。随着人们的认识水平不断提高，由自然特性为主的图腾崇拜和生殖崇拜逐渐转变为以人文特性为主的祖先崇拜。这对孝观念的形成有巨大的催生作用，孝祖的观念也油然而生。

祖先崇拜是以祖先亡灵为崇拜对象的宗教形式。从神话传说来看，最初祖先崇拜的对象是部族的始祖或首领，如黄帝、炎帝、蚩尤等，随着父权制的确立，以家庭为基本单位的制度得以逐步建立，祖先崇拜的重点转移到了血缘亲属的鬼魂上。父亲家长或氏族中前辈长者的灵魂可以庇佑本族成员、赐福儿孙后代的观念在原始先民中逐渐占据核心，由此一些祭拜、祈求其祖宗亡灵的宗教活动也就产生了。这种对祖先的崇拜、追念和祭祀等的宗教活动就是孝行的具体体现，也是人类自我意识觉醒的体现，人类“报本反始”的孝观念开始落实到具体行动中。尊祖是孝的一项内容，祭祖是孝的一种行为表现，祭祖都通过对祖先的祭祀来表达尊祖与孝祖之意。商代祖先崇拜的面貌经甲骨文专家的研究而有了比较清晰的显现，殷王的祖先崇拜表现在对先公、先王、先妣频繁隆重的祭祀上显然，早在殷周宗法制度建立之前，以祭祀作为祖先崇拜的仪式，在商代就已十分盛行，祖先崇拜已经很发达。经过春秋战国时期社会思潮的洗礼，人文因素增强，祖先崇拜亦走向平民化和社会化，成为人们日常生活中必不可少的礼俗。在先秦时期，祭祀活动频繁，儒家大力倡导“生之以礼，祭之以礼”，以至流传至今清明祭奠的习俗也是“祖先崇拜”和“尊宗敬祖”。

综之，先秦时期，从三皇五帝到战国时期，其中历经了原始社会、奴隶社会、封建社会前期三个历史阶段的文明演进。先秦社会背景的复杂性决定了孝道养老伦理思想根源问题不能孤立看待一方面，这是一个集政治、经济、伦理、宗教等影响因素的整体系统，孝道养老伦理思想的形成和完善都是这些因素的综合作用、不可分离。可以说，没有一定的经济基础就没有先秦孝道养老形成的根基；没有宽松的政治学术环境和辅助的政治制度就没有先秦孝道养老伦理思想的推进；没有一定的伦理观念文化和制度规范的伦理基础就没有先秦孝道养老伦理思想的巩固；没有对祖先崇拜的宗教基础就没有孝道思想的丰富，还有更多更为细微的因素共同催生了先秦孝道养老伦理思想的产生。

第二节 商周时期孝道养老伦理思想的形成和发展

众所周知，孝亲敬老是中华民族的优良传统，形成这一风尚无疑是人类文明的一大进步，但是，这一传统思想是否一开始就是如此呢？追根溯源，在原始社会，由于生产力极端低下，人们生活也极端简单和朴素，在强大而神秘的自然面前存在对自然神力的无比崇拜。面对自然的无助，原始人群依然没有放弃对自然的探索，随着生产工具和生产力的提高，原始人历经千辛万苦慢慢拉开了人类文明的大幕，在抵御灾害、获取基本生存资料和发展实践上积累了经验，逐渐形成了自身的文明意识。从整体上看，原始社会历经了原始人群、血缘家庭、母系氏族公社和父系氏族公社等发展阶段，从这一发展过程中，我们可以清楚地看到人类为了氏族的生存和延续，从普遍存在的侮老向尊老敬老的道德意识转变。对于这种思想意识可以从中国古代的许多典籍中看到。如“古之道，五十不为甸徒，颁禽隆诸长者”（《礼记·祭义》）。意思是说五十岁以上的长者可以不需要参加打猎，在分配猎获的禽肉份额时可以予以特别的照顾，老人于其经验技术和道德的优势受到了尊敬。也曾这样描述："大道之行也，天下为公，选贤与能，讲信修睦，故人不独亲其亲，不独子其子。使老有所终，壮有所用，幼有所长，鳏寡孤独废疾者皆有所养。"① 这里固然有作者夸张和美化原始社会的倾向。但是，其间所反映的某些道德风貌基本上还是符合于历史事实的。原始社会的尊老敬老思想已自发形成，而真正有关养老思想的发轫据史料记载则是从虞氏开始的。夏商时期孝道观念开始形成，养老观念也逐步在生活行为方式上渗透，到了周代养老亦由原始社会自然形成的习俗逐渐被改造成为广泛运用于社会生活和国家政治中的礼仪制度，形成了十分鲜明的孝道养老观，有了比较成熟的养老思想和制度。从殷商孝观念的发轫到西周孝道养老伦理思想的形成已然勾勒了一个规范化的发展轨迹。可以说，商周时期的孝道养老伦理思想正是中国传统孝道养老伦理思想系统化的历史滥觞，其养老制度也为以后的历代统治所推崇效仿。

一　商代：孝道养老伦理思想的发轫

商代的时候，孝道养老伦理思想已经萌芽，但这一时期没有很完整性的、确切的文字记载，一些史料和历史考证，也仍只是吉光片羽。由于商代的经济发展还较为落后，农业生产方式还是以集体耕作为主，这就使得宗权依然高于父权，个体家庭难以成形。另外，在商朝时期"尊神"观念还占主导，孝的对象指向宗族共同的先祖，而非个体家庭的父母，而祖先崇拜表达的也主要是一种宗教观念，在宗教意识占绝对地位并完全统摄了道德观念的时候，伦理思想是不可能独立产生的。所以，我们只能将商代认为是孝道养老伦理思想的发轫阶段，孝道伦理观念可以通过下面萌芽条件和实物考证体现。

（一）孝道思想萌芽形成

孝首先是宗教的，然后才是伦理的②。从萌芽条件上看，商代孝

① 《礼记·礼运》。

② 朱岚：《西周孝观念的确立及其基本特征》，《齐鲁学刊》2000 年第 4 期，第 79—83 页。

道思想的萌芽已经有了较为充足的条件。首先，社会物质上的发展为孝道观念的产生奠定了基础。卜辞的记载表明，在商朝已经形成一个以耕稼文化为主的民族了，农业是商代社会的主要生产部门。在生产工具上有了一大进步，主要的农业生产工具有铲、斧、刀、镰等，石器居多，骨、蚌器次之。在耕地上主要分为田、畴、疆、井、圃；出现了禾、粟、麦、桑等谷物种植，而且社会分工和交换也有了发展，一部分人开始专门从事手工业。殷商人还用以农作物的始生和成熟来纪年载岁，例如以“五谷始生”代表春，以“五谷成熟”代表秋。由此可见，农业生产各部门在当时已经初步完备，发育相对成熟，这为道德观念提供了社会物质基础。其次，殷商王朝为维护宗法体系使孝道观念的产生成为必然。殷商王朝是在氏族血缘制残余的基础上建立的一个完形的宗族奴隶制国家，“宗”“族”为社会的基本单位。住在京都的为“王族”，即“元宗”“大宗”，那些被分派到被征服的异族地区的则是“小族”，即“小宗”。殷人种族、宗族观念十分浓厚，宗法体系虽然不严密，但已具雏形。为维护其宗法统治，“孝”德就成为统治者之必然了。最后，商人对祖先的祭祀所需在一定意义上就是一种“追孝”行为。商代“尚鬼”“尊神”的意识十分浓厚，以至于商人对祖先尊崇之至。他们为祖先制定了一套烦琐的祭祀制度，祭祀活动繁多，据研究，殷王几乎每天都要举行名目繁多的祭祀活动，其目的就是通过虔诚的祭祀、卜问，来祈求祖先降令指引自己的行动和祈求祖先神灵的佑护以避祸趋福。“殷人尊神，率民以事神，先鬼而后礼，先罚而后赏，尊而不亲。”① 这里的神就是指“天神”“人鬼”，殷人占卜、祭祀是为了求得祖先神灵的庇护保佑以维持其世袭统治地位。

此外，从商代的实物古籍考证中，也使孝道思想的产生更加翔实可靠。商代体现“孝道”观念的实物古籍考证主要表现在甲骨卜辞和史料记载两方面：甲骨卜辞上的考证。商代的历史，因为有殷墟甲骨文的出土，我们可以将之和传世文献相印证。商人的至上神是“上帝”，地上的王就被认为是天生王国的投影，是“上帝”的子孙，他

---

① 《礼记·表记》。

们的祖先死后也都回到天国为神，所以认为“王权具有不可侵犯的性质”。为了发展和传承至上神崇拜，商朝统治者设计了一种宗教迷信仪式——卜筮。从已经发现的甲骨文卜辞来看，在当时的日常生活中，商王也事无巨细每事必卜，每日必祭，盼望能够获得祖先的保佑，永享太平。举凡祀神、祭祖、出征、狩猎、嫁娶、生老病死等，无论大事小事皆以卜筮预测吉凶。通过考古发现在甲骨卜辞中，“孝”字被用作地名，如“孝鄙”。商代金文中也发现有“孝”之，是作器的人名，身份是贵族。铭末的族徽，另见于父乙簋、父戊簋、父己簋等，“孝”可能属于箕子一族，应是商末的器物。同时，从甲骨卜辞中还发现了“考”字与“老”字，“考”“老”“孝”三字相借相通，金文也是如此。朱芳圃《甲骨学文字编》注云：“古老、考、孝本通，金文同。”《说文》：“孝，善事父母者，从老省，子承老也。”从这些祭祀卜辞的词义可见，商人已将“孝”观念开始向善事父母的层面延伸。史料文献的记载。《战国策·秦策》记载：“孝已爱其亲，天下欲以为子。”孝已是殷高宗武丁之子，对父母很孝敬。孝已的生母早逝，武丁听信孝已后母的谗言，把孝已放逐在外，忧苦而死。“人亲莫不欲其子之孝，而孝未必爱，故孝已忧而曾参悲。”① 孝已孝顺父母的故事，在《荀子》的《性恶》《大略》二篇，以及《汉书·古今人表》中都有记载。孝已历来被当作孝子的典范，与后世的大孝子曾参并称，孝已的故事也表明在当时落后的社会中，孝道观念只是粗浅的认识，并没有成为人们普遍遵从的伦理道德规范，孝的具体内容还比较模糊，只是出现了孝道的最初表现形式。

（二）养老观念初具雏形

伴随着商代孝道思想的萌芽形成，商代在尊老养老方面的思想也具雏形。如，在养老礼仪上，“凡养老，有虞氏以燕礼，夏后氏以飨礼，殷人以食礼，周人修而兼用之”。② 在养老地点上，“有虞氏养国

① 《庄子·外物》。
② 《礼记·王制》。

老于上庠，养庶老于下庠；夏氏后养国老于东序，养庶老于西序；殷人养国老于右学，养庶老于左学；周人养国老于东胶，养庶老于虞庠，虞庠在国之西郊”。① 这体现了当时社会对老年人的重视和崇敬，可见，养老在商代也有着重要地位，根据不同身份，安排不同的学校为养老地点，右学是大学，左学是小学。商王每年在学校里举行养老礼仪，还“编衣而养老”，赐给老人白色的衣服。据甲骨文记载，武丁时有一卜辞记一老臣往外地稽查，王特为占卜，再三叮嘱“惟老惟夷途，遘若兹卜”②，老人年龄高迈，求其一路平安顺利③。武丁之时还“命傅说视学养老”“明养老之礼”，等等。由此可见，商代统治者从生活、政治等方面对老龄人十分尊重。从总体上看，商代的养老观念还带有浓厚的原始氏族社会的遗风，但起着承前启后的作用，随着朝代的更迭和社会的发展，养老思想和养老礼制在两周时期得以不断完善。

二 两周：孝道养老伦理思想的成熟

社会发展到两周，周王朝建立，以殷商的亡国之鉴，对商朝“上帝”信仰，进行了反思，提出了“敬德”“明德”思想，由此，在全社会宣传与弘扬以“孝”为核心的伦理道德观念。特别是西周时期，虽残余的氏族遗制依然存留，但在政治经济生活中，个体家庭占据了很重要的地位，随着商亡周兴，人们动摇了对“天”“神”的信仰，在这个基础上，具体的孝养伦理道德观念便独立建立起来了。西周在继承商代孝道养老伦理思想的基础上不断丰富和发展，孝道养老伦理思想成为西周道德规范体系中一个核心范畴。

（一）孝道思想形成发展

孝的对象由商朝的祭祖追孝向西周敬奉父母过渡。《诗经》是周代

① 《礼记·内则》。

② 宋镇豪：《夏商食政与食礼试探》，《中国史研究》1992 年第 3 期，第 56—64 页。

③ 李岩：《周化尊老尚齿礼俗的形成》，《社科纵横》2005 年第 3 期，第 112—113 页。

前期五百多年间的诗歌选录，《诗经·大雅》中的《下武》和《既醉》，均为西周初年作品。《大雅·下武》这样说道："成王之孚，下土之式。永言孝思，孝思维则。媚兹一人，应侯顺德。永言孝思，昭哉嗣服。"① 意思是说：武王伐纣，是效法三后（太王、王季、文王）的孝行。孝就是仿效先祖，按照先祖旨意行事。"威仪孔时，君子有孝子。孝子不匮，永锡尔类。其类维何？室家之壶。君子万年，永锡祚胤"，② 也表达了上述相同的观点。成王的臣下有孝子孝行卓著者，对于这种孝行者，必须要在王朝中加以宣扬，转相教导，使人们效法并得以普及。可见从武王时孝是效法先人，到成王时对于孝子的孝行要进行褒扬并宣扬教导，作为一种对于先人和父辈的敬仰，侍奉的理念及其行为方式准则的孝道已经有了新的明确内涵，具有了理性化、规范化的意义，并初步定型。如《周礼》中记载："以三德教国子：一曰至德，以为道本；二曰敏德，以为行本；三曰孝德，以知逆恶。教三行：一曰孝行，以亲父母；二曰友行，以尊贤良；三曰顺行，以事师长。"③ 概而言之，以敬爱之心奉养双亲，是西周时代孝道的基本规定。为何会有这一过渡呢？其根本归结为社会生产力的进步。西周时期，随着青铜器制造业和手工业的发展，农业生产力的水平大大提高，个体家庭经济能力在得到快速发展的同时也渐渐从宗族势力的控制中摆脱出来，同时父权也从宗权的压迫下解放出来了，从而在进一步强化财产私有观念的同时，也大大强化了父母与子女间的情感关系。因此在个体家庭中，父母在经济上具有绝对地位，负有养育和教育子女之责，这样，父母与子女权利和义务关系从经济上得到确立，心理情感上得到实现，因此子女善事父母就成为理所当然的"对等回报"了④。

孝的功能也从商朝的祭祖以避祸趋福的单一功能转向统治者以血缘宗族关系来巩固秩序发展，体现了伦理与政治的合而为一。在阶级

---

① 《诗经》。

② 《诗经·大雅·既醉》。

③ 《周礼·地官·师氏》。

④ 朱岚：《西周孝观念的确立及其基本特征》，《齐鲁学刊》2000年第4期，第79—83页。

社会里，统治阶级为维护自己的统治地位，必须制定自己的道德规范。西周社会，在当时的社会生产力水平下，血缘宗法制是一个十分重要的制度，它以宗族血缘为纽带，将君臣、上下、父子等关系纳入宗族血缘关系。西周统治者利用这种情感的血缘关系，将家庭的血缘情感升华为君臣上下的政治情感，以实现政权稳固的政治目的。思孝、追孝是宗族血缘的共同根基，是家族情感和心理的共同基础；善事父母融洽了父子关系，巩固了家庭最基本的社会关系，维系了族群关系。这样，孝本质上从一种反映家族宗族共同体特殊利益凝聚而成的伦理原则上升为政治伦理原则。因此，西周凝聚血缘宗法的孝道成为社会道德规范体系的核心，也成为道德教化的核心。因此，抓住了孝道，也就抓住了规范社会秩序的根本，也就抓住了道德教化的根本，① 正所谓："夫孝，德之本也，教之所由生也。"西周初期，大力提倡与宣扬孝道，孝道成为人们必须遵循的一条社会准则。

（二）养老伦理思想初步形成

周代建立后，在养老伦理思想上初具规模并已经成型，在专职养老、抚恤养老、致仕养老、养老地点规定、财政保障等方面有了比较成熟的养老思想和制度，主要体现如下。

1. 乡饮酒礼

为了鼓励人们敬老养老的社会风尚，周代形成了以礼的规范和秩序为行为准则的养老思想：在民间倡导为老人开展全国性的敬老礼仪活动。周代养老礼的举行是较为频繁的，"凡大合乐，必遂养老"。在养老礼仪中最突出的是每年举行的乡饮酒之礼这种养老大典形式。周代乡学三年业成大比，考其德行道艺优异者，荐于诸侯。将行之时，由乡大夫设酒宴以宾礼相待，谓之"乡饮酒礼"。② 养老敬老仪式选择在全国各地各级学校举行，其目的是"行养老之礼，必于学。以其

① 朱岚：《西周孝观念的确立及其基本特征》，《齐鲁学刊》2000 年第 4 期，第 79—83 页。

② 郑皓怡：《关于中国养老模式的几点思考》，《漳州职业技术学院学报》2014 年第 3 期，第 30—35 页。

为讲明礼义之所也”[①]。乡饮酒礼的宗旨在于“民知尊长养老，而后乃能入孝弟：民入孝弟，出尊长养老，而后成教；成教而后国可安也。君子之所谓孝者，非家至而日见之也，合诸乡射，教之乡饮酒之礼，而孝弟之行立矣”。[②] 这种仪式非常隆重，“六十者坐，五十者立侍，以听政役，所以明尊长也。六十者三豆，七十者四豆，八十者五豆，九十者六豆，所以明养老也”。[③] 这说明，养老之礼到了周代已经完善周全了。

在日常行为中的饮食、言行与神态等方面也表现了对老人的格外尊重。关于饮食的礼节称为食礼。如“群居五人，则长者必异席”[④]，“侍食于长者，主人亲馈则拜而食；主人不亲馈，则不拜而食”[⑤]，“侍饮于长者，酒尽则起，拜受于尊所，长者辞，少者返席而饮，长者举未爵，少者不敢饮，长者赐，少者、贱者不敢辞”[⑥]。《礼记·曲礼》还规定“谋与长者，必操几杖而从之”如向长者请教时，必须携带着长者所需的几杖前去，以服侍长者。“长者问，不辞而对，非礼也”。“君子问更端，则起而对”，长者每问到新的话题，都要站起来回答。

2. 养老制度

（1）专职养老。为了落实养老制度，国家设置官吏，专门负责养老。《管子·入国》：“所谓老老者，凡国都皆有掌老。”《周礼》把“养老”的职责归于“大司徒”，并由“乡大夫”具体负责登记。养老的职官周代各国可能不同，但都有专人负责是可以肯定的。“以保息六养万民……二曰养老……掌不孝不弟之刑。”[⑦] 这说明有专管教育文化的大司徒在掌管养老事务。基层地方官员还有专人负责具体的养老事务，如地官·小司徒之职是掌“以辨其贵贱老幼废疾…辨其可认

① 《礼记·王制》。
② 《礼记·乡饮酒义》。
③ 《礼记·乡饮酒义》。
④ 《礼记·曲礼上》。
⑤ 《礼记·曲礼上》。
⑥ 《礼记·曲礼上》。
⑦ 《周礼·地官·司徒·大司徒》。

者与其施舍者”①。同时，由专门捕鸟的“罗氏”负责提供鸠鸟给国老补充营养。周代还开始了设立“三老五更”的称号，以官吏为中心敬养老人。所谓三老，是指“老人知天地人事者”；五更，是指“老人知五行更代事者”。这种称号一直延续到之后各个王朝。

（2）抚恤养老。周代的抚恤养老体现在减免徭役、减免刑罚两大方面。一是减免徭役。徭役是古代官方规定的平民（主要是农民）成年男子在一定时期内或特殊情况下所承担的无偿社会劳动，一般有力役、军役和杂役。②《礼记·王制》记载：“五十不从力政，六十不与服戎。”③ 意思是五十岁就可免除兵役，六十岁连力役也可免除。而且为了保障老年人年迈时能有人照顾生活，还特别对老年人的家属实施免役，“八十者，一子不从政；九十者，其家不从政”④。即八十岁的老人，可以有一个儿子免服官役；九十岁的老人，其全家都可以免服官役，照看老人。这有效地确保了平民百姓的养老供给，同时也提高了人们养老的积极性。⑤ 此外，周代还相应地实行减免刑罚的做法。《礼记·王制》篇有：“八十九十日耄，七年曰悼。悼与耄虽有罪，不加刑焉。”⑥ 老年人犯罪也不负刑，即八九十岁高龄的老人即使犯罪也不负刑事责任，这提高了老年人养老的特权。

（3）致仕养老。各诸侯国对老年官员采取致仕制度。“致仕”，亦可称为“致仕”，相当于今之退休告老制度。《礼记·王制》篇有：“五十而爵，六十不亲学，七十致政”，⑦ 意思是官员到了五十岁，有

① 《周礼·地官·司徒·小司徒》。

② 郑皓怡：《关于中国养老模式的几点思考》，《漳州职业技术学院学报》2014 年第 3 期，第 30—35 页。

③ （清）陈梦雷编纂，蒋廷锡校订：《古今图书集成·明伦汇编·人事典·年齿部》，中华书局 1985 年版，第 46725—46727 页。

④ （清）陈梦雷编纂，蒋廷锡校订：《古今图书集成·明伦汇编·人事典·年齿部》，中华书局 1985 年版，第 46738 页。

⑤ 郑皓怡：《关于中国养老模式的几点思考》，《漳州职业技术学院学报》2014 年第 3 期，第 30—35 页。

⑥ （清）陈梦雷编纂，蒋廷锡校订：《古今图书集成·明伦汇编·人事典·年齿部》，中华书局 1985 年版，第 4630 页。

⑦ 王文锦译解：《礼记译解》，中华书局 2003 年版，第 187 页。

才德的能得到大夫爵位，六十岁就不到学校当学生，七十岁即可将工作移交出来予以退休。《礼记·曲礼》云：“大夫七十而致仕，若不得谢，则必赐之几杖，行役以妇人，遭四方，乘安车。”意思是大夫一级的官员到了七十岁，就要辞职退休。但七十而致仕也比较灵活，如果国君认为有些国政事务还需此人去做，而此人身体又健康，就不允准其告老致仕，但会提高其待遇，赏赐他凭几和拐杖以扶其衰老，出门办事由妇女服侍奉养，往四方远地，乘坐安稳小车助其行坐等特殊待遇。① “五十杖于家，六十杖于乡，七十杖于国，八十杖于朝，九十者，天子欲有问焉，则就其室，以珍从。”② 这些杖于家，杖于乡，杖于国，国君带珍异之物去探望的老人，皆是留任的老年官员。睿智而健康的老年官员，国家可以继续留任朝中，也可将有些老人安排在学校，供学生们咨询，或教育学生。

（4）养老地点规定。周代对养老的办法、地点做出了明确的规定。养老地点主要有在乡、馆、学，“五十养于乡，六十养于国，七十养于学，达于诸侯”。③ 养于乡，即指老人被安排在地方管辖的乡中尊养。古时历代的民间老人一般安排于乡供养。在朝廷为官的人告老致仕，一般也会被赐返乡归养，但也有少数高官被赐于京师熙养。养于馆，即一些学识水平比较高的致仕老臣常被安排在朝廷设置的文、史、典等馆阁之内供奉养老，其主要目的让这些老人发挥余热，为国整理国史、编撰史书，朝廷则“厚其禀禄赡给，以役其心”。养于学，即学中养老。这是古代最受仰慕的一种养老方式。朝廷的这些国老致仕后均废罢政事，以养为主，专文史之任，当朝廷每有大事时，常遣使询访。④ 朝廷将养老对象分为国老和庶老两大类。大夫以上的有德望的国老和普通百姓年长贤德者及烈士父祖的庶老两者养老等级

① 郑皓怡：《关于中国养老模式的几点思考》，《漳州职业技术学院学报》2014 年第 3 期，第 30—35 页。

② 《礼记·王制》。

③ 《礼记·王制》。

④ 刘琚、王荔：《浅议我国古代退休养老制度》，《黑河学刊》2004 年第 1 期，第 111—113 页。

差别较大，分别在不同的养老地点上进行养老，前者在高等学校养老，后者在低等学校养老。① “有虞氏养国老于上庠，养庶老于下庠；夏后氏养国老于东序，养庶老于西序；殷人养国老于右学，养庶老于左学；周人养国老于东胶，养庶老于虞庠。”②

（5）财政保障养老。周代已有设立专门的财政，为养老提供经济来源来保障敬老养老制度的实施。敬老养老的酒食均由政府提供，因此财政上有专门的支出。《周礼》载：“遗人掌邦里委积，以待施惠乡里之委积，以恤民之艰阨，门关之委积以养孤老。”这说明朝廷已经安排专门的资金和粮谷供养老人。

第三节　先秦时期儒家的孝道养老伦理思想

西周在“因于殷礼”的基础上，统治者重视尊老敬老，形成了鲜明的孝道养老观，但孝道养老伦理学说形成体系的任务，在西周时期并没有完成，孝作为家庭善事父母的内涵还未系统成型。至春秋战国时期，社会动荡加剧，各国矛盾不断激化，曾广泛运用于社会生活和国家政治中的礼仪制度更是遭到了重创。以孔子、曾子、孟子、荀子为代表的儒家学派高举倡扬孝道思想的大旗，孝道养老伦理思想也在先秦儒家诸子的论证中得以系统化，在如何侍养、侍奉父母的基本要求和行为规范上不断深化，对父母行孝成了当时普遍为人们所接受并遵循的伦理规范。至此，先秦儒家的孝道养老伦理思想成为中国传统孝道养老伦理思想的源头活水。

一　先秦儒家孝道养老伦理思想的形成背景

春秋战国时期是中国奴隶制度走向衰落、封建制度逐步确立的时期。于是出现了百家争鸣、百花齐放的局面，先秦孝道养老伦理思想

① 刘松林：《浅谈我国古代的养老制度》，《文史杂志》1999年第6期，第68—71页。
② 《礼记·王制》。

在春秋战国时期系统化成型，包括一些哲学家、思想家也相继出现，这些现象的出现并非历史的偶然，而是有其社会和思想根源。

首先，在经济上，作为孝的经济基础的井田制趋于瓦解。井田制形成于商朝时期，是奴隶社会的土地国有制。《孟子·滕文公上》载："方里而井，井九百亩。其中为公田，八家皆私百亩，同养公田。"到了西周时期，井田制十分盛行，统治者"量地以制邑，度地以居民"①，编辑在"四井为邑"②的共同体中。在这种制度下，国王对土地拥有绝对的所有权，奴隶主贵族只有土地的使用权，而且不允许转让或买卖土地，同时还需缴纳贡赋。而奴隶根本没有土地，只有靠出卖自己的劳动，但其收获完全被奴隶主贵族占有。春秋末期，随着铁器和牛耕的使用，垦荒能力大增，一些奴隶主贵族拥有了公田，同时也控制了私田产品，"公田不治"的局面产生。③土地所有制发生变化，由原来的宗族所有向家庭私有变化。奴隶也不断反抗，逐渐摆脱宗族的束缚，通过开垦荒地，成为"不贵而富"的土地所有者。于是，井田制在春秋后期便开始瓦解，使得表征宗法血缘关系的"孝道"观念由贵族阶层的"尊祖敬宗"向平民阶层个体家庭的"事亲敬亲"的伦理道德发展。

其次，在政治上，作为孝的政治动因的分封制、宗法制遭到破坏。分封制是按照层层分封的原则，按照天子、诸侯、卿大夫、士阶层这种等级分明的秩序来治理的。分封制是以父系血缘关系为基础的宗法制度，天子利用血缘分封制强化了对诸侯的统治。"宗法制与孝道紧密相连，孝道是宗法制度在伦理上的表现。"④但随着新兴地主阶级经济力量的增强，在政治上诉求越来越强烈。他们通过自下而上的夺权和自上而下的变法，使得内部的宗族等级秩序发生剧烈变化，出现"私门"刮削"公室"之争。春秋后期，列国卿大夫在争霸战争中不断发展壮大并出现了卿大夫专政的局面，如鲁国的三桓等。战国时

---

① 《礼记·王制》。

② 《礼记·王制》。

③ 《高三历史：祖国历史的开篇·先秦（背景资料）》，旧人教版。

④ 肖群忠：《孝与中国文化》，人民出版社 2001 年版，第 29—30 页。

期，争霸的局面还更进一步发展，各种改革也大刀阔斧进行。伴随波澜壮阔的国与国之争，诸侯国之间力量对比发生了变化，周王室已丧失了号令诸侯的经济和军事基础，国家的权力逐步地集中于新兴的贵族手中。在这种背景下，春秋战国时期的人们对于西周以来一些重要的政治制度，诸如宗法制度、分封制度，随着变法运动的兴起，逐步退出了历史舞台。废嫡立庶、废长立幼，子弑父、臣弑君的事情层出不穷，胜者为王，败者为寇，以“亲亲”“尊尊”为主要内容的周礼在社会变动面前显得十分苍白无力，血缘的宗族关系无法继续维系，孝道政治支持便开始动摇了。

最后，在思想文化上，出现“百花齐放，百家争鸣”的学术繁荣局面。在春秋战国时期，生产力的进一步发展，社会经济制度的变革，导致政治领域中的大乱，也给社会思想意识带来了巨大的冲击。各派社会力量对人与人、人与社会的关系展开了空前激烈的论争，提出了各自具有特色的观点和理论，也产生了许多闪光的卓越思想。其中以孔子为代表的儒家思想占据了主导地位，其“孝道”思想是儒家道德范畴的一个重要纲目，孝道思想的开山鼻祖孔子，正是生活在这社会变动剧烈、矛盾激化的春秋后期。他自幼受到极好的西周礼乐文化教育，又有鲁国得天独厚的文化土壤。面对礼仪废坏、人伦不理的混乱局面，孔子以匡时救世为己任，主张由仁复礼，维护宗法制度，提出了适合当时社会条件的孝道思想。在继承西周孝养观念的基础上，孔子通过周游列国对当时复杂的社会进行了深刻观察与思考，从宏观的角度对孝道思想进行了论述，并初步构建了孝养理论的框架，首次提出孝养和孝敬相互统一、物质供养和精神慰藉相互结合的孝养理论模式。但是他没有对物质供养和精神慰藉等孝养和孝敬的具体内容和执行标准进行更深入的全面系统探究。到了战国时代，儒家后学在继承孔子“仁学”孝道思想的基础上进行了全面系统和更加丰富的扩充和创新，从人性论的角度研究人的本性。可以说，孟子和荀子的孝道养老伦理思想也正是建立在对人性的论证基础之上的。此外，“学在官府”向“学在私人”转向，为儒家诸子独立阐发自己思想提供了有利的外在环境。春秋之前，只有奴隶主贵族掌握着文化、学术，一般平民很难涉猎，而之后，思想文化得以流传平民阶层，对个体家庭孝道文化影响深刻。

二　先秦儒家孝道养老伦理思想的内容

先秦儒家之所以奠定了中国传统孝道养老伦理思想系统化的根基，在于儒学诸子不仅在孝观念的整体框架上宣扬倡导孝道理论大的德目，还在孝的要求和孝行标准上做了大量论述，而这一任务，率先是由于孔子完成的，孔子宣扬“仁学”，重视人的问题，尤其关注老人。孔子之后的许多弟子及再传弟子继承了他的孝道养老理论并有所创新，其中曾子、孟子等都有较大成就。

（一）孔子：养亲与敬亲思想的结合

孔子（前551—前479），名丘，字仲尼，生于鲁国平乡陬邑，先秦儒家学派的创始人。孔子的一生经历颇多，自幼丧父，家庭贫困，自谓“吾少也贱，故多能鄙事”①。穷毕生精力兴办私学，相传弟子三千，又周游列国游说人主，积极地宣传他的学说主张，力图实现其人伦之道。孔子以西周孝道思想为理论基础将其孝道观内容丰富发展，实现了由西周的“宗教道德”向春秋末期“人伦道德”的转变，由传统孝道向现实家庭关系的转向，是承前启后的文化伟人，以仁为核心的孝道养老伦理思想对后世家庭新养老理念建构具有重大启发和影响作用。因此，孔子可谓是儒家孝道养老伦理思想的开山鼻祖。

1. 以“仁”为核心的孝道养老原则

孔子思想内容丰富，包括孝、悌、忠、信、礼、义、廉、耻等，这些思想范畴都是建立在“仁”的基础上的，“仁”是儒家学说体系的核心概念和最高原则，“仁”根本内涵为“仁者爱人”。孔子继承了“爱亲之谓仁”② 的思想。因此，在认识孔子孝道养老伦理思想上必须知晓孔子“贵仁”主张与“倡孝”的关系。

① 《论语·子罕》。
② 《国语》。

仁规定着孝，孝是仁爱之根基。孔子提倡的“仁”，是以孝为基础的，孔子深受宗法观念的影响，认为只有遵守父子之道为基础，社会方能和谐稳定。对于孔子“仁”思想是什么？回答各不相同，但概之其思想体系存在一个逻辑：其一，从家庭伦理到政治伦理的放大。“迩之事父，远之事君；多识于鸟兽草木之名”①“孝乎惟孝，友于兄弟；施于有政，是亦为政”②。其二，推己及人。尊重、爱护他人，就是爱自己。“孝”亦是“仁”稳固的根基，一个人若能对父母有孝心，这自然会爱他人及至整个民族，一个人若对自己的父母既不孝养也不尊爱，那么这个人不可能去爱他人、爱社会、爱国家，这种从家庭伦理自然的放大成了社会伦理，使得“孝”成为孔子核心思想“仁”的逻辑起点和前提条件。

孝体现着仁，孝是德行之根本。“孝”在《论语》中被提到了极端重要的地位，从记载中可见有关正面讨论“孝”的有十四条，多数是孔子对弟子提问的回答。孔子在《论语》中说“君子笃于亲，则民兴与仁”③，于是他提出“弟子入则孝，出则悌，谨而信，泛爱众，而亲仁”④，“出则悌，谨而信”这是一个人的道德要求，是对社会做出的道德承诺，他把孝顺父母、敬重兄长的道德修养放在学业的首位。孔子认为“孝”是一切道德规范的基础和根本，孝为“德之本也，教之所由生也”⑤，人类的一切道德教化和内化都是从孝道产生出来的，将“亲亲”之孝视为推行一切德行的起点，提出“仁者，人也，亲亲为大”⑥。孔子对学生说了一句名言：“其为人也孝弟，而好犯上者鲜矣，不好犯上而好作乱者，未之有也。君子务本，本立而道生，孝弟也者，其为仁之本与。”⑦ 这句话说明一个人行为莫大于行孝，孝是做人的根基。一个人只要孝敬父母、尊敬兄长，就会敬爱他人，

---

① 《论语·阳货》。
② 《论语·子罕》。
③ 《论语·公治长》。
④ 《论语·学而》。
⑤ 《孝经·开宗明义》。
⑥ 《礼记·中庸》。
⑦ 《论语·学而》。

就很少会冒犯上级，也会很少违背法律法规和道德规范，更不会危害人民，危害社会。

2. 孔子的孝道养老理论

《论语》一书集中反映了孔子的孝养理论。孔子在社会观察的基础上阐释了供养父母、敬爱父母、挂念父母、顺从父道、丧葬祭祀等各个方面的内涵，基本勾勒出孝道养老理论的框架，从宏观的角度确定了儒家传统孝养文化的发展方向。从总体上看，实现了养亲与敬亲的结合。

（1）孝与养亲。养为孝的基础。何为孝？孔子给出了明确的答案。子游问孝，孔子曰："今之孝者，是谓能养。"① 孔子的学生子游问什么是孝，孔子回答孝就是能养，即物质上的供养，这是孔子对"孝"最基本和最低的要求。孔子强调要行孝必须从侍奉双亲开始，在物质上对父母进行供养，要尽自己最大的努力让父母吃穿不愁、衣食无忧，否则谈不上孝。孔子认为父母从生下孩子的那一刻就对孩子精心照顾、付出了慈爱，辛苦把孩子养大，孩子长大后自然应该回报父母恩情，照顾年迈的父母，保障父母物质生活的需要，孝养双亲，让其安度晚年，这是一种最为普通的"乌鸦反哺"回报之情。因此，尽心尽力供养双亲，应该是作为一个孝子的最起码的义务。

仅仅物质层面的供养是不足以称为"孝"的，对父母还要有必不可少的精神层面的尊敬呵护。"至于犬马，皆能有养；不敬，何以别乎？"② 如果对父母不尊敬，只是物质供养，人们家中的狗、马之类的牲畜也能饲养，那这被称为"孝"的赡养与饲养动物又有什么区别呢？这句非常经典的话，为当时和后世熟知，告诉我们"孝"不是养活父母、保障父母衣食无忧就行了，而是要尊重敬爱父母，对父母要真诚，要有感恩的心，就是要做到"敬"，这是人的道德修养，是一种人伦精神。对父母的"敬"应是子女根源于血缘关系的内心情感的自然流露。所以，在孔子看来仅是物质层面的尽孝，而精神层面做得

① 《论语·为政》。

② 《论语·为政》。

不好就根本不能算是孝，孝道的根本不在于物质赡养，而在于要有孝“心”。现今社会所谓“孝行养老”，很多人常常就是以能够养活父母为主要标准，试想下现在对宠物我们都能有无微不至的关爱，那不给予尊重和恭敬地赡养怎能被称为“孝”，孝道又如何得以彰显？

（2）孝与敬亲。“敬亲”是孔子孝道养老伦理的核心内容。孔子强调养而要敬，在自然亲情基础上要有衷心敬爱之情。作为子女要时时刻刻按照周礼的要求诚心诚意、恭恭敬敬地伺候父母。那么，敬亲的表现是什么？孔子从以下几大方面做出了回答。

一是对父母要和颜悦色。孝养父母不仅表现在物质上的保障，更体现在精神上的慰藉，物质上的供养是具体的，事实上慰藉老人也不是抽象的，其主要体现在语言上好听，态度上要和颜悦色，使父母悦心赏目，感到高兴，还要心存敬畏，在内心去尊敬他们。所以有云：“子夏问孝，子曰：色难。有事，弟子服其劳；有酒食，先生馔，曾是以为孝乎？”① 这句话的意思是说，子女在父母面前常保持愉悦的容色是件很难的事。有事情积极替父母操劳；即使有了好的酒水和佳肴先请父母享用，却对父母语言不敬，态度不和，脸色难看，使父母心里难受，不舒畅，不愉快，难道这可以被认为是孝吗？诚然，不是。《荀子·子道》中也记载，子路问于孔子曰：“有人于此，夙兴夜寐，耕耘树艺，手足胼胝，以养其亲然而无孝之名，何也？”孔子曰：“意者身不敬！辞不逊与！色不顺与！”② 这句话正好解答了现今很多年轻人对父母尽了养老之责反倒被误解的困惑。子路问孔子，有这么一个人，每天早起晚睡，辛勤耕种，手脚也因过分劳动而长出厚茧，如此来奉养双亲，但他却得不到孝子的美称，这是为什么呢？孔子回答说：“依我看来，他是不是态度上不恭敬？或是言语上不够谦逊?或者脸上表情不合顺？”显然，即使日夜不停的工作来奉养双亲，如果在态度、言辞、神色这三件事上不够恭敬，依然得不到孝子美名。孔子回答子夏和子路的两段话实际上是告诉我们，无论你在物质上给予对

① 《论语·为政》。
② 《荀子·子道》。

老人多少，你内心不恭敬，态度不好，给父母脸色看，就是失去了孝道养老的根本。

二是时常惦记挂念父母。在父母面前我们需要和颜悦色，那不在父母面前，作为子女又该如何？孔子在“敬养”基础上提出更具体的要求，关心挂念父母。孔子提出了二点：第一“知年岁”。《论语·里仁》中记载：“父母之年，不可不知也。一则以喜，一则以俱。”孔子认为，生死乃自然规律，父母的年龄做子女的不可不知道。一个人如果在幼年就失去父母，总是人生的大不幸，假如步入中年，父母尚健在，应视为人生的幸福。子女对父母的关心要体贴入微，既要时常将父母的年龄记于心中，又要对父母的高龄感到高兴，同时对父母年龄大而衰老应有一种担忧的情感。“树欲静而风不止，子欲养而亲不待”(《孔子语集》)，时光会让逝去了的永远追不回来，双亲若过世后就再也不能见到面，因而在为父母添了年岁、高寿而心感喜悦的同时，更要为父母年龄逐步增大、临近生命之边缘而感到恐惧和忧郁，要有一种不能与父母相处更久、尽孝的时间越来越少的忧愁感。在《韩诗外传》中记载皋鱼的故事，一天孔子外出听到有撕心裂肺的哭号声，闻声而去，是皋鱼，孔子详问，得知是皋鱼因其周游列国寻师访友，未能留家侍奉父母，岂料父母相继去世，未能及时尽孝痛心疾首，追悔莫及。皋鱼的故事听之让人感到酸楚，人世间最大的悲哀在于当为优越的生活而奔波，而正当分享成功的快乐时，却无人同福。时间无情，老人终老，子女要在保持敬意的同时，珍惜与父母一起的时光，及时行孝，回报父母的养育之恩，不要让它成为终身的遗憾。“父母唯其疾之忧”①，让父母免于牵挂。《论语·为政》记载，孟武伯问孝，子曰：“父母唯其疾之忧。”孔子的弟子问孔子什么是孝，孔子说：“只有疾病可以让父母为自己担忧。”这看起来似乎反了，孝本应该是子女对父母的行为，怎么变成父母担忧自己子女的疾病了？这句话说明了一个十分重要的道理，作为父母是十分担心子女生病的，如果子女让父母为自己的身体而担忧，这也是不孝的行为，这是因为作为子

① 《论语·为政》。

女在物质上和精神上照顾父母，是基本上可以做到的，唯有疾病，往往很难由人控制，所以自然的病症就成为父母和子女最无能为力的事情。如果子女珍爱身体，保持健康，让父母省心省力，这在孔子看来，或许是一种最简单的孝了。第二“不远游”。对父母的担忧，是一种对生命的深刻关切。“父母在，不远游，游必有方”①，这对于生产力水平落后的农耕社会来说是解决家庭养老问题的一个重要理念和行之有效的良策。众所周知，在传统的农耕社会中，养老主要是在家庭里进行的，若父母年老体弱、丧失劳动能力，甚至生活不能自理的时候，需要子女在身边给予细心的照料和护理。此时子女若远走他乡，父母的养老就会失去依靠，失去最基本的供养保障，因此我们常说，一个老人晚年忧愁，生活无靠，精神不振，晚景凄凉，这是最大的不孝了。另外，限于当时条件，通信不发达，孔子提出了父母在世的时候，子女不应该出远门，万一要出远门，必须有一定要告知父母方向与计划好归期。因为“儿行千里母担忧”。孔子所看重的是父母在时子女要承担对父母赡养与照料的责任与义务。孔子认为，父母健在时，子女的责任与义务需要在家陪伴父母，照顾父母生活。如果子女远游而无一定去处，父母会更加操心、担忧和牵挂。所以孔子特别强调“游必有方”。

三是尊重父母的意愿。体现在两个方面：第一，无违几谏。“无违”有不违背父母意愿和不违背周礼两层含义。相传孔子的弟子闵子骞问孔子孝与道的关系，他说：“孝者，善事父母之名也。夫善事父母，敬顺为本，意以承之，顺承颜色，无所不至，发一言，举一意，不敢忘父母；营一手，措一足，不敢忘父母。”②《论语·为政》中记载：“孟懿子问孝，子曰：‘无违’。樊迟御，子告之曰：‘孟孙问孝于我，我对曰，无违’。樊迟曰：‘何谓也。’子曰：‘生，事之以礼；死，葬之以礼，祭之以礼。”③ 这要求我们孝敬父母，既要在言谈举

① 《论语·里仁》。

② 《亢仓子·训道》。

③ 朱熹：《论语集注》，《四书章句集注》，齐鲁书社 1992 年版，第 12 页。

止上听父母之言，服从父母安排，也不能做有违父母意愿之事，要顺从父母意志。那么，在如此尊崇和长辈的言行、命令前提之下，晚辈们还有自我发挥的空间吗？孔子是否真的就提倡孝亲至上、鼓励盲从呢？人非圣贤孰能无过，父母也是人，当然也会有过错的。当父母有过失时，子女应该如何做才符合孝道呢？孔子认为“事父母几谏，见志不从，又敬不违，劳而不怨”①。父母有错，做子女的可以平心静气地婉转地加以劝谏，但是当自己的意见没有被父母重视或采纳时，仍要恭敬地遵从孝道礼节，好生侍奉父母，万不可因此滋生丝毫怨恨之意，但不应该丧失原则立场，盲目顺从父母，顺并不是逆来顺受。“孝”并不等于“从父之令”，缺乏个人的独立意志和价值的准则，而是要有原则的，要以法律为准绳，以是非、善恶等为核心。孔子还强调了子女在对父母的错误的谏诤方式上应该是“微谏”，“从命不忿，微谏不倦，劳而不怨，可谓孝矣”②。第二，“善继父志”。孔子认为孝顺的更高层次是“承教继志”，③“父在，观其志；父没，观其行；三年无改于父之道，可谓孝矣”④。孔子认为，看一个人是否孝顺，其父亲在世的时候，要观察他的志向；当父亲死了以后，也要看他的品行；若够三年不改变其父亲行为处事的思想和方法，这样就可以说是尽孝了。尊重父母的志向、意志乃至行为方式和习惯，发扬已逝亲人的优良品格，慎终追远，缅怀已故亲人的遗愿，竭力去发扬光大，以达到光宗耀祖的目的。

四是对已逝父母葬之以礼，祭之以礼。孔子认为对父母的孝敬还体现在对已逝父母上，父母去世要也以礼安葬和祭祀：对于孝丧之礼要“致乎哀而止！”⑤ 对死去的父母表达的是一种对他们的思慕敬重的感情，所以一定要恭敬。“无以死伤生，毁不灭性”⑥“丧事不敢不

① 《论语·里仁》。

② 《论语·里仁》。

③ 吴莎：《浅谈孔子的孝道文化》，《改革与开放》2014 年第 23 期，第 82—83 页。

④ 《论语·学而》。

⑤ 《论语·子张》。

⑥ 《孝经·丧亲》。

勉”①，反映了孔子对丧礼的重视。事实上，孔子主张在丧葬中孝子的悲痛之情应该是内在的自然哀思之情，而不是追求外在的繁文缛节。对于孝祭之礼，父母在的时候，人们的情感往往得不到充分表达，父母随年事已高而离去，而多数人往往都是因父母亡故之时，真情才会在叹息的时光中流露。孔子十分重视孝祭之礼，认为“敬其所尊，爱其所亲，事死如事生，事亡如存，孝之至也”②，“祭如在，祭神如神在”③。这种孝祭之礼还可以起到“教民追孝”的社会伦理教化的作用。对于守丧之礼，孔子坚持“三年之丧”。宰我与孔子有段生动的对话，宰我问：“三年之丧，期已久矣，君子三年不为礼，礼必坏；三年不为乐，乐必崩。旧俗既没，新俗既升，钻燧改火，期已久矣。”④ 子曰：“食夫稻，衣夫锦，于女安乎？”曰：“安。”“女安则为之。夫君子之居丧，食旨不甘，闻乐不乐，居处不安，故不为也。今女安，则为之！”宰我出，子曰：“予之不仁也！子生三年，然后免于父母之怀。夫三年之丧，天下通丧，予也有三年之爱于其父母乎？”⑤ 这里，宰我向孔子提出了对服丧“三年之期”的质疑，认为三年守丧时间未免太长了，“君子三年不为礼，礼必坏；三年不为乐，乐必崩”。⑥ 如果一个家庭三年不事耕作，就无法生活，旧谷吃完，新谷也无收成；打火的燧木轮用了一次，自然界循环周期也是一年，所以只要守丧一年就完全符合情意了。孔子却不这样认为：“守丧未满三年，就吃白米饭，穿锦缎衣，你心里安不安呢？”⑦ 在孔子看来，一个人成长离开父母需要三年时间，因此替父母守孝三年，是出于自然的感情回馈之道。在这里可以看到，孔子从人的本性出发，对父母的自然之情是源自父母对自己的养育之情，替父母守孝三年，是为报

---

① 《论语·子罕》。
② 《礼记·中庸》。
③ 《论语·八佾》。
④ 《论语·阳货》。
⑤ 《论语·阳货》。
⑥ 《论语·阳货》。
⑦ 《论语·阳货》。

答父母的“三年养育之爱”①。

（二）曾子：养亲敬亲与孝行的发展

曾子（前505—前432），字子舆，春秋末年战国初年鲁国南武城人，是孔子众多弟子中对后世影响较大的弟子之一，后世尊称曾子为宗圣。曾子思想对后世影响最大的就是他的孝道观，在孔子的指导下，他潜心钻研孝道，以孔子与曾子的问答方式阐发孝治思想，被后世奉为行孝经典，为中华民族孝文化树立了不朽丰碑。他自身也以诚敬、伟大的孝心、孝行，而成为天下古今孝子的楷范。曾子全面继承了孔子的孝道养老伦理思想，有独到的阐发与相当程度的发展，一方面表现在孝道养老的实践上；另一方面表现在对孝道养老理论的丰富与发展上，两者相辅相成，共同构成了曾子的孝道养老理论。

1. 能养父母

子女最基本的孝就是能养自己的双亲。父母为子女含辛茹苦，呕心沥血，把子女养育成人，子女成人后也应竭尽全力供养双亲，使父母衣食无忧。“曾子孝于父母，昏定晨省，调寒温、适轻重，勉之于糜粥之间，行之于衽席之上，而德美重于后世。”②“曾子养曾皙，必有酒肉；将彻，必请所与；问有余，必曰‘有’。曾皙死，曾元养曾子，必有酒肉；将彻，不请所与；问有余，曰‘亡矣’。——将以复进也。此所谓养口体者也。若曾子，则可谓养志也。事亲若曾子者，可也。”③在孝顺父母上曾子起到了表率，细心而周到地照顾父母的衣食起居。曾子认为，昏定晨省，嘘寒问暖，是子女每天应该做的礼节；为父母提供必要的物质生活条件是应尽的养亲之道④。

曾子还认为，子女孝养父母要心存紧迫感，孝养应该及时。“往而不可还者亲也，至而不可加者年也。是故孝子欲养，而亲不待也。木

---

① 吴莎：《浅谈孔子的孝道文化》，《改革与开放》2014年第23期，第82—83页。

② 《新语·慎微》。

③ 《孟子·离娄上》。

④ 张永怀：《敬而爱：曾子孝道观的二重奏》，《湖北工程学院学报》2020年第1期，第24—27页。

欲直而时不待也。是故椎牛而祭墓，不如鸡豚逮亲存也。亲戚既殁，虽欲孝，谁为孝乎？年既耆艾，虽欲弟，谁为弟乎？故孝有不及，弟有不时，其此之谓与？”① 曾子提出，父母在世时，子女应“不择官而仕”。故曾子云：“吾尝仕齐为吏，禄不过钟釜，尚犹欣欣而喜者，非以为多也，乐其逮亲也。既没之后，吾尝南游于楚，得尊官焉，堂高九仞，榱题三围，转毂百乘，犹北向而泣涕者，非为贱也，悲不逮吾亲也。故家贫亲老，不择官而仕。若夫伸其志，约其亲者，非孝也。”② 曾子为方便侍养双亲，宁愿做低级官吏，拿三秉小米这么低的俸禄。因此，曾子提出了一个入仕原则：父母在时，子女应“不择官而仕”。父母去世后，齐国、晋国、楚国等国竞相聘他为高官，俸禄十分优厚，但曾子却“北向而泣涕”，其原因是父母已辞世。如果一个人一定要等到高官厚禄、荣华富贵之时才履行奉养双亲的职责，那是一种不孝行为。③

2. 不辱父母

不让自己的父母受辱，在曾子看来是“中孝”，而做到这一点的前提就是要全体贵生，即不让自己的身体受到伤害。《大戴礼记·曾子大孝》：“曾子闻诸夫子曰：‘天之所生，地之所养，人为大矣。父母全而生之，子全而归之，可谓孝矣；不亏其体，可谓全矣。’”“身者，亲之遗体也。行亲之遗体，敢不敬乎？”《吕氏春秋·孝行》中曾子曰：“父母生之，子敢弗杀；父母置之，子敢弗废；父母全多，子敢弗阙。故舟而不游，道而不径，能全支体以守宗庙，可谓孝矣。”在曾子看来，子女对自己的生命没有所有权，子女的一生不过是代行父母“遗体”的生命运动过程，是父母“遗体”在另外一种形式上的延续，因此，“全体贵生”成为人伦之孝，残伤身体也就是残伤父母之身体，自然也是一种不孝行为。“身体发肤，受之父母，不敢毁伤，孝之

① 《韩诗外传》卷七。

② 《韩诗外传》卷七。

③ 张永怀：《敬而爱：曾子孝道观的二重奏》，《湖北工程学院学报》2020年第1期，第24—27页。

始也。"① 孝子应"全体""贵生""守身"。故"孝子之事亲也，居易以俟命，不兴险行以徼幸。……险深隘巷，不求先焉，以爱其身，以不敢忘其亲也"。"孝子不登高，不履危，痹亦弗凭。不苟笑，不苟訾，隐不命，临不指，故不在尤之中也。孝子恶言死焉、流言止焉、美言兴焉，故恶言不出于口，烦言不及于己。"②"孝子游之，暴人违之。出门而使，不以或为父母忧也。"③ 就是说，孝子不走险路，不随便说笑，出远门应小心谨慎，不要让父母担忧。

曾子病危之际，把自己的学生都召集一起，对自己一生能够"全体"甚感欣慰。"曾子有疾，召门弟子曰：'启予足！启予手！《诗》云：战战兢兢，如临深渊，如履薄冰。而今而后，吾知免夫！小子！'"④ 曾子一生总担心自己的身体受到损害，而不能完好地归还父母，临终之际他感到安心了。与此同时，不让父母受辱相对的便是要使父母荣耀，扬名显父。曾子认为达到最完美的孝道，就是扬名显父，"立身行道，扬名于后世，以显父母，孝之终也"。⑤ 而扬名的首要之事就是不遗父母之恶名，"父母既没，慎行其身，不遗父母恶名，可谓能终也"。⑥ 然后才是扬己之名，"行无求数有名，事无求数有成，身言之，后人扬之，身行之，后人秉之，君子终身守此惮惮"。⑦《孝经·广扬名》说："君子之事亲孝，故忠可移于君。事兄悌，故顺可移于长。居家理，故治可移于官。是以行成于内，而名立于后世矣。"这就是孝道与扬名的关系，重视"扬名"，重视名誉，能够严格要求自己，谨慎行事，来提高自身的道德修养。

尊敬父母

曾子主张"大孝尊亲"，尊亲即对父母要尊敬，这在曾子看来才是大孝，这也是对孔子孝道养老伦理思想的继承。尊亲是养亲的伦理

---

① 《孝经》。
② 《大戴礼记·曾子本孝》。
③ 《大戴礼记·曾子大孝》。
④ 《论语·泰伯》。
⑤ 《孝经·开宗明义章》。
⑥ 《大戴礼记·曾子大孝》。
⑦ 《曾子·子思子》。

尺度。单居离问于曾子曰："事父母有道乎？"曾子答曰："有，爱而敬。"① 曾子认为，孝要源于人的内心和本能，是人们赡养情感的自然流露，赡养父母容易，尊敬父母并能持久地安若自然，本能去敬养父母却是常人难以做到的。曾子之所以被称为孝子楷模，主要是因为他一如既往的对父母发自内心情感的尊敬。那么，如何才称得上对父母的尊敬，表现在以下孝行实践中。

此外，曾子还提出了孝行具有差异性的思想。曾子简化了孔子孝行五个不同层次的思想，根据人们的阶级地位不同和孝敬程度不同将孝从天子之孝、诸侯之孝、卿大夫之孝、士之孝和庶人之孝简分为三种类型，即君子之孝、士之孝和庶人之孝。曾子认为："君子之孝也，以正致谏；士之孝也，以德从命；庶人之孝也，以力恶食，任善不敢臣三德。"② 人与人之间是不同的，其能力条件也是有差距的，所以行孝的方式应该不能用一个标准去要求，而是可以多样的。同时，曾子根据当时人们的尽孝方式的不同把孝划分为三个等级："大孝不匮，中孝用劳，小孝用力。"③ 一般的普通民众可以做到"中孝"和"小孝"。"大孝尊亲，其次不辱，其下能养。"④ 所以最高要求的孝是敬养父母，最低要求的孝是奉养父母生活。曾子的孝道养老伦理思想也正是在这三个层次中展开的。这充分说明一方面当时的老百姓已经有了孝道养老生活的自觉，另一方面也认识到人们身份和客观状况的不同，不能简单地为行孝确立一个统一的标准，否则无法真正实现孝道。⑤

（三）孟子：养亲与尊亲思想的结合

孟子（约前 372—前 289），名轲，字子舆，孔子之孙的再传弟子，战国时期伟大的思想家、教育家，与孔子并称"孔孟"。孟子的

---

① 《大戴礼记·曾子事父母》。
② 《大戴礼记·曾子本孝》。
③ 《大戴礼记·曾子本孝》。
④ 《礼记》。
⑤ 薛晋：《浅析曾子的孝道思想及其现代价值》，《学理论》2015 年第 6 期，第 20—21 页。

思想主要集中在《孟子》一书中，他以“性善论”著称，在人性善的基础上，提出了“仁政”学说并阐述自己的孝道思想，在孝道养老伦理思想上对孔子有所继承。

孟子的孝道养老伦理思想内容丰富，其“仁政”学说包含着兼济天下、孝亲敬老的博爱思想。孟子提出，孝是子女对父母一生践履的职责与义务，既要注重养父母之口体，又要注重养父母之精神，从双重层面上全面地孝敬父母，而且要娶妻生子、繁衍后代等。具体言之，包含如下几方面。

（1）养父母口体。孟子强调亲人在世时应该全身心地赡养、照顾好自己的亲人，首先要满足亲人物质基本需要，养父母口体。所谓养父母口体，即对父母在物质生活上的奉养，养父母的衣食住行，还要把父母从繁重的体力劳动中解脱出来。孟子从统治者的角度提出如何保证人民养亲的经济供给，他在其“仁政”学说中提到“制民恒产”，分给人民每户百亩之田，五亩之宅，然后家家栽种桑树，又养鸡、豚、狗、彘之畜，当政者再“省刑罚，薄税敛”，[①] 以使人民“仰足以事父母，俯足以畜妻子。乐岁终身饱，凶年免于死亡”。[②] 孟子在养父母物质的特殊性上，出对于老人，则提出了更高的生活要求，不仅仅是“乐岁终身饱”，而应该做到“衣帛食肉”，因为“五十非帛不暖，七十非肉不饱”[③]，对于老人上了五十岁没有质地更好的帛，七十岁不吃上美味的肉就会不饱，虽然这些一般是贵族才常有享用的机会，但老人应有优先享用的权利。父母在年老时无经济来源，必须依靠子女的支持，且身体上也大不如年轻之时，因而在物质生活方面的需求也比较特殊，作为子女在物质上就不应该潦潦地满足父母的口腹之欲即可，而是要从父母身体角度出发，精心照料。这是赡养父母的最基础、最首要的条件。此外，除吃、穿方面外，还要关注老人的生存状态，将父母从繁重的体力劳动中解脱出来看，不让其再

① 胡发贵：《儒家重养老》，《老年教育（老年大学）》2010 年第 6 期，第 48—50 页。

② 《孟子·梁惠王上》。

③ 《孟子·尽心上》。

“负戴于道路”①，不让年迈的父母吃负重之苦。母亲十月怀胎，历经艰辛与生死，而且父母又含辛茹苦将子女培养成人。因此，当父母年老的时候，作为子女在物质生活上尽力尽孝是道德义务和自然本性之要求。②

此外，孟子还提出要报答父母的养育之恩就要摈弃不孝行为，“世俗所谓不孝者五：惰其四支，不顾父母之养，一不孝也；博弈好饮酒，不顾父母之养，二不孝也；好货财，私妻子，不顾父母之养，三不孝也，从耳目之欲，以为父母戮，四不孝也；好勇斗狠，以危父母，五不孝也”。③ 孟子认为，四肢懒惰者，沉迷于赌博、嗜酒者，贪图钱财并偏向妻子者，放纵自己使父母蒙辱者以及好勇斗狠让父母操心者，这五种人是被社会认为是大大不孝的行为。④

（2）养父母精神。孟子认为，赡养父母既要满足最基本的物质生活需要，更不能忽视父母精神需求，否则与养畜牲无异。人与动物的区别在于人类是有情感的道德观念，因此满足父母物质生活的需求是远远不够的，这是最基本的供养要求，还要对父母在精神生活方面奉养，尽量满足父母情感的需要。如何养父母精神，学者马丽认为，要做到慕亲、尊亲、顺亲与谅亲：一是子女要眷念父母，时常要“慕亲”。众所周知，为人父母者，无论何时何地何情总是牵挂着子女，无论子女年龄有多大，始终将子女视为生命之最，对待子女的那颗慈爱之心永不变，永关爱；作为子女，只是少时仰慕父母，随着年龄增大成人，社会交往的扩大，心也慢慢地外移，追求异性的可爱，迷恋仕途为官，心已无眷恋父母之意。因此孟子主张向舜学习，他说：“大孝终身慕父母，五十而慕者，予于大舜见之矣。”⑤ 可见，孟子十分重视情感因素在行孝过程中的作用，这是对孝内涵的丰富发展和突破。二是子女一定要尊重父母，做到尊敬。养亲是敬亲的物质基础，

① 杨伯峻：《孟子译注》，中华书局1960年版，第5页。

② 马丽、冯文全：《孟子孝道思想浅析》，《文教资料》2013年第5期，第84—86页。

③ 《孟子·离娄下》。

④ 马丽、冯文全：《孟子孝道思想浅析》，《文教资料》2013年第5期，第84—86页。

⑤ 《孟子·万章上》。

敬亲是养亲的情感延伸和伦理尺度，敬亲前提下的养亲才合乎人伦之孝，社会常理。单居离问曾子曰："事父母有道乎？"曾子答曰："有，爱而敬。"① 孟子曰"孝子之至，莫大乎尊亲"，② 尊亲是人之为人的最高道德要求。三是子女一定要做到恭顺父母。孟子曰："不顺乎亲，不可以为子，不得乎亲，不可以为人"③，子女不顺从父母的意愿就不称职，不能处理好与父母关系就不可以做合格的人，因此，"顺亲"成为子女应尽的责任与义务。④ 孟子强调子女顺从父母的意愿，但也不是愚昧地顺从。因为人非圣贤，孰能无过，当父母有错时，子女要甄别情况，区别对待。第一种情况是"亲之过小而怨，是也"⑤，父母之过小，子女应予以宽容谅解，不可有怨恨的情绪，否则是不孝。第二种情况是"亲子过大而不怨，是愈疏也"，"愈疏，不孝也"⑥。父母之过大，子女可以怨恨，这是孝爱父母的表现。若对父母重大过错无动于衷，视若无睹，不忧不怨，则是疏远父母的行为，没有尽子女之责，若听之任之，让父母继续错下去，那样不仅会对父母本身造成严重影响，也是子女不深爱父母、漠视父母的表现，正确的方式子女应该注意谏亲竭尽孝心，以自己的行动感悟父母，助其改过。四是子女一定要谅解父母。孟子以舜为例，主张谅解父母。舜的父母虽然不喜欢他，舜却在父母面前尽心孝顺，毫无怨言，也只能"往于田，号泣于旻天"⑦。他说："我竭力耕田，共为子职而已矣，父母之不爱我，于我何哉？"⑧ 舜虽贵为天子，仍然尽到做儿子的责任，对父母尽孝，可之谓孝之至也。⑨

（3）繁衍后代。繁衍后代，不仅是一个人承担的家族责任，更是

① 《大戴礼记·曾子事父母》。
② 《孟子·万章上》。
③ 《孟子·离娄章句上》。
④ 马丽、冯文全：《孟子孝道思想浅析》，《文教资料》2013 年第 5 期，第 84—86 页。
⑤ 《孟子·告子下》。
⑥ 《孟子·告子下》。
⑦ 《孟子·万章》。
⑧ 《孟子·万章》。
⑨ 马丽、冯文全：《孟子孝道思想浅析》，《文教资料》2013 年第 5 期，第 84—86 页。

社会延续发展的基础，所以孟子认为，娶妻生子，繁衍后代也是一种孝道，是孝子必须履行的家庭职责，并且视无后为最大的不孝。他说："不孝有三，无后为大。"① 不孝之中最大的是绝先祖祀而不娶无子。

（4）以礼送老。孟子认为，父母死后的丧葬是一件非常重大的事情，堪称大事，其重要程度要超过对父母生时的奉养。"养生者不足以当大事，惟送死可以当大事"②，孝子尽最大努力隆重办好父母的丧事，更能体现为人子的敬爱与孝心。孟子主张"亲丧固所自尽也"③，竭心尽力做好父母的丧事才是尽孝。孟子还认为，用精美而有厚度的棺椁葬埋父母，使父母的尸体尽量不与泥土接触，这样做才是尽孝心的表现。同时在棺木的厚度上也提出了标准，不至于使死者的身体接近泥土。作为一个合格的孝子，不仅要厚葬父母，而且是守丧，孟子认为："不能三年之丧，而缌，小功之察"④，若不守孝三年，即使非常重视守孝三月的缌麻、守孝五月的小功等也会被人们认为不识大体。⑤

（5）孝亲培育。孝亲思想的培养也是孟子孝道养老理论的一个重要内容。孟子提出了博爱天下的思想，"老吾老以及人之老，幼吾幼以及人之幼"（《孟子·梁惠王上》），一个人的孝不仅仅孝敬家庭父母与长辈，还应该扩大，即年轻人对所有长者要尊敬，这也是孝的表现，也是孝敬自己父母的表现。相反，如果不尊敬他人，加害他人，也是一种不孝的表现。

如何培养孝道呢？孟子曰："人之所不学而能者，其良能也；所不虑而知者，其良知也。孩提之童，无不知爱其亲者及其长也，无不知敬其兄也。"⑥ 人的本性具有良知、良能，所以人的天性就知道爱自

① 《孟子·离娄章上》
② 《孟子·离娄下》。
③ 《孟子·滕文公上》。
④ 《孟子·尽心上》。
⑤ 马丽、冯文全：《孟子孝道思想浅析》，《文教资料》2013 年第 5 期，第 84—86 页。
⑥ 《孟子·尽心上》。

己的亲人，但对于社会的发展而言这是不够的，孝需要扩充与发展，达到全社会像敬养自己的父母那样也尊敬他人，这样社会才能和谐团结，“苟能充之足以保四海，苟不充之，不足以事父母”①。但是现实社会中会有许多不孝子，既不赡养父母，也不尊重其他长辈。如何将这些不肖子孙转变成孝道所要求的合格孝子，这就需要孝道的培养与教育。孟子首先主张“谨庠序之教”，认为学校是孝培养的主要载体。众所周知，学校是教育的主渠道，一个人德育的提高主要在学校，而孝道意识的提高关键在于一个人的德育水平的提高，所以孝道教育的成效直接受学校相关教养相关。其次，家庭教育是孝培养的出发地。父母是家庭成员的核心，是子女孝道教育的首先的接触者，因此家庭教育对于子女孝的培养十分重要。同时，为了让子女孝的培养达到最好效果，孟子提倡“易子而教”②，家庭之间相互交换教育子女，以达到既不影响父子关系又能提高子女孝教育效果的目的。父母往往对子女是望子成龙心切，教育子女十分严格，而子女却对父母的教育方式方法也可能不认同，于是可能会彼此埋怨，这不利于父子关系的发展，因为“责善则离，离则不祥莫大焉”③。

（四）荀子：敬亲与礼亲思想的结合

荀子（前313—前238），名况，字卿，战国末期赵国人，著名思想家、文学家、政治家。荀子之学，出于孔子，但他并没有局限于孔子之前的儒家学说。荀子在各种流派思想呈现百家争鸣、各家著书立说极力宣传自己的学说的生活背景下，稽考各家之长短，综合诸子之学说，成为先秦战国后期儒家学派最后一位大师。《荀子》一书是研究荀子思想的主要材料，荀子论“孝”，主要集中在其中的《礼论》《性恶》《大略》《子道》诸篇中，他继承了孔孟以来的孝道思想，既有批判又有改造，其思想展现的“自身特点”，也将是我们当前探究传统

① 《孟子·公孙丑上》。

② 《孟子·离娄上》。

③ 《孟子·离娄上》。

孝道养老伦理思想的重要组成部分。

1.“性恶论”与“隆礼”

荀子孝道思想是以“性恶论”为理论依据的。《荀子·性恶》云：“人之性恶，其善者伪也。今人之性，生而有好利焉，顺是，故争夺生而辞让亡焉；生而有疾恶焉，顺是，故残贼生而忠信亡焉；生而有耳目之欲，有好声色焉，顺是，故淫乱生而礼义文理亡焉。”① 人与其他动物一样都会有好利、嫉妒、憎恨、贪欲之心，如果顺人之本性而放纵，就会出现争斗抢掠的暴乱。② 荀子既主张性恶，那么善又如何可能？“凡礼义者，是生于圣人之伪，非故生于人之性也。”③ 孝作为一种善的行为，它不是人与生俱来的一种自然而然的行为，而是通过后人制定规则才能实现的。④ 故《荀子·性恶》云：“今人饥，见长而不敢先食者，将有所让也；劳而不敢求息者，将有所代也。夫子之让乎父，弟之让乎兄；子之代乎父，弟之代乎兄，此二行者，皆反于性而悖于情也。然而孝子之道，礼义之文理也。故顺情性则不辞让矣，辞让则悖于情性矣。用此观之，然则人之性恶明矣，其善者伪也。”⑤ 从这句话说明，一个人能在饥饿的时候礼让年长者先吃，做儿子的为父亲代劳，这不是人的自然属性，而是社会的影响所致，这虽违背人的本性，但却是孝子因礼义应做的行为。因此，人的本性是邪恶的，善的行为是人受社会的影响而产生的。一个人虽然从本性上没有礼义之善行的本源，但可以得到圣人的指引。

2. 荀子的孝道养老伦理理论

（1）敬爱致恭。对于子女在尽孝问题上，荀子认为“敬爱而致

---

① 王先谦撰，沈啸寰、王星贤点校：《荀子集解》，中华书局1988年版，第163—529页。

② 张岸萍：《论荀子的“礼义之孝”》，《经济研究导刊》2014年第8期，第251—252页。

③ 《荀子·性恶》。

④ 李贤文：《荀子孝道思想辨析》，《内蒙古农业大学学报》（社会科学版）2011年第6期，第300—302页。

⑤ 王先谦：《荀子集解》，中华书局1988年版，第436—437页。

恭。”[①] 荀子还进一步说：“人贤而不敬，则是禽兽也；人不肖而不敬，则是狎虎也。禽兽则乱，狎虎则危，灾及其身矣。”[②] 敬成为子女对父母行孝的必要条件，离开了敬，孝就无从谈起。荀子还从以下两个方面的孝行来谈及对父母之敬。

一是守身爱己就是对父母最起码的敬。荀子十分重视身体和生命价值。[③] 守身是事亲的前提和必要条件，身心健康才能履行事亲、敬亲的职责。为人子女要做到守身，就要保护好自己的身体，也不要做有损于名誉的事。为此，荀子反对与人争斗，《荀子·荣辱》记载：“斗者，忘其身者也，忘其亲者也，忘其君者也。行其少顷之怒，而丧终身之躯，然且为之，是忘其身也；室家立残，亲戚不免乎刑戮，然且为之，是忘其亲也；君上之所恶也，刑法之所大禁也，然且为之，是忘其君也。忧忘其身，内忘其亲，上忘其君，是刑法之所不舍也，圣王之所不畜也。乳彘不触虎，乳狗不远游，不忘其亲也。人也，忧忘其身，内忘其亲，上忘其君，则是人也，而曾狗彘之不若也。”[④] 荀子把与人斗争而不顾身家性命的人认为连猪狗都不如。

二是孝从道义，父子有争，从义不从父。《荀子·子道》云：“从道不从君，从义不从父，人之大行也[⑤]。”孝从道义，这些是做人最基本的道德要求。因此荀子将道义作为衡量社会规范的基本标准，将“道”“义”置于君父之上，遵从道而不是盲从君主，遵从义而不是顺从父亲。荀子认为，忠是维护君主权威，孝是维护父亲权威，但子女若毫无原则地一味顺从父母，这不是孝敬的表现，而且将持有“子从父命，孝矣”[⑥] 观点的人喻为小人，是不孝之子。

（2）礼生死如一。荀子认为：侍奉死亡的父母要像侍奉父母在生的时候一样对待。“礼者，谨于治生死也。生，人之始也；死，人之终

① 《荀子·君道》。

② 《荀子·臣道》。

③ 李贤文：《旬子孝道思想辨析》，《内蒙古农业大学学报》（社会科学版）2011 年第 6 期，第 300—302 页。

④ 王先谦：《荀子集解》，中华书局 1988 年版，第 55 页。

⑤ 王先谦：《荀子集解》，中华书局 1988 年版，第 529 页。

⑥ 《荀子·子道》。

也；终始俱善，人道毕矣。故君子敬始而慎终，终始如一，是君子之道，礼义之文也。”① 荀子认为子女对父母必须善始善终，即使父母去世了也要像活着一样对待，这才是对父母的孝，是最高的孝行，也才是符合礼义之要求。

（3）礼制教化。荀子认为，礼法一致，人群相处才能和谐，并强调以礼法治国，以孝道施行政令、以德教使民知分。② 故曰：“礼之于正国家也，如权衡之于轻重也，如绳墨之于曲直也。故人无礼不生，事无礼不成，国家无礼不宁。”③ 荀子认为，人们的孝行必须通过教化才能遵守礼制，各级官吏才能恪尽职守，上行下效，这样就会“使天下莫不顺比从服”。国家政权的稳定需要发挥孝道的作用，而孝道的传承与发展需要国家的力量去推行，因此荀子提出了“礼法并用”，礼法共同维护国家稳定。

第四节　中国养老敬老体制已初步成型

一　养老敬老内容十分丰富和全面，形成了以孝为内涵的完整系统的传统养老文化理念

中国在先秦时期就形成了以孝为核心内容的养老传统，其内涵在先秦时期的经典中有深刻详细的论述。传统的敬老养老制度不仅是物质条件的改善，更侧重于孝的内涵，即精神养老。传统孝道中养老敬老主要包括两方面内容：事生与事死。具体说来有以下几个方面。

（一）“孝敬事亲”，无违父母

要求对父母既养且敬，不能违背父母的意志。这主要包括以下内

① 王先谦：《荀子集解》，中华书局 1988 年版，第 358—359 页。

② 张纲：《荀子孝道思想论述》，硕士学位论文，郑州大学，2011 年，第 37—38 页。

③ 《荀子·大略》。

容：一是“能养”。既给父母以衣食等物质方面的供养。这是孝养的最低限的要求。《尚书·酒诰》中记载：“肇牵牛车远服贾，用孝养厥父母。”《尔雅·释训》说：“善父母为孝。”也就是说孝之本义是“善事父母”(《说文》)。二是尊敬。孔子指出：“今之孝者，是谓能养，至于犬马，皆能有养；不敬，何以别乎？”所以，对父母的尊敬和奉养是孝的基本内核。三是和颜悦色。在父母面前要经常保持和气、愉悦的容貌。孔子在回答子夏问孝时说：“色难。有事，弟子服其劳；有酒食，先生馔，曾是以为孝乎”(《论语·为政》)？四是“无违”。指侍奉父母要不违背礼的规定，包括“生，事之以礼；死，葬之以礼，祭之以礼”。

(二)“孝丧、孝祭和守孝”，尊敬祖先

三者都是指对已故的父母和先祖应尽的孝道。除按时恭敬地祭祀外，还要依照祖制行事，把祖先的事业推向前进。

(三)“孝继”，立身扬名，以显父母

要发奋进取，成家立业，修身行道，效忠君国，扬名后世，被儒家经典《孝经》誉为“孝之终”。

(四)“孝行”，治国之本

《孝经》把孝视为“天之经、地之义、人之行、德之本”，而以孝治天下则“光于四海，无所不通”。

二　养老敬老准则相当合理和规范，形成了以“仁”和“礼”为核心的基本养老原则

(一) 仁之原则

儒家以“仁”为人生追求的最高境界，“仁者爱人”是其根本含义，可以说，“仁”是儒家学说的核心概念和最高原则。实行“仁政”必须“爱人”，因而，“爱人”从一定意义上说，是实行仁政的重要内容，它体现了以人为本的思想。孟子认为：“五十者可以衣帛，七十者

可以食肉。”这样，就能王天下，就能让百姓去行仁义。孟子强调治国必须“以人为本”，统治者不能把人们看作被统治和被剥削的对象，必须关心人们的物质生活，要做到“保民”。并认为，使老者可以“衣帛肉食”，“使民养生丧死无憾也”（《梁惠王上》），使老百姓得到起码的衣食保暖是保民的重要条件。

仁作为宏大原则，当然规定着孝；而孝也必须体现仁。在儒家看来，孝为仁之本，是伦理道德的核心。“仁者，人也”，孔子是把孝的根源看作从人人所具有的仁心中产生的，而孝是实践仁的起点和根本。孝不仅可以调谐亲子关系、君臣关系，而且“亲亲而仁民，仁民而爱物”。孝之敬爱父母的根本含义是“仁者爱人”的具体体现，是践行民本思想的行为方式。不仅如此，要落实仁的原则也必从孝始。“君子之道，辟如行远，必自迩；辟如登高，必自卑”（《中庸・十五》）。一个人连父母都不能敬爱，就必然不能兼爱天下；一个不理解根本的重要，就决然不能认识枝叶。“爱人”必先爱父母，子女对父母的敬爱之情，正是“仁”的源头。有若的“孝悌也者，其为仁之本与”，孟子的“仁之实，事亲是也”（《孟子・离娄上》），皆是强调孝是仁的起点。那么，在行孝中又当如何遵循、落实仁的原则呢？

（1）在心态和行为方面需要关心双亲，体贴双亲。孔子曰：“父母之年，不可不知也。一则以喜，一则以俱”（《论语・里仁》）。为人子者，当知父母的年岁，关心父母的健康状况，并要了然于心，系之于情。要为双亲长寿而高兴，为双亲衰老而担忧。《礼记・曲礼》中要求儿女对父母做到“冬温而夏清，昏定和晨省”，以保证父母衣食安寝。传统孝道要求子女不仅仅孝养双亲，更要善于体贴双亲，不使挂念。怎样才算关心双亲、体贴双亲呢？孟子提出了“不孝”的五条标准。他说：“惰其四支，不顾父母之养，一不孝也；博弈好饮酒，不顾父母之养，二不孝也；好货财，私妻子，不顾父母之养，三不幸也；从耳目之欲，以为父母戮，四不孝也；好勇斗狠，以危父母，五不孝也”（《孟子・离娄下》）。孟子这五条标准中有三条讲的是如何赡养父母的，这就将父母与子女的骨肉亲情体贴到了细致入微的程度，具有感人的力量。

（2）在奉养的态度和方式上要以诚为孝。孝养双亲，要待之以诚，子女要从内心深处诚心实意地去孝敬父母。据《孟子·离娄下》载："曾子养曾皙，必有酒肉；将撤，必请所与；问所余，必曰'有'。曾皙死，曾元养曾子，必有酒肉；将撤，不请所与；问所余，曰'亡矣'。将以复进也。此谓养口体者也。若曾子，则所谓养志也。"从这段记载中可以看出，曾子赡养父母且不让父母为日常生活担心，这种善事父母是诚心诚意的。而曾元赡养双亲有点无可奈何或勉强，他的言行必使父母感到自己是子女的负担，从而使父母感到心酸。可见，孝的实现不在于家庭物质财富的多寡，关键在于对父母行孝的态度和方式上，因为行孝的态度和方式实际上能体现出一个人对孝行的思想或观念。所以，古代倡导孝敬父母要有敬爱之心，诚心诚意之心。在侍奉父母时要将内心的敬仰之心显露情貌，要和颜悦色。

（3）在父母是非问题上要永慕父母，以顺为孝。在行孝过程中，如果父母有过错，子女们又当如何对待呢？孔子说："事父母几谏，见志不从，又敬不违，劳而不怨"（《论语·里仁》）。就是说，如果父母有过错，儿女应该委婉劝谏；如果父母不愿听从，仍然要恭恭敬敬而不触犯他们，只在心中忧愁而不怨恨。但是，这种以顺为孝的原则，如果不辨别是非，一味顺从，则极易流为盲从、掩盖过错甚或罪恶，使"孝"蜕变为"愚孝"。实际上，一味顺从并非封建孝道在服从长者问题上的全部内容。因为另一方面，封建孝道也反对子女对父母无条件的服从，并不是毫无原则、无选择的顺从。孔子在义利观上是讲求"义"的，主张"君子义以为上"（《论语·阳货》），"见利思义""义然后取"（《论语·宪问》），利必须符合义才可取。因此，当父命与道义之间发生冲突时，封建孝道主张讲"孝义"；当家长个人意志与道义原则发生冲突时，封建孝道要求人们选择道义，在"不从命"的背后是对家长之根本利益的积极维护，是真正的孝。

（4）敬爱长者、敬爱他人。只要是德行，便是孝行。《孝经》说："爱亲者，不敢恶于人（博爱也），敬亲者，不敢慢于人（广敬也）。”这里面提出了在敬爱自己父母的前提下“广敬”和“博爱”的主张。孟子对孔子的“安老”思想作了进一步的发挥。首先，他把最初产生和存在于家庭中的孝悌观念推广到整个社会，从人的本性上提出了“老吾老以及人之老，幼吾幼以及人之幼”的思想（《孟子·梁惠王上》）。其次，孟子提倡“天下有善养老，则仁人以为已归矣”（《孟子·尽心上》）。他把养老与“有善”“仁人归矣”联系起来，并推崇“养老敬贤”“敬老慈幼”。这种由敬养自己的父母，推广到所有长辈老人的道德观念，体现了人的文明程度和中华民族的人道主义精神。

（二）养老行礼之准则

孝敬父母，既要无违又要劝谏，还要不违背礼节。“无违”，即不违背父母的意愿，全力侍候双亲，并要使父母高兴。孔子提出“孝”即“无违”。孔子所谓的“无违”思想，是指不违背礼节。认为孝敬父母，就是在其生前，则依照礼节侍奉他们；在其死后，则依照礼节埋葬他们，祭祀他们。在儒家思想之中，谏绝不能争辩，更不能发生争斗，所以只能是“几谏”，只能是“下气怡色，柔声以谏”。谏是义行，是为了防止父母陷入不义状况的行为，故必须是符合礼的规范。儒家之义以“礼”为衡量的标准，即合礼则义。这就是说，顺从父母要符合礼，劝谏亦要符合礼的要求。

孔子说：“生，事之以礼；死，葬之以礼，祭之以礼”（《论语·为政》）。“事之以礼”是以礼为标准的侍奉；即符合礼的事情就做，而不符合礼的行为则不干。孔子这句话明确地表明，必须严格按照礼的规定去侍奉双亲，安葬双亲，祭祀双亲。这样，礼就成了行孝必须遵守的基本社会准则。孝以礼为原则，原始儒家的思想从来都不离开礼的规范和要求。同时，礼的实施要适宜而为，切不可为孝而孝。孝的本质并不是奉养，也不是顺从，其本质应该是爱和敬；但孝之爱敬的基础必须是在一定物质条件之上的、符合礼义规范要求的、适宜的奉养。

三　养老敬老制度十分完善和严格，形成了以家庭养老为主、国家高度重视的敬老养老保障机制

（一）中国传统的家庭养老方式已经形成

养老的实质就是谁来提供养老的资源，传统的养老即家庭养老。[①] 中国是一个以农业为主的国家，家庭经济（男耕女织、自给自足的小农经济）长期以来是社会生产的主要形态。这种具有血缘性、农耕性的封闭式家庭生产、生活方式，在先秦时期就已经完成。自给自足的自然经济，是以一家一户为生产单位和消费单位，男耕女织，繁衍生息。小农自然经济的长期存在和稳定延续，人们一直视数代（三代以上乃至多代）同堂为最理想的家庭模式，因此，祖孙三代以上共居的家庭结构，占中国传统家庭总量的绝大多数。在数代同堂的家庭中，老年人退出劳动生产、完成劳动经验的传授和家庭财富的代际交接后，终生同子孙生活在一起，接受他们的赡养。孝子敬老、爱老、奉养亲人，在史书中记载不绝。《孝经》说："孝子之事亲，居则致其敬，养则致其乐，病则致其忧，丧则致其哀，祭则致其严。五者备矣，然后能事亲。"这就把事亲致孝的内容，从生、老、病、死各个方面进行了说明和要求。先秦时期特别强调家庭对赡养老年人的职责与义务。在吃的方面，《礼记·王制》规定，从父母50岁开始就要为他们特别准备精粮，不能再和自己一起吃粗粮；到了60岁每餐饭就要准备肉食；到了70岁，还要有精美的副食品佐餐；到了80岁还要经常给他们吃珍贵难得的食物，以补充营养；父母90岁的时候就要随时随地给老人提供食物和饮品。在穿的方面，《礼记》说，70岁以上的老人就要穿帛裘衣服。80岁以上的老人就是穿帛裘衣服也不暖和了，完全要靠做子女的问寒问暖和细心体贴。因为老人已老，随时都有可能发生意外。所以《礼记·王制》还规定子女必须从老人60岁开

① 钟永圣、李增森：《中国传统家庭养老的演进：文化伦理观念的转变结果》，《人口学刊》2006年第2期，第51—55页。

始为老人准备葬具。“六十岁制，七十时制，八十月制，九十日修。”年龄越大，老人的精力和体力越来越衰微，这种将不同年龄阶段的老年人分别给予不同权利和不同照顾的礼仪和方式是对老年人的一种体恤。从以上可知，先秦时期，养老所需的养老场所、养老资源、养老观念等已初步具备或初步建立，家庭养老为主的养老形式已经形成。

（二）先秦时期，各个朝代对养老敬老十分重视

第一，设立负责养老事务专职管理人员。一是设“太宰”，掌管“以生万民”的全国事务。二是设“大司徒”，负责“以保息六养万民”，《礼记》载：“五十异粻，六十宿肉，七十贰膳，八十常珍，九十饮食不离寝。”①（《王制》）

第二，对鳏寡孤独者，国家有抚恤养老的政策。让鳏寡孤独者“皆有所养”，是先秦时期养老制度的重要内容。“少而无父者谓之孤，老而无子者谓之独，老而无妻者谓之鳏，老而无夫者谓之寡。此四者，夫民穷而无告者，皆有常饩。瘖、聋、跛、躃、断者，侏儒、百工，各以其器食之。”② 先秦时期，政府对鳏寡孤独者均定期发放生活必需品，主要是粮食，这实际也是养老政策和社会保障制度。

第三，各诸侯国对老年官员采取致仕制度。致仕，相当于今之退休告老制度。先秦时期已有官员告老之制。“五十杖于家，六十杖于乡，七十杖于国，八十杖于朝，九十者，天子欲有问焉，则就其室，以珍从。”③ 这些杖于家，杖于乡，杖于国，国君带珍异之物去探望的老人，皆是留任的老年官员④。

第四，敬老养老有固定的场所和机构。学中养老从夏代起就成为一项制度，是先秦养老敬老的一大传统。养于学，是古代最受仰慕的一种养老方式。学中之老分“国老”和“庶老”两种，给他们的待遇

---

① 《十三经注疏》，中华书局 1980 年版，第 1346 页。

② 《礼记·王制》。

③ 《礼记·王制》。

④ 李玉洁：《“三老五更”与先秦时期的养老制度》，《河南大学学报》2004 年第 5 期，第 21—24 页。

体现在供养地有高低之分。“国老”，是有德有爵之老，是当为国家优待之人；“庶老”，是告老退休的士人（《礼记·王制》），是当时一般睿智的老人。他们在学校的任务是把自己一生的知识和经验传授给学生。① 周代养老已显得十分规范，“五十养于乡，六十养于国，七十养于学。达于诸侯”。② 何以如此呢?《古今图书集成·礼仪典·养老部》说：“王者之养老，所以教天下之孝也。而必于学校者，学，所以明人伦也。人伦莫先于孝弟。人君至孝弟于其亲长，下之人无由以见也，故于学校之中行养老之礼，使得于听闻观感。一礼之行，所费者饮食之微，而所致者治效之大也。”这里，统治者看到了养老风尚对稳定社会、发展生产、淳朴风俗、劝学励悌的作用。对这些留任在庠、序的老者称为“三老五更”。

先秦时期，民间老人养于乡。养于乡，是指老人被尊养于地方管辖的乡。

第五，在赋役和刑罚方面，老人是特别照顾的对象。先秦时期，根据老人不同的年龄段，在赋役方面给予减免，使他们能安养晚年。对庶民老者，据年龄段免除一定的赋役，③《礼记》曰：“五十不从力政，六十不与服戎，七十不与宾客之事，八十齐、丧之事弗及也。”④（《王制》）为了老人生活有人照顾，规定其家属可减免力役，《礼记·王制》说：“凡三王养老皆引年。八十者，一子不从政。九十者，其家不从政。废疾非人不养者，一人不从政。父母之丧，三年不从政。”

第六，设立养老财政专户。《周礼》载：“遗人掌邦里委积，以待施惠乡里之委积，以恤民之艰扼，门关之委积以养孤老。”⑤（《地官司徒·遗人》）贾疏曰：“云门关之委积以养孤老者，门谓十二国门

---

① 萧安富：《略论先秦两汉养老敬老的政策和风尚》，《中华文化论坛》1996 年第 3 期，第 103—109 页。

② 《礼记·王制》。

③ 谢伟峰：《西周敬老养老制度及其对我国建设和谐社会的启示》，《和田师范专科学校学报》2007 年第 1 期，第 13—14 页。

④ 《十三经注疏》，中华书局 1980 年版，第 1346 页。

⑤ 《十三经注疏》，中华书局 1980 年版，第 728 页。

关，十二关门出入皆有税，所得税亦送帐，多少足国用之外，留之以养孤老。”委积指以稷粟为主的九谷。即用门关出入之税除去“多少足国用”剩余部分作为养老的财政来源。①

中国古代没有社会养老保障体系，赡养老人是中国家庭的主要功能之一。这种以家庭为主的养老方式，首先靠亲子关系来实现，然后再辅助以国家体恤孤寡的具体政策和措施，从而构成了牢固的富有人文精神的养老制度。

总之，在先秦时期以家庭养老为主线，家庭孝亲、社会尊长和国家的尊老养老制度这三种尊老养老形式并行，相辅相成，构建了中国先秦的尊老养老体系。

先秦时期，诸侯国为了稳定和发展，制定了不少养老政策、养老礼仪及措施。从以上论述可知，诸侯国政府对退休官员非常优待，并让健康睿智的老人留任继续发挥作用。对一般的老人，虽然国家也颁布“青鳏寡”的政策，但先秦养老制度的对象仅局限于国老与庶老的范围之内，下层普通的老年人根本无法得到照顾，也很难面面俱到，人们在日常生活中的实际困难有时无法解决。但对于先秦时期诸侯国统治者来说，他们要求子女赡养父母，一方面可以减轻国家的负担，另一方面则有利于建立良好的社会风气，再则让人们在孝道之中以明父子君臣上下之道。

① 谢伟峰：《西周敬老养老制度及其对我国建设和谐社会的启示》，《和田师范专科学校学报》2007 年第 1 期，第 13—14 页。

第二章　两汉时期：孝道养老伦理思想逐步完善

第一节　两汉时期中国敬老养老体系基本成型

有无养老敬老制度是衡量一个社会制度先进与健全与否的一个重要标志，保证老有所养是每一个社会应尽的社会责任。在先秦时期中国就建立了十分丰富和全面的养老敬老内容，合理和规范的养老敬老准则，完善和严格的养老敬老制度，标志着中国敬老养老体系已初步成型。但是经过春秋战国长达四百多年的战乱影响，特别是在秦国法家思想占住了统治地位后，宗法礼仪盛行，儒家思想遭到排斥，其"尊老养老"的思想遭到一定的搁置，造成养老敬老礼仪缺失。及至秦并六国到汉初，社会上尚武重势之风还十分严重。

汉初统治者为稳定其统治一方面实行休养生息政策以恢复生产，另一方面在思想上奉儒家思想为圭臬，"罢黜百家，独尊儒术"，奉行"以孝治天下"的理念，将养老敬老的孝道思想、养老敬老的道德要求、养老敬老的物质供给、养老敬老的教育理论以及举孝廉入仕、尊三老赐王杖等方面建章立制，并将其推行社会普及化，这样一来汉代在养老敬老问题上超越先秦，从制度、法律和政策等方面保障了老年人养老的基本权益，奠定了中国封建社会养老敬老的基本内容和标准，形成了独具特色的养老敬老制度，标志着中国封建社会敬老养老体系已基本成型，为以后封建社会的养老敬老树立了标杆。

一 “以孝治天下”，将“忠孝”观念升华为养老敬老的思想基础

在养老问题上，中国从先秦开始就奉行儒家的孝道。传统孝道中包含着养老敬老以仁为原则，以礼为先的民本主义养老思想，是中国传统养老敬老的道德准则和基本的行为规范。为使这一“孝道”被人们接受，先秦时期一方面学者著书立说，极力倡导孝道观念；另一方面各个朝代颁布许多养老敬老礼仪规范，实施了养老敬老制度，强化了人们养老敬老的观念。因此，在中国古代社会，孝道这一原发性的养老道德准则和社会基本行为规范观念，通过政府强力推行、社会广泛传播、家庭严格要求，完全纳入了社会规范，成为人们养老敬老的自觉日常行为。历史实践证明，传统孝道作为伦理道德准则和行为规范对中国古代养老起到了和睦家庭、稳定社会的作用。

为了推进封建社会的进一步发展，满足统治者的需要，董仲舒吸收并整合前人的忠孝思想，并从天地角度解释忠的合理性，从阴阳五行角度解释孝的合理性，提出了以天为孝、忠孝合一等具有鲜明特点的孝治理论，将事亲与忠君结合起来，使养老敬老的思想观念上升到国家观念意志。董仲舒认为，“孝”和“忠”，是“家”和“国”的关系，“孝”与“忠”是相通的，因此由“孝”以劝“忠”，是实践“以孝治天下”的思想基础，孝具有帮助人们树立对君主、对国家的忠，平稳安定天下功能。“事亲孝，忠可移于君，以求忠臣必于孝子之门。”① 董仲舒这一思想适应了当时封建统治者巩固中央集权的需要，所以汉武帝很重视他的建议，接纳并加以吸收推广。这样，“孝”这种原本属于家庭伦理范畴的概念上升为国家观念意志变为孝治观念，成为国家伦理和政治伦理。为此，两汉从汉武帝开始十分重视孝治。因此，“以孝治天下”这虽是董仲舒所代表的西汉统治者推行孝道的最终目的，但构建的以“孝”为先、尊卑有序的家庭伦理学说，有助于敬老养老的实施。同时，家国同构思想，将家庭孝养老人的养老

① 《后汉书・韦彪传・引孔子语》，中华书局1965年版，第917页。

准则和行为规范变为国家养老敬老意志和行为规范，这在一定程度上保障了中国古代社会养老事业的顺利发展，也有助于实现国强民富，促进社会和谐稳定，因而具有推动历史进步的作用。这一理论和思想也因此受到汉代以后封建统治者的高度重视而得以推广，成为历代统治者治国安邦的指导思想。①

二 引孝入律，将养老敬老的道德要求上升为国家法律规范

以德治国是中国古代社会治国安邦的重要手段，而敬老养老的社会道德成为汉代治国安民的重要理论依据，将“道德法律化是汉代重要的社会治理现象，则是汉代道德和法律发展的重要特点”。② 养老的顺利实现离不开一定的强制措施，汉朝政府通过制定法律、法令来强制保证养老敬老制度和政策的顺利进行，这是一种孝道德法律化的强有力的制度化力量。法律既可以通过奖赏的方式保障老人享有包括物质和精神生活需要的各项权益，也可以通过惩罚的方式惩治不孝之人，这为养老敬老提供了法律支撑和政策保障。因此，养老敬老的道德法律化也标志着汉代养老敬老政策已经十分成熟了。汉代“以孝治天下”，不仅体现在一系列政治经济等举措上，在法律中也往往体现着孝治的原则，其中把尊老教育与法律尊老相结合，将养老敬老的道德要求上升为国家法律规范，是汉代孝治的重要体现。汉代法律规定尊老敬老，一方面通过颁布一系列尊老养老的政策法令，大力奖惩尊老养老现象，对养老敬老表现突出者或扬名乡里，或加官晋爵，并采取切实的措施落实养老事业。概括起来说，政府为改善老年人的生活状况，维护老年人养老的基本权益，主要采取对老人宽容和优待政策、定期或不定期地赐给老人生活物品、免除或减轻赋役或赋税负担等。另一方面，运用礼法采取刑罚对不赡养老人、侮辱老人、遗弃老人等现象者予以法律上的严惩。

---

① 陈晓静：《两汉孝治研究》，硕士学位论文，湘潭大学，2013 年，第 40 页。

② 刘敏：《论汉代“敬老”道德的法律化》，《天津社会科学》2005 年第 3 期，第 138—143 页。

汉代为维护和保障养老尊老利益，在刑律方面主要采取两个措施，一是在老年人方面：实施恤刑之法，对犯罪的老年人予以宽赦，并给予刑罚上的优待；二是在子女方面：对“不孝”“不敬”行为的子女制定并实施严格的惩罚措施；子女对父母过失和罪行的隐护权受到法律的保护；宽宥复仇（尤其是对为父母报仇者）。上述这些对犯罪老年人的宽赦、对不孝行为的重罚、对复仇者的宽宥（尤其是对为父母报仇者）等有关孝的法律规定，强化了对孝道养老的规范与重视，对长辈老人的礼法与尊重。这些成文法的规定也有利于社会上孝行的推广与普及，有利于敬老养老事业的落实与发展。

三　举孝廉入仕，将孝廉作为国家选官用人的评价标准之一

两汉时期选拔官吏主要以察举为选拔途径，以道德品质表现突出者为主要选拔对象。汉代察举官吏的科目很多，其中较重要的有“贤良方正”“孝廉”“贤良文学”“秀才异”“明经”等科目，但无论哪一种均将一个人孝的道德品质放在第一位。察举中孝廉科是两汉选拔人才最多的方式，其非常注重对“德行”的要求。孝廉即孝子廉吏，也就是人们常说的“孝谓善事父母者，廉谓清洁有廉隅者”①②。意思是说，对平民百姓则举“孝”，对在位的官吏则兴“廉”。汉代统治者认为，孝是“百行之冠，众善之始”，廉则是为官之根本，民之表率，因此对孝廉的考察和荐举十分重视，它关系着社会稳定，国家发展的大事。察举孝廉始于元光元年（前 134），至汉武帝“初令郡国举孝廉各一人”③④，确立了汉代以孝为标准的选官制度，这是中国历史上首次明确孝廉是每年必举的常科，察举孝廉遂成为汉代察举中的常科。岁举孝廉是最重要的察举科目，堪称汉代察举制度的主体。在汉代察举制多种科目中，“孝悌力田”也是察举选官的科目之一，孝敬父母、

---

① 卷 6《武帝纪》，颜师古注。

② 《汉书》，中华书局 1962 年版，第 160 页。

③ 卷 6《武帝纪》，颜师古注。

④ 《汉书》，中华书局 1962 年版，第 160 页。

尊重兄长、努力耕作者，都有可能被地方基层政权推举到朝廷去做官①。

汉代以孝选官制度比较严格，规定了举荐者的职位高低、举孝廉后要考试、按人口比例岁举孝廉等。“凡郡国守相视事未满岁，不得察举孝廉、廉吏。以其未久，不周知也。”② 而且还规定了每郡国每年只能选举一人。汉代举孝廉坚持按人口比例岁分配察举名额，这一制度要求惠及全国城乡，特别优待边郡，因而这一举措有利于边远地区人才选拔，对抚慰边陲，促进边远地区的敬老养老事业和文化交融起到了积极的作用。两汉通过举孝廉步入仕途的人非常多，在汉代察举制存在的300多年间，平均每年举孝廉200多人。

汉代选官不仅举孝廉将孝的道德品质作为重要的选拔标准，其他选官方式也同样要求孝的道德品质卓著。应劭《汉官仪》说：“丞相故事，四科取士。一曰德行高妙，志洁清白；二曰学通行修，经中博士；三曰明达法令，足以决疑，能案章覆问，文中御史；四曰刚毅多略，遭事不惑，明足以决，才任三辅令。皆有孝悌、廉正之行。”从这里可以看出，汉代察举选官的方式虽然很多，但都必须将孝悌作为选拔的主要标准。所以，汉代以孝为选拔标准的选官制度全方位地渗透于各种选官方式之中，而且两汉政府还从法律上将孝廉取士的选拔标准规定为不孝者不得入仕，因此察举孝廉之举从选官的角度为全社会制定了敬老尊贤的行为准则，造就了“在家为孝子，出仕做廉吏”的社会氛围，成为鼓励人们尊老养老的强大精神武器，极大地推动了敬老、养老风气的发展。

四　推行《孝经》教育，将《孝经》理论上升为国家养老敬老教育的标准和理论基础

中国自古以来就形成了养老敬老的优良传统，历史证明，这一优

---

① 王文涛：《汉代尊老养老教育与社会和谐》，《河北师范大学学报》（教育科学版）2007年第4期，第17—21页。

② （宋）郑樵：《通志·选举略一》，上海古籍出版社1990年版，第489页。

良传统的形成与中国古代敬老养老教育有着十分密切的关系。汉代统治者针对社会上孝行缺乏、养老问题突出的现象，在继承先秦敬老养老教育的基础上，“罢黜百家，独尊儒术”，奉行“以孝治天下”的理念，大力推行孝道教育。

（1）建立全国比较完善的孝道教育系统。西汉初统治者认真总结了秦朝灭亡的原因，认为狱吏严酷现象对社稷造成了严重的安全威胁。为避免重蹈历史的覆辙，维护汉代王朝的政治稳定，就必须退严酷之吏而进温良之官，因此培养官吏遵守公共的社会道德规范，提高个人孝道德素质和品质成了极其重要的问题，因为社会全体成员共同遵守的伦理道德规范，直接关系着社会秩序的稳定和谐，关系到封建王朝的长治久安①。而教育系统的建立则直接服务于这一目的，因为教育能将帝王的思想和公共的道德规范内化为人们的道德自觉行为。董仲舒说：凡以教化不立而万民不正也。夫万民之从利也，如水之走下，不以教化堤防之，不能止也。是故教化立而奸邪皆止也，其堤防完也；教化废而奸邪并出，刑罚不能胜者，其堤防坏也。古之王者明于此，是故南面而治天下，莫不以教化为大务。② 从这段话可以看出道德教化极其重要，作用极其巨大。那么如何教化人们呢？汉代统治者认为，建立从京师到基层完善的教育系统，全面推行儒学和培养大量儒生儒吏是十分重要的途径和举措。于是汉代建立了包括帝学、太学、官邸学、地方学等的比较完善的官方教育系统，并广泛地培育儒臣儒吏，极力推行教化。

为了提高官员道德素质和品质，汉代官方对孝的教育十分重视，不仅在全国范围内建立了从中央帝学、太学到地方郡国学教育系统，而且建立了专为皇亲国戚设立的官邸学。汉代官方教育系统是从汉武帝开始建立的，那时的帝王不仅对自身孝的学习要求十分严格，而且对皇室子弟孝的教育要求甚严。如昭帝、宣帝时对太子孝道教育要求

① 王文涛：《汉代尊老养老教育与社会和谐》，《河北师范大学学报》（教育科学版）2007年第4期，第17—21页。

② 《汉书》卷五六《董仲舒传》，中华书局1962年版，第2539—2504页。

比较严格，《孝经》成为整个皇室学习的材料。除此之外，是否遵守孝道甚至成为能否继承皇位的条件之一。这样从汉武帝开始建立太学到平帝建立地方郡国学，汉代官方教育系统逐步建立起了。东汉时期，已经是“四海之内，学校如林，庠序盈门，献酬交错，俎豆莘莘，下舞上歌，蹈德咏仁”。① 这样孝道官方教育系统在全国范围内普遍得以建立，为教育人们敬老养老奠定了良好基础。

此外，汉代还建立了私学并自成体系。平民百姓进行官方教育进行学习是比较少的，大部分是在私学学习。因此私学作为官方教育系统的重要补充对当时的民众教化方面发挥了巨大的作用，弥补了官学的缺陷。汉代这两种教育模式互为补充，相得益彰，为汉朝政府培养了大批人才。当然，这些接受孝教育的大批儒术及儒者逐渐充实到汉代政府的各个系统，从而为推行尊老敬老之风创造了良好的社会条件。

（2）《孝经》成为全国通行教材并成为养老敬老教育的标准和理论基础。儒家孝道在崇儒政策推动下成为汉代国家和社会教育的主流，其他百家的教育处于从属地位，而且被排斥在官方学校教育之外。汉代国家不仅确立了以《诗》《书》《易》《礼》《春秋》《论语》《孝经》合称“七经”为教育必修科目并作为官学教育内容的唯一标准，而且运用官方力量统一对这些儒家经典进行权威解释。当时，无论是官学还是绝大部分私学，都以讲授这些儒家经典为主要内容。由于汉代强行地将“以孝治天下”定为基本国策，因而《孝经》教育在汉代官方教育中受到了特别高度的重视，上自京师中央太学，下至地方偏远地区乡村得到全面普及，成为贯穿从中央太学到地方学校的主要课程和通用基本教材，成为民众的必读书目。《孝经》是儒家阐述其孝道理论和孝治观念的著作，宣扬孝是“德之本”，“夫孝，始于事亲，中于事君，终于立身”（《孝经・开宗明义章》）；提倡行孝，对实行“孝”的要求和方法作了系统而繁琐的规定，肯定“孝”是上天所定的规范，劝人们效“忠”；主张孝子要对国君忠贞不贰。《孝经》第

① 徐天麟：《东汉会要》卷一六《行幸》，上海古籍出版社 2006 年版，第 165 页。

一次将孝与忠联系起来考察，认为“忠”是“孝”的发展和扩大，肯定孝是政治行为的根源，一切政治行为都是孝的推广，施政的依据在于孝，政治的目的与价值也都在于孝道的完成。① 全书有相当多的篇幅讲述尊老敬老之道，成为养老敬老教育的标准和理论基础。② 将《孝经》列为儒家经典，命天下人诵读，《孝经》也就成为人们养老敬老的行为指南，起到了指导人们尊老养老的重要作用。

（3）设置专门官吏掌管孝的教育。两汉时期专门设置“孝悌”“三老”等乡官管理孝教育。如“举民年五十以上，有修行，能帅众为善，置以为三老，乡一人。择乡三老一人为县三老，与县令丞尉以事相教，复勿徭戍”《汉书·高帝纪上》。③ 也就是说“三老”要善于发现典型孝悌者，为普通家庭树立孝悌榜样。此外，汉代统治者设置“孝悌”之官，以其自身良好的行为表率劝导民众在日常生活中行孝悌之道。为了使孝教育深入乡里，汉代在乡以下的基层组织还设置里正、伍长等官管理孝悌教育。这样一来，通过“三老”“孝悌”“里正”“伍长”等官的设置，汉代政府就将全部民众整个纳入孝悌教育的网络之中，这对推动全民敬老养老教育起到了很大的促进作用。

五 尊三老赐王杖，将尊老养老方式上升到国家政治制度

（一）完善三老制度，赋予三老政治特权

所谓“三老，尊年也；孝悌，淑行也；力田，勤劳也”（《后汉书·肃宗孝章帝纪》）。三老之制起源于先秦，形成于春秋战国时期，盛行于汉代。汉代皇帝十分重视三老制度，均在称帝之前就开始对三老进行设置和考黜。汉高祖刘邦建立汉朝开始（公元前 205）就以诏令的

① 王文涛：《汉代尊老养老教育与社会和谐》，《河北师范大学学报》（教育科学版）2007 年第 4 期，第 17—21 页。

② 王文涛：《汉代尊老养老教育与社会和谐》，《河北师范大学学报》（教育科学版）2007 年第 4 期，第 17—21 页。

③ 《汉书》卷一上《高帝纪上》，中华书局 1962 年版，第 33—34 页。

形式确立了三老制度的选择标准、级别以及政治地位和生活待遇，诏："举民年五十以上，有修行，能帅众为善，置以为三老，乡一人。择乡三老一人为县三老，与县令丞尉以事相教，复勿徭戍。以十月赐酒肉。"① 之后汉代历任皇帝都继承和发展了刘邦制定的三老制度。从这里可以看出，汉代三老相对于先秦来说最突出的特点就是享有与一般人不同的政治待遇和政治特权。首先，三老选拔标准要求很高。汉代规定：只有道德高尚，并能率众为善者才有资格担任乡三老，史称"三老，掌教化"（《汉书·百官公卿表》）。三老都是一些道德修行高尚、社会声望高、影响力大的人。其次，三老享有参政议政的权利，即可以上书朝廷官员或直接上书皇帝，提出自己的政见，内容包括官吏升迁或增秩等人事方面，在有关皇室重大案件中，皇帝也能虚心听取三老的意见。可见，汉代重视三老并形成一种政治制度，这一方面说明三老本身具有很高的政治素质，享有很高的政治地位；另一方面也充分发挥了三老的职责及其作用影响，巩固了汉代政权的统治，为保障汉代社会的正常运转和社会稳定起到了重要作用，同时也净化了社会风气。

（二）确立王杖制度，给予受杖老人特殊政治待遇

汉代不仅形成了较为完备的养老敬老法律体系，而且形成了独具特色的彰显老年人特殊身份、崇高地位和国家优待政策的王杖养老敬老制度。王杖，亦称鸠杖，意思是指由王朝赐予的拐杖，以拐杖作为老人的身份象征和优待凭证最早出现于西周的"齿杖制度"，《礼记》中说："五十杖于家，六十杖于乡，七十杖于国，八十杖于朝。九十者，天子欲有问焉，则就其室，以珍从。"汉代沿袭周代王杖旧制并进一步发展，形成独具特色的王杖制度。汉代"赐几杖"制度大约始于汉高祖刘邦，将杖赋予了皇权，成为皇权的象征。

首先规定了赐王杖的条件。汉代始受杖的年龄一般是七十岁及以上，赐王杖的时间在八月。如《后汉书·礼仪志》："仲秋八月，县道

① 《汉书》卷一上《高帝纪上》，中华书局 1962 年版，第 33—34 页。

按户比民，年七十者，授之以几杖，哺之以糜粥。”但是受杖的年龄只是参考的最基本标准，并不是一律为七十岁及以上所有老人，而是那些号召力强、个人品行修养高、乡里威望大的人才能被授予王杖[①]。因为尊高年、授王杖的目的是为了培育树立符合政治统治需要的以孝为中心的社会伦理价值系统。

其次，被授王杖者享有一定的权益并受到法律的保护。《王杖简》明确规定了对受王杖者的敬养、保护条例以及对违令者的处罚原则。第一，法律上的待遇。汉代严惩侵犯王杖持有者权益的不法行为，吏民也不得随便殴辱。受王杖者可享有法律上的待遇有“宽刑主义”，七十岁以上的接受王杖的老人犯罪可以减免刑罚。若有人殴辱王杖主的人，以“大逆不道”的罪名被处死。[②] 第二，政治上的待遇。“高年赐王杖，上有鸠，使百姓望见之，比于节。”[③] 持杖老人可以自由出入官府节第，而且乘车可以沿驰道边行驶。诏书令第三规定：“年七十以上受王杖，比六百石，人官府不趋。”王杖持有者享有比六百石官员（其地位相当于小县的县令）的政治待遇，还享有可以行走于皇帝专用的驰道旁道和出入官府的特权。[④] 第三，经济生活上的待遇。王杖持有者种田不交租赋，经商不交税赋，特别是一些没有子女的孤寡老人可以在市场卖“酒醪”。[⑤] 朝廷还要求各级官府必须大力扶持和资助愿意赡养孤寡老人的家庭。

通过“赐王杖”、王杖持有者的待遇得以保障，这切实保护老年人的实际权益，并且将这种优待合法化、制度化，说明了老年人权益得到了法律和政策的保护。

---

① 臧知非：《“王杖诏书”与汉代养老制度》，《史林》2002 年第 2 期，第 35—41 页。

② 崔永东：《〈王杖十简〉与〈王杖诏书令册〉法律思想研究——兼及“不道”罪考辨》，《法学研究》1999 年第 2 期，第 131—139 页。

③ 《王杖诏令册》。

④ 萧安福：《略论先秦两汉养老敬老的政策和风尚》，《中华文化论坛》1996 年第 3 期，第 103—109 页。

⑤ 《王杖诏令册》。

六　实行“廪给”制度和减免徭役与赋税，将养老敬老的物质供给上升到国家供给政策

（一）实行“廪给”制度，满足老人的物质生活需要

“廪给”又称“廪鬻”，即为了保障老年人晚年的物质生活，政府定期赐给老年人一定数量的米肉，使其晚年养老不因生活而受到困境。赐帛赐粟等的廪给制度的目的是倡导养老尊老的社会风尚，鼓励百姓以孝为先。汉代沿袭了先秦时期养老敬老首先要保障老年人的物质生活需要的这种基本做法，但对老年人的物质保障又进一步发展了，从政策和法律上切实保障赐予老年人生活物品以满足他们的基本生活需要，维护他们的养老利益。汉朝赐物养老，首起于汉高祖刘邦立三老诏。刘邦赏赐三老酒肉，开了汉朝赐物养老的先例。到汉文帝时，“具为令”，这儿的“令”是皇帝诏令的具体化，是法律的补充规定。颜师古注：“使其备为条制。”即定成制度，这样赐物养老变成了“养老令”，廪鬻之法也成为一项正式制度，并上升到国家政策和法律的高度，标志着赐物养老政策真正发展成熟。汉朝赐物养老有着严格规定的过程和步骤，形成一种制度：（1）赐物内容上主要有米、粥、粟、酒、肉等饮食方面，布、帛、絮等布料方面，有时还会包括赐予钱币、爵位等。赐物内容在数量上也有不同的规定。（2）赐物养老对象上最重要的标准就是年龄。汉朝社会认同的年龄标准多大才能算作老人呢？根据《汉仪注》记载，汉朝被认定为老年人的年龄为五十六岁以后。这个年龄以后虽可享受一定待遇。其九十岁以上，又赐帛人二匹，絮三斤。① 因此，能享受到赐物待遇的只能是年满八十岁或八十岁以上的。（3）赐物养老时间上规定有两种，一种是固定性的，即每年的八月；另一种为临时性的，往往由于特殊政治事件引起，具有不确定性。

① 《汉书·文帝纪》卷四，中华书局 1962 年版，第 113 页。

（二）减免徭役和赋税

为了减轻家庭养老的压力，汉代实施了减免赋税的政策，它不仅减免老年人本身的徭役，还减免其子孙的徭役以便其照顾老年人的生活。众所周知，中国古代农民的赋役负担历来比较繁重，因此，减免赋役这项规定对于赡养老人的意义显得尤为重要。汉代的减免赋税政策有一定的条件限制，其中主要是年龄上的限制。如“民年十五以上至五十六出赋钱，人百二十为一算”。① 五十六岁作为减免标准，到这个岁数就无须再缴纳120钱的算赋。汉武帝建元二年，又诏令八十岁者免除两口人赋税，九十岁者其家免除兵役。可见，汉代通过实施以上这些免除赋役的规定，既减轻了老年人自身养老的负担，也减轻了家庭养老的压力，这有利于子女更好地履行尊老、养老的义务，更有利于社会尊老养老良好风尚的形成，为后世王朝利用减免赋役的方式养老敬老树立了榜样。

此外，两汉时期还在整个社会层面形成了尊老养老的社会风尚。为了将政府养老敬老的国家政策和法律深入人心，将尊老养老风尚民间化、生活化、普及化，汉代中央政府和地方政府专门举办敬老养老的仪式典礼。汉代规定：中央政府举办天子亲自主持的“养老礼”，地方政府则举行乡饮酒礼。② 这一敬老养老仪式典礼模式成为汉代敬老养老仪式的主体，并得到了上至帝王、朝廷重臣，下至地方官吏层层落实。这显示了汉代政府十分敬重老年人，也说明了尊老养老政策得到了很好的实施。可见汉代尊老养老的礼仪和社会风尚已经在全国得到全面普及，这也充分证明两汉时期整个社会的尊老养老风尚已经初步形成。

纵观两汉时期的养老敬老制度和政策，主要有四个特点。（1）对先秦时期养老敬老制度的继承和发展。从养老敬老内容上看，两汉时期的三老制度、恤刑制度、王杖制度、惩治不孝罪等都可在先秦时期

---

① 《汉仪注》。

② 吕文静：《论两汉时期的尊老养老传统》，硕士学位论文，山东师范大学，2012年。

的典章和制度政策上找到源头，更是在周代视学养老制度的基础上完善和发展的。（2）养老制度全面完整，社会尊老养老普及，老年人权益得到全面保障。这是两汉养老敬老制度的最大特点之一。汉代养老敬老体系涉及政治、经济、法律、文化、思想、教育、用人等，既注重制度和政策上的顶层设计，又强调其具体落实与督查。不仅对老人和鳏寡孤独者给予养老照顾优待和支持，同时给予孝敬老人者以教化或奖赏。而后者恰恰是解决问题的关键所在，是落实精神养老最重要的举措。因为，养老的好坏也是社会是否文明进步的标尺。（3）养老敬老制度得到创新与提升，这是西汉养老敬老的最大特色和亮点。汉代实施以孝治天下、家国同构的举措，将家庭的孝道伦理上升为国家权力意志，这既是养老敬老制度的层次提升，又是养老敬老行为的国家强制意志的体现，这既开创了历史先河又影响了以后历朝历代。在这种孝治理念的指导下，在全国范围开展了举孝廉入仕、《孝经》教育系统化普及化。养老敬老的族规和家法变成了宣扬孝、仁、义并上升为国家法律意志。汉代统治者倡导“以孝治天下”，特别注重尊老敬老，形成了较为完备的法律制度，其中的王杖制度就是一种别具特色的老年人权益保障法律制度，这是中国历史上第一部老年人权益保护法律制度。①（4）养老敬老制度的执行较严格，落实具体。在汉代，为了更好地落实养老敬老政策，往往通过皇帝命令和授鸠杖的方式来保证。皇帝是国家的最高统治者，是国家权力的象征。鸠杖是汉代皇帝给予老人的特殊优待和特殊荣誉，在一定程度上体现了国家的意志，这说明汉代政府十分重视养老。汉代开始出现了严格家规的方式养老敬老。当时家庭成员要想谋生存、求发展就必须严格执行封建孝道养老的道德规范。那时人们认为：凡能在家尽孝者定能为国尽忠。因此严守祖训、族规和家法者就会受到表彰与鼓励，否则就会受到汉代严厉的法律惩治，使其在家庭中无法立足，在社会上寸步难行，在国家中难以发展。这样，社会每个成员在家族家庭中受到家训、族规和家法的强大约束力和同化力，在国家和社会中受到国家养老制度和

① 卢鹰：《汉代王杖制度对老年人权益的保障》，《人民法院报》2013 年 9 月 6 日第 5 版。

养老法律及封建养老道德的规范教条强制要求，也因此养老敬老制度上至国家下至普通家庭得到了较严格的执行。此外，两汉政府要求养老敬老政策严格执行的同时，特别注重养老敬老政策的落实。养老敬老政策的落实主要由郡县两级衙门具体实施完成，其中郡守丞负责监督，县长令亲自执行。对于政策执行不力或不执行者，要给予相应的惩罚。两《汉书》中常见的“二千石免加循抚，勿令失职”“二千石严教吏谨视遇，毋令换职”等要求，足见其对执行的高度重视。①

当然，两汉时期的养老敬老制度和政策还是存在某些不足，比如徭役和赋税的减免没能全面普及化，老人享受特殊政治待遇的人数较少，老年人的养老保障还没有真正得到法律保障，等等。但从上述分析可以看出，在“以孝治天下”理念的推动下，汉代养老敬老制度已全面形成体系，并形成了较为完备的尊老养老护老法律体系，做到了有法可依、执法严密，老年人养老的各项权益得到了切实的保障，对老人从经济、政治乃至社会地位全方面均给予相当政策优惠待遇，而且也得到了很好的落实，说明了中国养老敬老体系基本成型。

第二节 《礼记》中的孝道养老伦理思想

孝道与养老是中华优秀传统文化的价值因素之一，孝道与养老相互交融，始终与中华民族优秀传统文明紧密关联，由于孝道和养老思想的影响，历经历代变革损益，其不断传承与沉积，形成了中华民族尊崇孝道、赡养老人的传统美德。《礼记》是中国儒家的经典著作，包含着儒家行孝与养老的伦理规范，其中的孝道养老伦理思想不只是单纯的孝敬父母，还是一种泛化的社会伦理道德规范和行为准则。

---

① 萧安福：《略论先秦两汉养老敬老的政策和风尚》，《中华文化论坛》1996年第3期，第103—109页。

一 《礼记》在国家层面的孝道养老伦理思想

（一）实行“致仕制度”，给“致仕”老年官员以优待

“致仕制度”是尊老、敬老、养老的体现。“致仕”即“致其所掌之事于君而告老”，是先秦时期诸侯国对于老年官员采取的类似于当今社会的退休养老制度。“大夫七十而致仕。若不得谢，则必赐之几杖，行役以妇人。适四方，乘安车”（《礼记·曲礼》），又说“七十致政乡大夫老有盛德者留赐之几杖，不备之以筋力之礼。在家者，三分其禄，以一与之，所以厚贤也”，又说“臣致仕于君者，养之，以其禄之半，几杖所以助衰也”（《礼记·王记》），国家重视对退休致仕官员的赡养，给予其三分之一或一半的俸禄，同时也赐以坐几和手杖等敬老养老之物等，以助衰老，以表敬重。《礼记·王制》：“五十杖于家六十杖于乡，七十杖于国，八十杖于朝，九十者，天子欲者问焉，则就其室珍从。”天子或国君带奇珍异宝去探望杖于家、杖于乡、杖于国的老人，充分体现了社会上层对退休致仕官员的尊重。可见，退休致仕的官员其丰厚的政治和物质待遇以保证其安然养老和继续为国家做贡献。

减免徭役和免除刑罚政策是对“致仕制度”的补充。“致仕制度”仅为退休的官员，而减免徭役和免除刑罚的政策其范围更为广泛，国家对有老人的家庭免除一定的赋税、徭役甚至刑罚是社会尊老、敬老、养老的又一重要特征。“五十不从力政，六十不与服戎”（《礼记·内则》）。达到五十岁以上的老年人可以不用服劳役，六十岁以后就可以不用服兵役，又说“八十者，一子不从政；九十者，其家不从政”（《礼记·王制》），有八十岁老人的家庭可免一子服兵役和徭役，有九十岁老人的家庭可免家人服兵役和徭役，以便家人可安心在家服侍老人，尽子女赡养之孝道。与此同时，对年事已高的老年人虽然有犯罪但可以免除其刑罚，“八十九十曰耄，七年曰悼。悼与耄，虽有罪，不加刑焉”（《礼记·曲礼上》），这是对老年人赋役和法律上的特别照顾和优待，由此而形成对老年人敬重有加的社会风气。

（二）“学中养老”，设“三老五更”以教人孝悌之道

“养于学”是指将有智慧的老人奉养在学校，教人以孝悌之道，是孝道养老、尊老的一种表现形式。“有虞氏养国老于上庠，养庶老于下庠；夏后氏养国老于东序，养庶老于西序”（《礼记·王制》），庠序皆为古代的学校，“国老”是指告老退职的卿、大夫、士，“庶老”是指一般睿智的老人。“国老”“庶老”皆为有德才之人，将其奉养在学校，是古之养老的得力举措，“养于学”旨在“养老乞言”教人以孝悌之道，为后人传授经验，推广教化，使之老有所养、老有所为。又说：“凡养老，有虞氏以燕礼，夏后氏以飨礼，殷人以食礼，周人脩而兼用之。五十养于乡，六十养于国，七十养于学，达于诸侯。”此为周代对虞、夏、商三代养老礼制的传承与发扬，并推广至诸侯之邑，为普天之下实行敬老、尊老、养老之礼制。

（三）“天子视学养老”，天子垂范以率吏民效仿

“天子视学养老”主要是祭祀先师先圣和行养老之礼。是“养于学”之“国老”“庶老”享受的崇高礼遇。“凡视学，必遂养老”（《礼记·文王世子》）。天子视学以示尊老敬贤，在大学之东序“遂设三老五更、群老之席位焉”（《礼记·文王世子》），“三老五更”即养于庠序之“国老”“庶老”，“食三老五更于大学，天子袒而割牲，执酱而馈……所以教诸侯之弟也”（《礼记·祭义》），可见，天子垂范，率行养老之礼，为五等诸侯和国人之楷模，也体现着当时社会尊老、敬老、养老的观念与社会道德规范。与此同时，养老礼仪在地方的表现形式为举行乡饮酒礼。孝道养老之“乡饮酒礼”是先秦以来流行于社会的一种民间仪式，旨在正齿位，序人伦，劝励民众尊老、敬老、养老。六十岁以上的不同年龄阶段的老人享有不同的特殊礼遇，“六十者坐，五十者侍，以听政役，所以明尊长也。六十者三豆，七十者四豆，八十者五豆，九十者六豆，所以明养老也”（《礼记·乡饮酒义》）。此所谓“豆”即为奉养老人物，年龄越大者，其地位越尊贵，菜肴越丰盛，体现了时人尊老、敬老、养老之意。正如《礼记·哀公

问》云："政者正也，君为正则百姓从矣。"天子以身作则、不教而行倡行于上，五等诸侯及其民众仿效于下，上行下效，敬老、尊老、养老的社会风气必正而浩然。

（四）"抚恤养老"，常讫"独鳏寡"，给一般老年以基本保障

"抚恤养老"是指国家对一般老人的养老赐食政策。孝道养老这一基本的社会问题被泛化而纳入了整个社会道规范的范畴，国家尊老、敬老、养老涉及了社会的弱势群体。"少而无父者谓之孤，老而无子者谓之独，老而无妻者谓之矜，老而无夫者谓之寡。此四者，夫民穷而无告者，皆有常饩"（《礼记·王制》）。国家对"穷而无告者"中的"独、鳏、寡"这些老年人"皆有常饩"，给予物质上的救济，为其提供保障，以养其老。与此同时，古制常于仲秋之月养衰老，"仲秋之月……是月也，养衰老，授几杖，行糜粥饮食"（《礼记·月令》），养衰老即为社会一般鳏寡穷困的老人，可见，国家对社会的弱势群体给予了特殊的照顾，且不说其成效如何，但"抚恤养老"这一尊老、敬老、养老的理念是值得提倡与学习的。

二 《礼记》在社会层面的孝道养老伦理思想

（一）"天下子女皆为孝子"以明君臣之道，利社稷稳定

《礼记·王制》云："养耆老以致孝，恤孤独逮不足"，即提倡整个社会群体都要赡养老人以提高民众的孝心，从而达到"天下子女皆为孝子"的和谐局面。孝顺是为人的基本准则，天下人皆对父母奉事至孝是治人治世的基础和前提，"故孝弟忠顺之行立，而后可以为人，可以为人，而后可以治人也"（《礼记·冠义》）。与此同时，也对孝道养老的孝子之行提出了要求和准则，"孝子之事亲也，有三道焉：生则养，没则丧，丧毕则祭。养则观其顺也，丧则观其哀也，祭则观其敬而时也。尽此三道者，孝子之行也"（《礼记·文王世子》）。更为甚者，将孝道养老上升到了国家层面，提出"父子君臣长幼之道得而国治"（《礼记·文王世子》），国家要求天下子女对父母要尽奉事孝。一

为减轻国家养老的负担，降低其成本；二为天下子女在孝道之中以明父子君臣上下之道，从而固守三纲五常以利于国家的稳定。国家通过“孝道养老”的教化为“天下子女皆为孝子”，孝子孝行必会推己及人，而在整个社会范围形成尊老、敬老、养老的社会风气。

（二）以“老吾老以及人之老”为国人奉行的道德规范和行为准则

老吾老以及人之老，是孝道养老的根本理念，是中国传统文化中最具代表性、最为核心的文化基因之一，是对全社会孝道养老提出的要求。“大道之行也，天下为公。选贤与能，讲信修睦。故人不独亲其亲，不独子其子，使老有所终，壮有所用，幼有所长，鳏寡孤独废疾者皆有所养”（《礼记·礼运》）。大同社会理想的提出即为老年人都能得到尊敬和赡养，并可安度晚年，鳏寡独之老者亦能得到社会的关心和照顾，以能安心养老，而达到全社会老人都“老有所终”。可见，其主张把尊老、敬老、养老之孝道行为泛化至宗氏家族和整个社会群体，而达到“老吾老以及人之老”的境界。“睦于父母之党，可谓孝矣”（《礼记·坊记》），主张“入则孝，出则弟”，即在家能孝敬父母，出外能尊敬长者，把家庭尊老、敬老、养老观念推广到全社会，“这种由敬养自己的父母，推广到所有长辈老人的道德观念，体现了人类的文明程度和中华民族的人道主义精神”。“老吾老以及人之老”，成为人们奉行的行为规范和全体社会成员应该遵守的道德准则，要求人们孝敬自己的父母长上的同时，也用同样的感情去敬爱全社会的老人。

三　《礼记》在家庭层面的孝道养老伦理思想

（一）孝道养老“能养”“弗辱”“尊亲”依次递进

《礼记》明确指出，孝道养老分为三个层次。“孝有三，大孝尊亲，其次弗辱，其下能养”（《礼记·祭义》）。孝道养老的第一层次是“能养”，即给父母养老送终，如果连养老送终都做不到那就是不孝；第二个层次是“弗辱”，即不打骂侮辱父母；第三个层次是“尊亲”，即言语、行为和内心都能尊敬父母。

1. 孝道养老之“能养”

孝道养老之“能养”，是指对父母的物质赡养，是子女行孝道最为基本的内容。《礼记》认为，孝养父母首先是从照顾父母的饮食起居开始的，在传统农耕社会，物质条件匮乏，温饱亦成为一种奢求，故“能养”尤其要注意饮食方面，《礼记·内则》指出“孝子之养老也”要“以其饮食忠养之”。即孝子赡养照顾老人要为其提供基本的物质需求，特别注重老人的饮食，养年老之父母要选择其在不同年龄阶段的生理所需，“五十异粻，六十宿肉，七十贰膳，八十常珍，九十饮食不离寝，膳饮从于游”①，是对过去物质不够丰富社会时代的一种社会理想和追求。然而，何谓“能养”呢？“烹熟鲜香，尝而荐之，非孝也，养也”（《大戴礼记·曾子大孝》）。行孝道仅停留在饮食这一物质层面，非孝敬也，而是赡养父母。故能够赡养父母，是为人子女最为基本的责任和义务，这是孝道养老的最低层次。

2. 孝道养老之“弗辱”

《礼记》对孝敬父母提出了更高层次的要求，那就是“弗辱”。“子云：小人皆能养其亲，君子不敬，何以辨？”（《礼记·坊记》）说的是小人都能够赡养父母，君子要是对父母不尊敬，就无法区别小人和君子行孝道养老的行为。何谓“弗辱”？“弗辱”是从反面来说，从正面来说就是尊敬，就是要尊敬父母，不让父母受到羞辱。也就是孔子所说的“不敬，何以别乎”的这个层次。这一方面是指子女在父母面前对父母要有直接尊敬的态度，另一方面，指“不辱其身，不羞其亲”（《礼记·祭义》），就是在父母不在跟前的时候不要做什么不得体、不好的事，以致父母的名声受到影响。如《弟子规》所言：“身有伤，贻亲忧，德有伤，贻亲羞。”即让父母“弗辱”才是养父母之心。

① 《礼记·王制》。

3. 孝道养老之“尊亲”

“尊亲”，是孝道养老的最高层次。何谓“尊亲”？“尊亲”就要给父母以精神上的慰藉，以父母之乐为乐，尊重父母的意志。“孝子之有深爱者，必有和气，有和气者必有愉色，有愉色者必有婉容”（《礼记·祭义》），“《礼记》阐释敬让之道，坚持道德规范与道德情感的统一，且特别重视道德情感的发挥”。① 侍奉父母，重要的是子女从内心发出对父母的真诚的尊敬之情，保证父母在精神上得到欣慰，使他们心情愉悦。“尊亲”这一孝行体现在生活的各个层面，从日常起居的“冬温而夏清，昏定而晨省”（《礼记·曲礼上》）、“父母在，不称老，言孝不言慈”（《礼记·坊记》）、“父命呼，唯而诺，手执业则投之，食在口则吐之，走而不趋”（《礼记·玉藻》）等的家居之礼到“父母有疾，冠者不栉，行不翔，言不惰，琴瑟不御，食肉不至变味，饮酒不至变貌，笑不至矧，怒不至詈。疾止复故”（《礼记·曲礼上》）。做到父母有疾，子女有节，“能养”“弗辱”“尊亲”不断递进和延续，相互交融在一起，无不体现了古代家庭伦理特征和行为规范的导向。可见，尊老敬老养老是儒家孝道的重要内涵，是天子垂范的引领而为社会各阶层吏民所自觉遵守的一种行为规范。

（二）孝道养老之“谏诤”

“谏诤”即子女对自己父母的过错进行劝谏。《礼记》强调孝，但反对子女对父母盲目顺从，倡导子女在注重方式和态度的前提下合理劝谏。“子之事亲也，三谏而不听，则号泣而随之”（《礼记·曲礼下》）。在“子之事亲”上，其明确了子女在谏诤中的方法，以使父母感动，改正错误。《礼记·内则》载：“父母有过，下气怡色，柔声以谏。谏若不入，起敬起孝，说则复谏；不说，与其得罪于乡党州闾，宁孰谏。父母怒不说，而挞之流血，不敢疾怨，起敬起孝。”父母有过失的时候，要下气怡声微言相谏。父母不接纳进谏，则要对父母更

① 赖换初：《〈礼记〉“敬”“让”思想探析》，《伦理学研究》2012年第3期，第40—45页。

为敬重孝顺，使其主兴再行进谏；如使父母不高兴，则与其让父母得罪于乡党周闾，宁可自己对父母进行多次苦谏。如谏诤使父母震怒、不开心，就算父母用鞭笞打孝子致其流血，为人孝子者也不能怨恨，而要待父母更为敬重孝顺。父母在日常的生活过程中亦有错误，为人子女就要对父母进行“谏诤”而使其不得罪乡里乡亲，谏诤在宗法制度三纲五常伦理背景下，是非常难能可贵的。而在对父母“谏诤”的时候，要“柔声以谏”，注意劝谏的方式方法，否则让父母丧失了颜面就与“弗辱”相背离了，那就是不孝。可见，“谏诤”是以对父母的尊敬、孝敬为前提的。

（三）孝道养老之“报本反始”

“报本反始”意为受恩思报，不忘所自，返本复初，是孝道养老的延伸，如《礼记・祭统》云：“祭者，所以追养继孝也。”“善事父母”有“事生”和“事死”两个层面，“事死”是为人子女对孝养基础上的延续，以对先人表示追思和敬重。“敬其所尊，爱其所亲，事死如事生，事亡如事存，孝之至也”（《礼记・中庸》），其强调侍奉死者如同侍奉生者、侍奉亡者如同侍奉现存者的极致之孝。“虽父母没，没身敬之不衰”（《礼记・内则》）。“事死”在传统孝观念中是很有分量的，是对先人继续尽孝养之道的一种方式。“事死”最为主要的表现就是丧祭之礼，“祀乎明堂，所以教诸侯之孝也”“祭者，孝之本也已”（《礼记・祭义》）其明确指出了祭祀之旨在乎教化，教化后人继孝以报答先祖、感恩先祖、不忘其本，以表孝子“报本反始”之情感。

四 《礼记》中孝道养老伦理思想的评价

《礼记》在国家、社会和家庭三个层面包含了全面而丰富孝道养老伦理思想，既有国家和社会层面对孝道养老的宏观阐释，又有家庭层面对孝道养老的微观论述。在古代宗法制度下，《礼记》所倡导的孝道养老伦理思想，是维系家庭内部关系的纽带，有利于社会的稳定和谐，从“天下人人皆孝子”家庭的孝养父母至国家和社会层面“老吾老以及人之老”的尊老、敬老、养老理念，在当下仍有积极意义。同时，《礼记》由于受其时代和阶级的局限，其孝道养老伦理思想不可避免地存在着缺陷和不足。

（1）从家庭层面而言，《礼记》之“能养”“弗辱”“尊亲”以及“谏诤”和“报本反始”等孝道养老伦理思想的基本内核在现代家庭伦理道德建设的根基源泉。“报本反始”当为人最为基本的道德根基，感恩在现代社会具有普世价值。“能养”“弗辱”“尊亲”以及“谏诤”可为家庭伦理道德建设提供了不同层面孝道养老伦理思想的标准，现今社会之中家庭养老仍为主流，而家庭养老与孝道自古就紧密地联系在一起成为一体。扪心自问，当今社会为人子女真正能够懂得对父母长上“能养”“弗辱”“尊亲”这三个层次的又有几何？能与父母长上合理沟通，合理“谏诤”者几许？在三纲五常、伦理分明的等级制度下，谏诤是一种在现实生活中几乎不可能实现的伦理诉求，但其倡导不绝对盲从的理念是值得肯定的，其对于反对愚孝有着积极的作用。

（2）从国家层面而言，《礼记》之“致仕养老”“养于学”“天子视学养老”“恤老”等制度和措施可为现代社会养老体制的构建提供借鉴和参考。先秦各诸侯国为维护社会的稳定和发展，出台了诸多养老的举措与政策。如前所述，“天子视学”以表垂范，使天下人仿效；国家对“致仕官员”给予政治和物质上的优待，让智者“养于学”以发挥余热；对于一般的老年人则实现“恤老”政策，在实际操作中难以面面俱到，成效如何亦未可知。可以说国家层面的养老不具普遍性，受惠之老年人不多，更甚者是在古代男尊女卑的社会风气之下，几不见对老龄妇女的赡养举措。尽管如此，其通过如上具体举措在现今社会亦有合理的成分，主张尽孝养老、尊老、敬老的孝道养老观念以淳正民风，值得后人学习。

（3）社会层面而言，《礼记》之“天下人人皆孝子”“老吾老以及人之老”理念值得倡导。《礼记》认为，国家要求天下子女奉事至孝，人人皆为孝子，则可明父子君臣之道，可为国家分忧，“儒家之所以强调礼，就是希望用礼来维护社会的安定团结，维护既定的尊卑关系并以此来保障整个社会的正常运转。而其理论的内核，还是以宗族血缘关系为基础，以亲情心理为动力的孝”。① 养老惠民是传统社会国家稳定发展的基础，只有天子垂范，吏民效仿，整个社会才能“老吾老以及人之老”。《礼记》将尊老、敬老、养老的伦理观念扎根于家庭、风行于社会。可以说，在传统农耕文明时代，由于生产力水平落后，物质匮乏，吃饭问题亦难以解决，没有物质的支撑何来“天下人人皆孝子”，“老吾老以及人之老”更只是一种美好的设想。然其以孝道为主线来倡导天下吏民尊老、敬老、养老，是值得倡导和发扬的。

总之，《礼记》是对先秦儒家孝道养老伦理思想的提炼与总结，是现代孝道养老观念的价值根基。现今社会，随着老龄时代的到来，养老已成为中国必须去解决的一个现实的社会问题。受功利主义等多元化价值观念的影响，不孝养父母不尊敬长上的行为或多或少存在着。重塑现今社会的尊老敬老养老的价值观可从传统农耕文明中去寻找智慧，汲取其精髓，寻找一种尊老、敬老、养老的新型模式，而为解决中国养老问题提供些许借鉴与参考，其意足矣。

第三节 《孝经》中的孝道养老伦理思想

《孝经》是中国古代儒家的伦理学著作，蕴含着丰富的孝道养老伦理思想，以孝为中心，对孝道的基本内涵进行延伸和扩展，实现从“观念孝”到“行为孝”的转变。根据践行孝道的实际，对不同层面的群体践行孝道提出“五等之孝”的标准和“五致三不”的行孝要求，孝道与养老紧密地联系在一起，形成尊老养老敬老的一整套思想体系。与此同时，《孝经》认为“孝”是上天所定的规范，对孝道养老的内涵进行延伸和拓展，把孝从个人和家庭层面上升到了整个社会层面，推崇养老、尊老、敬老，以孝治国齐家，可谓儒家学派在传统社会孝道养老之典范。

① 肖群忠：《〈礼记〉的孝道思想及其泛化》，《西北师范大学学报》（社会科学版）1995年第2期，第33—38页。

一 《孝经》中的孝道养老伦理思想

《孝经》认为孝道有狭义和广义之分。子女对父母的敬养和顺从是狭义的孝道，这是社会基层范围的个人与家庭之孝；而下辈对上辈、下级对上级、个人对群体的尊重和服从以及对已故祖先的纪念是广义的孝道，是社会之孝。家庭之孝是社会之孝的基础，社会之孝是家庭之孝的升华。《孝经》主张孝敬父母、善待父母是孝道养老的根本，以养亲、敬亲、尊亲、谏亲为主要内容，这是孝道养老的基本内涵。“父子有亲，亲者，爱也。即父慈子孝之谓也。父之爱则为慈，子之爱则为孝。孝者，效法父之慈仁，转以敬爱其父，故曰孝也。”①《孝经》认为孝道是天经地义的，孝为诸德之本，是一切教化的源头，而且认为在孝道养老方面要养亲、敬亲、尊亲、谏亲相结合，孝道养老并不仅仅局限于对自己父母的奉养，而是延续到家庭和社会层面，推衍为整个社会的核心价值与道德标准。

（一）孝之养亲

孝之养亲即物质层面的赡养，这是孝道养老最低层次的要求。“夫孝，德之本也，教之所由生也”《孝经·开宗明义章》，在传统的农耕社会，社会生产力落后、经济发展水平有限而导致物质的相对匮乏，而当父母上了年纪丧失劳动能力后，就只能依靠子女的奉养，故而，孝之养亲是家庭养老最为直接且行之有效的方式。《孝经·庶人章》：“用天之道，分地之利，谨身节用，以养父母”。说的是行孝道要遵守天时地利，勤俭节约，保障父母在物质上的需求，能让父母居有其所、腹有所食、体有所衣、疾有所治。孝之养亲就是子女在物质上要为父母在衣、食、住、行等方面提供最基本的保障，是子女必须承担的责任与义务，是行孝道最起码的要求与道德行为。

① 任福黎：《孔道与国家及人生之关系》，《船山学报》1934 年第 10 期，第 1—15 页。

（二）孝之敬亲尊老

敬亲尊老是《孝经》中孝道养老伦理思想的重要内涵。孝之敬亲尊老主要体现在精神层面，养亲之道，重在敬亲尊老，敬亲尊老是比养亲更高层次的孝道行为，是对子女的孝道养老所提出的更高层次要求。“天地之性，惟人为贵。人之行，莫大于孝。孝莫大于严父”（《孝经·圣治章》），其指出万物出于天，人伦始于父，孝行之大，莫过于尊严其父。从尊严其父拓展至敬爱天下所有长辈和老人，以至整个社会都养成“老吾老以及人之老”道德准则和行为规范，这是对敬亲尊老思想的拓展。《孝经》推崇敬亲尊老思想，认为在传统社会推行敬亲尊老，“爱亲者不敢恶于人，敬亲者不敢慢于人，爱敬尽于事亲，而德孝加于百姓，刑于四海，盖天子之孝也”（《孝经·天子章》）。天子要以亲爱恭敬的心情尽心尽力地侍奉双亲，而成为践行孝道的引领者和平民百姓行孝的榜样。同时，认为“不敬其亲而敬他人者，谓之悖礼”（《孝经·圣治章》），对自己的父母不爱不敬是逆道而行的凶德。由此可见，养亲和敬亲尊老是相互联系在一起的，养亲是敬亲尊老的基础，敬亲尊老是养亲的拓展与延伸，而养亲和敬亲尊老两者兼备方可谓之孝道也。

（三）孝之谏亲

“谏诤”反对愚孝，是对孝的原则性肯定，是《孝经》中孝道养老伦理思想的又一合理内涵。“父有争子，则身不陷于不义。故当不义，则天不可以不争于父，臣不可以不争于君，故当不义则争之，从父之令，又焉得为孝乎”（《孝经·谏诤章》），“谏诤”之言建立在对父母养敬尊行为的基础之上，主张子女对父母之言和父母之事要能辨别是非而提出合理“谏诤”，对于不义之事，一定要谏诤劝阻，“从义不从父”，以免让父母“陷于不义”，这才是真正的孝道。《孝经》强调孝道的重要性，也提出为人子女要对父母的顺从，然其并未把孝道绝对化，这在传统农耕社会是非常之难能可贵的。

（四）孝之慎终追远

慎终追远把“守其宗庙”“守其祭祀”列为孝的内容，是《孝经》关于孝道养老的另一内涵，虽然其含有封建迷信的成分，但是从孝道养老的角度来看，是有积极意义的。“慎终”是指为人子女行孝要以谨慎的态度去完成父母的葬礼；“追远”则是后人要以恭敬的态度对先人进行祭祀，是生者行孝的重要方面。“生事爱敬，死事哀戚，生民之本尽矣，死生之义备矣，孝子之事终矣”（《孝经·丧亲章》），为人子女，孝自始而终，父母生死都要尽自己的孝道，生则养亲、敬亲、尊亲、谏亲，死则事以哀戚之礼，通过葬礼和祭祀来体现孝道养老的行为和表达子女对先人的哀思与崇敬之心。从伦理视角出发，《孝经》主张对父母在精神上的尊重敬爱，这是孝道养老的更高层次的具体表现。古语云：子欲养而亲不待，这是孝道养老之无法弥补的遗憾，现代孝道应更注重的是“事生”而非“事死”。

二 《孝经》中孝道养老伦理思想的践行标准和要求

（一）孝道养老的实践标准——“五等之孝”

《孝经》对孝道养老的实践标准进行了详尽的阐述，从天子到庶人都有各自层面的孝道养老实践准则，且都是以孝为基础和核心的，“孔夫子虽寄五位以示分殊，但其理却同，其本为一，全是一片挚诚孝心之展现”。[①]《孝经》把孝道养老的实践标准分为五等：一是五孝之冠的天子之孝。《孝经·天子章》说的是天子应当尽的孝道，要博爱广敬，广施德教，重在感化世人。孝应该从天子做起，天子要“爱敬尽于事亲”，“爱亲”而不“恶于人”，“敬亲”而不“慢于人”，以自身爱亲敬亲的实践来使“德孝加之于百姓”，为天下黎民百姓树立榜样的作用，这就是天子的孝道。二是诸侯之孝。《孝经·诸侯章》说的是仅次于天子的各方诸侯的孝道，是要做到居上不骄、制节谨度和满而

① 安会茹：《从〈孝经〉看孝》，《中华文化论坛》2016 年第 2 期，第 21—24 页。

不溢，这样才能“保其社稷、和其民人”。三是卿大夫之孝。《孝经·卿大夫章》卿大夫事君从政，承上接下，是政策决定的集团，全国行政的枢纽。其孝道要“守其宗庙”，体现在言语上、行动上、服饰上“非法不言，非道不行”，一切都要合于礼法，做到遵从先代圣明君王的礼法准则，如实传达政令，反映民情，沟通官府和百姓，维护封建统治。四是士子之孝。《孝经·士章》从对父母的“爱同”到事君的“敬同”，要尽忠职守和尊敬长上，从而“保禄位，守其祭祀”。五是庶人之孝。《孝经·庶人章》“用天之道，分地之利，谨身节用，以养父母”，在农耕社会要顺应自然收“地利之果”，并在实际生活中要行为谨慎，保重身体，节省俭约，使财物充裕，食用不缺，以孝养父母。总之，“五等之孝”作为孝道养老的实践标准，是对不同阶层的人孝道养老行为的细化与准则，从这一层面来说有其可取之处。

“《孝经》确立了由观念孝向行为孝的转变”，①“五等之孝”其孝道养老的实践标准包含了深刻的政治理论，肯定了封建君主专制制度的阶级等次，规定了在君权至上的封建伦理下各级臣民的孝道。各等级臣民要谨守孝道，以侍天子，以养父母，守护家国。孝道养老伦理思想与王权相互糅合在一起，孝道养老已不再是单纯的伦理道德规范，而是上升到政治层面的治国理政之道，蕴含了“以德治国、孝治天下”的思维理念。统治阶级用“五等之孝”来推广孝道，治理天下，并借孝为“天之经也，地之义也”的大道来维护社会的和谐与安定。同时，通过自上而下的示范引领作用以“德”化民，而达到治国理政之目的。在封建社会的历史进程中，历代封建王朝推行“以孝治天下”，在社会中推行养老尊老敬老的思想，在一定程度上印证了以“以德治国、孝治天下”的可行性。

（二）孝道养老的行为准则——“五致三不”

《孝经》指出孝道养老侍奉双亲的行为准则，那就是孝子事亲要

① 戴木茅：《孝：从家庭伦理到政治义务——基于〈孝经〉的分析》，《求是学刊》2012年第6期，第29—34页。

做到“五致三不”。其主张“敬”“乐”“忧”“哀”“严”等，彰显的是孝道情感层面的内容，《孝经》在孝道养老方面从孝养上升到敬养，把“敬”引入“孝”，是孝道养老的拓展与延伸。“五致三不”是孝道养老中平日孝行的总结，是孝道养老的行为准则，也是孝道养老的行为准则及更为深刻的内涵。

“五致”即“居则致其敬，养则致其乐，病则致其忧，丧则致其哀，祭则致其严”。一是居则致其敬。《孝经》认为精神层面的敬养是孝养父母的更高要求。凡为人子之礼要“冬温而夏凊，昏定而晨省”，孝敬父母当有敬谨之心，要从起码的衣食起居方面敬养父母。二是养则致其乐。奉养父母当有和乐之心，对父母要和颜悦色，笑容承欢，让父母感到安然自在。行孝道最难做到的就是时刻保持这种心态来对待父母，在满足父母物质需求的同时还要满足其精神需要，使其情感有所寄托，乐享天年。故敬亲基于爱亲，敬亲是爱亲养亲的前提，只养亲不敬亲有悖于孝道。三是病则致其忧。父母身体有恙，当有忧虑之心，请医诊治，尽心侍奉，行孝道要经常为父母的健康问题而担忧。四是丧则致其哀，祭则致其严。万一父母不幸的病故，要谨慎小心地置办所需要的一切。如穿的、盖的、棺材等，要尽力配备，竭尽悲哀之情料理后事。而对于父母去世的祭祀，当有思慕之心，庄严恭敬祭奠，做到礼法不乱。“丧”“祭”时的表现是行孝必须谨遵的要求与准则。

“三不”即“居上不骄，为下不乱，在丑不争”（《孝经·纪孝行章》）。一是居上不骄。官位较高的人当庄敬以待其部属，而不敢有一点骄傲自大之气。二是为下不乱。为人部属的小职员，就应当恭敬以事其长官，而不敢有一点悖乱不法的行为。三是在丑不争。在鄙俗的群众当中，要和平的相处，不敢和他们争斗。“三不”是世人行孝更应注意环节，也是对世人行孝提出的要求。“三不”是逆理行为，任何一项未做好都有危身取祸、殃及父母的可能，而父母常以儿女的危身取祸为忧，“身体发肤，受之父母，不敢毁伤，孝之始也”（《孝经·开宗明义章》），可见行孝道应对自己的身体负责，但是如若不戒除以上的三项逆行，就是对自己的不负责任，就不是真正的孝道。

三 《孝经》中孝道养老伦理思想的延伸

孝道养老伦理思想是中华传统文化的核心，“在中国传统社会，孝道有极高的社会地位，它不仅是传统伦理文化的基石，而且是整个文化和社会、政治生活的基石”。①《孝经》以个人行孝道为出发点，上升到整个社会层面的孝道为纽带来治家齐家，孝治天下的思想是孝道养老伦理思想的延伸与发展。当然，《孝经》从个人孝上升到社会孝，这是与当时具体社会现实紧密联系在一起的。

（一）孝为纽带，以孝齐家

孝道养老是传统社会维系家庭的纽带和治家齐家以维护家庭秩序的载体，是传统家庭里固有的元素，家族的长幼有序、尊老爱幼就包含了对孝道养老伦理思想的推崇。《孝经》以“亲亲”为最基本的伦理道德规范，传统家庭中最为核心的是“父子”关系，而孝道是调节家庭内部关系的道德原则中最为根本的支撑。没有孝道这一纽带，封建的宗法制度就会被打破，而社会最基本的组织单位（家庭）也将变得散乱无序。“治家者，不敢失于臣妾。而况于妻子乎？故得人之欢心，以事其亲”（《孝经·孝治章》），道出了孝道治家齐家的关键。古之以孝道治家者，推其爱敬之情，下达于臣妾，虽较疏远的男仆和女用，都不敢对他们失礼，何况最能爱敬自己的妻子呢？因此，人无分贵贱，谊无分亲疏，都能对治家齐家者欢心爱戴，尊崇孝道，以奉事其亲。与此同时，治家齐家者践行孝道要以上文所述之“五致三不”的行为准则来侍亲奉亲，恭敬长上，慈子爱女，礼至家仆，从而使父慈子孝，兄友弟恭，夫和妇顺，家庭和谐美满。

（二）移孝作忠，孝治天下

《孝经》首次将孝亲与忠君联系起来，对“亲亲”之孝进行拓展

① 肖群忠：《“孝道”养老的文化效力分析》，《理论视野》2009 年第 1 期，第 51—54 页。

和延伸为“忠君”“顺长”的道德规范，提出移孝为忠、孝治天下的主张，这是贯穿于《孝经》中的重要思想。“夫孝，始于事亲，中于事君，终于立身”（《孝经·开宗明义章》），提出了孝道的三个层次，从侍奉父母开始，然后效力于国君，最终建功立业，功成名就。“故以孝事君则忠，以敬事长则顺”（《孝经·士章》），行孝要尽忠职守，尊敬长上，将孝和忠紧密地联系在一起，“事君、尊长”成为孝道不可或缺的内容。“治国者不敢侮于鳏寡，而况于士民乎，故得百姓之欢心，以事其先君”（《孝经·孝治章》）。包含了尊老敬老的理念，认为天子、诸侯、大夫等以孝道治理天下国家“不敢侮于鳏寡”，而获得人民的欢心“以事其先君”，这是孝治的本意。“夫圣人之德，又何以加于孝乎？”（《孝经·圣治章》）认为孝道是治理天下至大、至要之德，没有什么能够比孝道更高的。以律辅孝是《孝经》孝治天下的又一重要补充，以刑罚作为孝治天下的辅助手段。《孝经》力主德仁，“仁是儒家学说的核心概念和最高原则，孝是仁的核心和基础，孝之敬爱父母的根本含义就是仁者爱人”。① 在传统农耕社会，宗法等级制度森严，孝道是维护社会和谐稳定的基本行为规范，不孝行为会引起社会动荡和动乱，“五刑之属三千，而罪莫大于不孝”（《孝经·五刑章》），指出罪之大者，莫过于不孝，而且把“不孝”列为五刑之罪的首位。当社会伦理道德失范而出现“要君者无上，非圣人者无法，非孝者无亲”的“大乱之道”时，则必须用严厉的刑罚来惩处。然而，以律辅孝要用刑罚以纠正不孝之人，提出以律法的形式来推行孝道，其主旨是使天下黎民百姓都能走行孝的正道，以达到孝治天下的目的。

四　《孝经》中孝道养老伦理思想的评价

孝道养老伦理思想是中国古代社会和政治文化发展的历史产物。随着人类的发展及其社会关系而出现，并在历史进程中不断传承与创新。至《孝经》成书，其已成为一套完整的体系。事物的发展都有其

① 潘剑锋：《论传统孝道中的养老思想》，《学术交流》2007 年第 4 期，第 149—153 页。

积极和消极的一面，应放在特定的历史空间来衡量，才能给予客观的评价。纵观孝道养老伦理思想传承的历史，《孝经》中孝道养老伦理思想的正能量是力主德仁，将“亲亲”之孝拓展而形成整个社会的行为规范。“传统孝道思想的整体而言，其功能和作用的基本方面应当肯定”，从孝养父母推广至社会层面的养老、尊老和治国齐家平天下的理念，在当下仍有积极意义。

（一）《孝经》中孝道养老伦理思想是“德仁”的基础和核心

《孝经》力主德仁，其孝道养老伦理思想是在“德仁”的基础上建立起来的，由个人和家庭的道德行为向社会道德规范进行推广。孝道以孝劝忠，而为国家和社会培养忠君爱国之才，以利国家长治久安。以孝劝忠虽为统治阶级之目的出发，然孝的外延而至整个社会的核心价值准则。从这一层面来讲，孝的外延与拓展是一种国家认同和民族认同的过程。“德仁”之情感在孝道养老伦理思想的推行过程中内化为国民善良的品质，并形成中华民族“以和为贵”的民族特性，这是非常难能可贵的。

（二）《孝经》中孝道养老伦理思想是现代孝道的价值源泉

孝之养亲、敬亲尊老、谏亲以及慎终追远等孝道养老的基本内涵在现代家庭伦理建设中仍有其可继承的合理内容。古语云“滴水之恩当涌泉相报”，父母亲人的养育之恩更应时刻铭记于心，故养亲、敬亲尊老可谓人类永恒的普世价值。在传统的宗法制度体系下谏亲虽然是一种在实际操作几乎难以实现的伦理诉求，但是善意的谏亲是合理且非常有必要的。与此同时，谏诤对于愚孝和愚忠在一定程度上有阻碍和抵制的作用。慎终追远是对死者的尊敬和思念，从清明节被定为传统法定节日就可以看出，其有着合理的成分。

（三）《孝经》中孝道养老伦理思想的拓展和延伸是孝道内涵的升华

从个人和家庭的亲亲之孝上升为社会层面的国家治理理念，有利于孝道养老伦理思想的推行。《孝经》中的孝道养老伦理思想是一种泛孝的概念，其不再仅仅是个人对父母的奉养与孝敬和对先人的缅怀与思念，而是拓展到了整个社会层面孝道养老观，上升到了国家意识和国家治理理念。泛孝是对个人之孝的延伸和泛化，在传统农耕社会，其以国家法律的形式规定了对不孝的惩处，旨在整个社会层面都形成养老敬老尊老的意识。《孝经》推己及人的孝道养老伦理思想对中国当前应对老龄化社会问题以建立和谐社会有着借鉴作用。

（四）《孝经》中孝道养老伦理思想的历史局限性

《孝经》中的孝道养老伦理思想是在封建宗法等级制度的框架下进行阐述的，其不可避免地有着局限性。五等之孝主张不同等级的人有着不同的孝道标准，包含了不平等的阶级意识。孝道养老伦理思想的泛化，将“守富贵”“保禄位”“守宗庙”“保社稷”等都融入孝道的内容，从这一层面来讲，泛孝推衍而来的孝治天下，其目的是为统治阶级服务。“孝悌之至，通于神明，光于四海，无所不通”（《孝道·感应章》），认为孝悌之道而至极可通天地鬼神，把孝道的作用扩大化与神秘化，包含有迷信和虚假的成分等。这都是现代孝道应予以批判的内容。

总之，《孝经》是对先秦儒家孝道养老伦理思想的精辟总结，是一部承载中华民族传统美德之孝道、孝行、孝治的集大成之作。其孝道养老伦理思想历经历史的洗涤，在历史的进程中不断传承与发展。随着老龄化社会的到来，养老已经成为影响中国未来发展的一个重要社会问题，政府和社会都在积极努力应对。然现阶段，社会价值观念的多元化侵蚀着诸多青年人，不孝养父母的行为屡见不鲜。借此，提取《孝经》中孝道养老伦理思想的精髓，使“养老”“敬老”“爱老”的传统美德发扬光大，注重孝道，注重养老，引领传统孝道的现代化转变。与此同时，去寻找一种适合国情国策的孝道与养老相结合的新型模式，以应对中国人口老龄化的挑战，有积极作用。

第三章　魏晋南北朝：孝道养老伦理思想全面强化

魏晋南北朝时期统治阶级政治斗争激烈，以致政权频繁更替、社会十分动荡，忠君还是孝亲成为士人们共同面对的两难选择的问题。但是统治者为了巩固政权，极力渲染和推广“孝道”，提倡忠孝一体，“孝”全面渗入政治、道德、文化等各个方面，并使“孝”成为整个社会伦理道德规范的核心，成为罪与非罪的标准，更成为一切是与非的评判标准，因此这一时期是中国古代孝道发展的重要时期。

第一节　孝重于忠

中国古代是一个家国同构的封建君主专制社会，传统的忠孝观念一直被视为中国传统伦理道德的最核心、最基本、最首要的道德准则，贯穿中国封建社会发展的始终。事实上，孝与忠是一对矛盾共同体，两者既对立又统一，但并不是完全相辅相成的。“忠”是针对皇权而言的，确保皇权至上，是中国传统的最高政治道德原则和规范；“孝”是针对家庭父母而言的，协调家族内部的人伦关系，确保父权至上，是家族的道德纲领，是中国传统的家庭伦理道德原则和规范。孝与忠两者的本质和目的是一致的，其本质都要求下级对上级的尊重与服从，其目的统一于维护封建社会稳定。[①] 但两者时常会产生矛盾，对父尽孝与对君尽忠往往难同时兼得。作为统治者是希望并极力要求朝廷臣民忠于皇权，但中国封建专制统治是通过以血缘关系为纽带的宗族宗法实现的，宗族宗法是封建专制统治的基础，而且中国传统文化的基因是孝的文化，因此，单纯希望臣民尽忠于君权几乎难以做到，必须重视孝，需要通过孝才能达到忠，孝是忠的基础，因此中国古代每个封建王朝都重视孝和忠。中国传统社会倡导累世同堂，一个家庭是社会的基本单位，一个大家族是一个小社会。孝既是家庭家族成员联系的纽带，更是作为家庭家族成员都须遵守的道德法则，进而发展成为宗族文化，重孝的思想可以保证家庭和宗族内部精诚团结、和谐安宁，还可以起到社会稳定的作用。"父子笃，兄弟睦，夫妇和，家之肥也。"[②] 孔子认为家庭或家族的孝有利于国家的政治统治，《论语》云："孝悌而好犯上者鲜矣，不好犯上而好作乱者，未之有也"，故移孝作忠。《大学·释齐家治国章》言："孝者，所以事君也。"这就把事父母的孝移作事君的孝，君主被视为孝的对象。孝成为忠的手段，忠变成孝的目的。《汉书·鲍宣传》记载："天下乃皇天之天下也，陛下上为皇天子，下为黎庶父母，为天牧养元元。……陛下父事天，母事地，子养黎民。"这是说皇帝是天下臣民的"父母"，根据孝的原则，普天下的百姓就要像孝敬父母那样孝敬皇帝，直接给君主赋予了父母的属性，对皇帝的"孝"自然也就是"忠"了，这样孝与忠就统一了。忠君思想要求臣民对君王像对自己父母那样尊重，对君王像对自己父母那样绝对服从，这样臣民对君王的统治就无二心，君王制定的一系列政策就能够顺利实施，政权就能得到稳固，因此可以看出，孝与忠是统一的，都是稳固封建统治的重要条件和基础。但是，皇帝是至高无上的，拥有最高统治权，君权是不允许挑战的，家族宗族的势力若能达到与皇权相抗衡的话，一定会威胁到君权的统治，皇帝是不可能同意的，故而忠孝必然

① 李洁：《魏晋南北朝时期的"孝行"》，硕士学位论文，首都师范大学，2001 年，第 24 页。

② 《晋书》卷八十四《殷仲堪传》。

产生矛盾。那么如何处理忠孝矛盾呢？如何协调皇权与族权，使这对矛盾既相互依存又避免冲突呢？历代统治者进行了认真考虑和安排。忠与孝服务虽然范围不同，服务对象也不同，要求严格程度不同，但它们本质和精神上是相同的，即都要求下级对上级的绝对服从、绝对拥护和忠心。① 在面临忠孝两难选择时，汉代确立了君为臣纲、忠德至上地位的政治观念，一般把忠作为第一选择，牺牲孝以成全忠。魏晋南北朝时期，军阀割据、战乱频发，政权更替频繁，社会动荡不安，人们时常遇到忠孝两难选择的情况，孝忠的地位也随之发生了变化，统治者历仕二朝或数朝，故多不敢言忠。晋朝创立者司马氏本为魏臣，以禅让名义从魏国曹氏手中夺取政权，要用“忠”的标准衡量司马氏只能是乱臣贼子，这在儒家看来是极为不忠的行为。鲁迅先生认为：“因为天位从禅让，即巧取豪夺而来，若主张以忠治天下，他们的立脚点便不稳，办事便棘手，立论也难了，所以一定要以孝治天下。”② 治国必须依靠儒家的德治思想，好在忠孝本为一体，精神实质都是强调服从长上，所以从司马氏为了避开自己道德的污点，强调“孝”当头办事就比较自然而然了。③

魏晋南朝时期，各地的强宗豪族侵占了大量的土地，占有大量的劳动力，几乎分割了国家的财富来源，经济势力十分强大。在这一时期战争频繁，社会动荡，人口流移，致使户籍难考，东汉后期征辟察举人才十分注意门第的高卑，在政治上又形成了门生、故吏遍于天下的局面，家族政治势力随之强盛，出现了门阀士族阶层。门阀统治权力的强大，致使门阀士族成为一个具有特殊权力的地主阶层，这一特殊阶层势力强大，控制了地方大权，甚至也把控着朝廷大权，成为事实上国家的统治者。随着门阀士族势力的增大，皇权势力越来越小，这样国家的生存与发展只能依附于门阀士族的支持，王权的发挥必须

① 温中华：《北魏孝文化研究》，硕士学位论文，西南民族大学，2013 年，第 58 页。

② 鲁迅：《魏晋风度及文章与药及酒之关系》，《鲁迅全集·而已集》，人民文学出版社 1973 年版，第 501 页。

③ 张宏慧：《魏晋南朝时期“重孝”文化心态探论》，《许昌师专学报》2002 年第 4 期，第 51—53 页。

受制于门阀士族的意志。于是，随着门阀士族势力的强大，家族伦理意义上的“孝”被当权者必然地升华为整个社会道德规范的核心，孝便成为士大夫立身安命的凭借。在这种形势下，魏晋当政者深谙此道，尽力拉拢争取门阀士族豪强的支持。而士族阶层为了保持家族利益的经久不衰及政治生命的延续，也迎合当权者极力标榜礼法以抬高自己的身份，确保自己的特权。“孝”是礼法的重要组成部分，这样“孝道”便被提到前所未有的高度，孝道成为博取美誉的金字招牌，荣登仕途的梯子。① 可见，魏晋时期统治者利用国家机器扩大孝行范围，在社会生活各个方面采取种种措施，鼓励人们养老敬老尊老，并把养老敬老尊老这种孝行确定为人们与生俱来的责任与义务，孝行之风在民间得到盛行。由于统治者渲染、诱导、宣传与鼓励孝道，人们以孝博名、以孝博官的风气盛行，且孝行趋向平民化，于是孝逐渐取代忠成为封建统治的唯一准则，“孝”也被升格为整个社会道德规范的核心，形成了“亲先于君，孝先于忠”的观念，这样，“孝”就被用作一种精神的力量规范着社会的每一个成员，老人的养老问题相对以前便得到了很好的解决。但因为过度宣扬孝道，出现了如“王祥卧冰”等敬老养老的极端现象。

第二节　选官唯孝是举

孝作为选官用官评价标准在汉代已经出现，但仅局限于察举制度中，还没有得到普及。魏晋时期统治者为了政治的需要大力提倡孝道，孝作为选官用官标准得以确立，有时候成为十分重要的条件。

九品中正制是三国时期曹魏创立的，是中国传统社会三大选官制度之一。其主要内容是：中央政府选择“贤有识鉴”的现任中央

① 张宏慧：《魏晋南朝时期“重孝”文化心态探论》，《许昌师专学报》2002 年第 4 期，第 51—53 页。

机构官吏出任州、郡的“中正”。[①] 众所周知，古代考察人才优劣是以道德行为好坏作为最主要的衡量标准。道德行为的起点是建立在家庭道德行为基础上的，然后推举到乡党，乡党通过评议地方贤才，再将优秀者推荐到中央任职。九品中正制沿袭汉末以来清议人才重人品的做法。儒家把控清议大权，故儒家的道德就成为衡量品评人们行为的标准。魏晋南北朝时期政权的稳定依靠家族势力，故这一时期家族势力得到极大发展。为了维持家族的前途与命运，清议的内容主要考察儒家的家庭伦常方面。由于“孝”是处理家庭及至家族间的基本道德准则，在当时便理所当然地成为清议的最基本的也是最核心内容，也理所当然地成为人才选拔的重要标准。一个人想入仕为官，若孝行不卓著，其他品行再好，也难以被清议推荐；为官者孝行若有缺陷，其他品德才能再好，一旦触犯清议，不管你职位高低也会丢官去职，甚至不许再入仕途。[②] 所以，“孝行”的优劣受到魏晋南北朝时期特别的关注。按照常理来说，生事孝养和死归丧葬是作为子女对父母尽孝所要遵循的最基本的两条准则和要求，由于当时孝大于忠，“孝道”得到空前重视，而且清议也以此为标准，而且父母的丧葬状况影响子女的婚姻和仕途。[③] 据有关研究，魏晋时期法令明文禁止，如果父母死后尸骨没有得到很好安排，子孙不得婚姻，仕宦升迁都要受到影响甚至不得为官，否则不符合清议要求。特别在汉末，社会动荡混乱，政府无法考察士人的才能道德，因而察举制无法正常运行，优秀人才也难以得到选拔。政府为了官员的正常更替和人才的正常使用，就不得不考虑采用其他办法，九品中正制随之而产生。九品中正制度承袭两汉时的察举制度，是魏晋南北朝时期重要的选官制度。

---

① 陈泽萍：《试论九品中正制创立的原因》，《湖南科技学院学报》2013 年第 5 期，第 41 页。

② 关开华：《魏晋南北朝孝文化研究》，硕士学位论文，山东师范大学，2012 年，第 29 页。

③ 李洁：《魏晋南北朝时期的“孝行”》，硕士学位论文，首都师范大学，2001 年，第 7 页。

魏晋时期，由于政局不稳，改朝换代频繁，世家大家族势力越来越强大，家族的社会影响力得到快速提高，在社会上形成了一个权力比较稳固、地位比较显赫的门阀大族阶层。随着门阀大族地位的抬升，家族的道德规范快速得到发展并逐渐形成体系，影响着政治、经济、文化和社会生活等各方面。魏晋时期，政府为了扩大势力向门阀大族阶层进行政治妥协，门阀大族掌控了九品中正制的中正一职。为了维护门阀大族利益最大化，中正选材用官几乎以家族出身为标准，东晋以后“门第”变为唯一的选官标准，这样九品中正制事实上变为一种宗亲家族制度，① 成为一种门阀寡头政治，标志着门阀政治得以确立。门阀大族运转是靠孝道黏合的，为了让自己家族永世扬名，防止政权旁落，一般会推荐孝行卓著的人当官。另外清议也在很大程度上左右了官吏的铨选，所以在当时无论是皇帝还是门阀大族都对以孝选官非常重视。从那时清议实施的效力上看，孝道德标准几乎超越法律成为社会惩罚手段。② 所以，魏晋时期十分重视“孝行”作为家庭伦理的基本道德准则进行建设。

魏晋时期因“不孝”失官者也多。在当时孝重于忠的社会背景下，对父母尽孝是家庭的责任与义务，能得到社会舆论的肯定，更能顺应统治者的意志而获得官职，平步青云。反之，若不能对父母尽孝养老就会惨遭清议，不仅会影响仕途升迁，更为严重的会失官去职，遭到社会舆论的唾弃。③ 这一时期孝文化已经深入到了社会的各个阶层，官员们在政府的监督下对待父母都能尽心孝养父母，不敢有丝毫的差错，竭力事亲，使父母颐养天年。而在对待父母方面一旦疏忽就会遭清议，影响仕途。

魏晋南北朝时期子女是否尽孝有两条重要衡量标准，一是赡养父

---

① 李洁：《魏晋南北朝时期的“孝行”》，硕士学位论文，首都师范大学，2001 年，第 6 页。

② 李洁：《魏晋南北朝时期的“孝行”》，硕士学位论文，首都师范大学，2001 年，第 7 页。

③ 关开华：《魏晋南北朝孝文化研究》，硕士学位论文，山东师范大学，2012 年，第 29 页。

母，是否竭尽全力照顾父母衣食起居；二是对待父母遭受生命危机或疾病时的尽孝表现是否良好。第二条具有魏晋南北朝时期鲜明的时代特点，那就是在战乱危机中要保全父母性命，否则不算尽孝道。在这朝代更替非常频繁的特殊时期里，战争频发，社会十分动荡，孝子们自身的生命都难保，要想尽孝，其难度可想而知了。在乱世中孝子们既要躲避战乱，保护好自己的性命，还要设法保护父母的性命并尽心尽力孝敬父母，这对普通百姓来说有多么的困难，战乱中生难尽孝、死难丧葬之类的事是无法避免的，但一旦遭到“清议”就终身难以为官，因而在这一特殊时期仍有很多孝子们能尽全力完成赡养父母保全父母性命的重任，这为孝文化发展增添了新的内涵。另外，在动荡年代子女能始终如一真心诚意地照顾染病的父母也纳入了孝敬的范围，是尽孝的重要内容，使孝达到了极致。如果父母生病，孝子们时刻不能离开，甚至不惜毁坏自己的身体和生命以求挽救父母的健康和生命，① 这更是孝行的表现，更难能可贵，更能受到人们的推崇和朝廷的表扬。若父母染疾而没有得到尽心照料，也会遭到“清议”而不得为官。

魏晋南北朝时期，以孝选官选拔人才，这既继承了汉代的举孝廉制，同时又通过设立九品中正制和清议制度，强化了对人事任免权的操纵，将国家所认可的孝道价值观提高到国家用人的大政高度进行推广，并进行政策奖罚，使孝道进一步得到发展，并深入渗透到政治、经济、文化与社会生活的各个方面，孝养敬养父母不仅成为个人的行为规范，还是一种国家政策要求，因而人们接受了政府所指定的伦理道德这一官方价值观的熏陶，因孝得官、失官也成为这一时期官员升降的一个主旋律，使得许多重孝政策得到了长远发展，进一步充实了孝文化，使得养老问题得到高度重视并得到全面的很好的解决。

---

① 关开华：《魏晋南北朝孝文化研究》，硕士学位论文，山东师范大学，2012 年，第 40 页。

第三节 以孝注法：孝道养老伦理制度法律化

魏晋南北朝时期，儒生通过参与国家修律，更礼为法，纳礼入律，使得法律更加伦理化，成为中国立法史上的一个重要转折点和重大事件，成为中国封建法制史上的重要阶段。儒生在修律过程中以自己的嗜好为标准，最大特点将儒家伦理思想体系和伦理价值观念编入律书之中。这一时期由于孝重于忠的政治伦理，“孝”作为儒家伦理思想的核心，道德之首，深深地渗透到了法律条文及法律的实施过程当中，在法律中的地位举足轻重，成为人们心目中的无文大法，使原本作为家庭人伦关系准则、家族主义原则、道德范畴的“孝”不仅被法律吸收与肯定，成为罪与非罪，而且上升为整个国家法律的意志与原则，① 维系着法律性质，充实法律的内容与功能。统治者利用法律捍卫孝道，奖用孝悌，严惩“不孝”，“孝”凌驾于国家法律之上，成为一切是与非的评判标准，② 这对养老敬老功能的发挥起着极大的推动作用。

1. *严惩不孝养父母者*

魏晋时期战乱频发，社会动荡，民不聊生。统治者为了保障孝道的顺利进行，将不孝敬父母列为法律重点处罚的行为之一。如魏孝文帝提出“三千之罪，莫大于不孝，罪大逊于父母，止于髡刑”。③ 曹魏时明确规定：“夫五刑之罪，莫大于不孝。”④ 可见，朝廷对不孝罪的处罚是相当严厉的。这主要表现在：第一，对不赡养父母的人处以极刑。魏晋时期对于不供养父母者以“供养有阙”进行定罪。中国是

---

① 李洁：《魏晋南北朝时期的“孝行”》，硕士学位论文，首都师范大学，2001 年，第 18 页。

② 李洁：《魏晋南北朝时期的“孝行”》，硕士学位论文，首都师范大学，2001 年，第 18 页。

③ 《魏书》卷一一一《刑法志》，中华书局 1974 年版，第 2878 页。

④ 《三国志》，中华书局 1959 年版，第 147 页。

一个以血缘为基础的家庭关系基础上建立起来的国家，家是生产、消费最基本的单位，血缘关系是孝道养老产生的情感基础，父母辛辛苦苦养育子女，就是希望老了后儿女能供养自己，能安度晚年，所以赡养父母是儒家孝道的最基本要求，是为人子孙做人的根本。这种观念不仅被家庭认同，也被社会和国家认为是天经地义的事。如果子女不孝养父母，被视为忤逆不孝，禽兽不如，就要受到法律的惩罚。魏晋时期制定法规，对不孝敬父母的行为予以严重处罚。如刘宋律令规定："子不孝父母为弃市。"① 而《隋书·刑法志》记载，北齐把"不孝""不义"列入十大罪之中，② 晋律规定："子孙敬养有亏或父母告子不孝的，欲杀之皆许之。"③《礼记·王制》云："父母八十者，一子不从政，九十者，其家不从政，废人不养者，一人不从政。"根据这一要求，晋律规定：父母到年老需要侍养时，儿子无论官居何职、为官何处都要主动弃官，回乡孝养父母，否则，就构成"委亲之官"罪，受到惩罚。④ 第二，对殴杀父母者处以死刑。魏晋南北朝统治者把孝道提高到极高的地位，表现在违背孝道的法律和量刑的制定极为严格，对殴杀父母者，不管是什么理由，都会被处死刑。如果殴杀的是继母或者继父也一样被处死刑。第三，父母死后守孝纳入法律要求范围。"生，事之以礼死，葬之以礼，祭之以礼。"⑤ 孝道要求子女不仅在父母生时尽孝，竭力供养，而且在父母死后按礼制为父母守丧三年，期间不能嫁娶享乐。魏晋南北朝时期刑法对于服丧期间婚嫁作乐、释服从吉、匿不举丧等违反孝之伦理的行为提升至法律的规范进行定罪量刑，如果违犯就要受到法律的制裁。⑥ 北魏律规定："居三年之丧而冒哀求仕"者处以"五岁刑"；"子孙告父母、祖父母者

① 《宋书》卷八一《顾恺之传》，中华书局 1974 年版，第 2080 页。

② 关开华：《魏晋南北朝孝文化研究》，硕士学位论文，山东师范大学，2012 年，第 31 页。

③ 《晋书》卷一〇〇《刑法志》，中华书局 1974 年版，第 1999 页。

④ 毛腾飞：《魏晋南北朝孝观念研究》，硕士学位论文，山东大学，2009 年，第 23 页。

⑤ （宋）朱熹撰：《论语·为政》，《四书章句集注》，中华书局 1982 年版，第 55 页。

⑥ 毛腾飞：《魏晋南北朝孝观念研究》，硕士学位论文，山东大学，2009 年，第 22 页。

死”①（《九朝律考·后魏律考》）。与汉律相比，这一时期扩大了“孝”的惩罚范围，不仅不孝敬父母成为法律重点处罚的行为之一，而且对长辈不敬也可以按不孝治罪。由此可见，魏晋南北朝时期对于不孝的行为不仅纳入了法律的要求，而且对不孝罪的处罚也十分严厉，孝道在法律的制定中占据了核心地位，确保了养老的顺利。

2. 维护父母养老的财产支配权

经济是政治的基础。统治者为了维护孝的地位，法律上极力维护父母财产支配权，以确保父权家长的地位，这也为养老提供了法律支持，奠定了养老的经济基础。儒家很早就有对父母财产支配权的经典论述，《礼记·内则》：“子妇无私货，无私畜，无私器，不敢私假，不敢私与。”从这里可以看出，儒家十分明确地提出了父母对财产拥有支配权，而且还提出：若父母健在，子女不能拥有自己的私有财产；父母没同意，子女也不能动用和处理家庭财产。这就确保了父母在家庭中的绝对权威，为养老的顺利实现奠定了物质基础和思想基础。而且还要求，父母若健在，儿子即使成家了也不允许自立户籍，做官了，其俸禄等收入要交给父母。当然在中国古代，是没有严格意义上的民法规定，但孝作为维持家庭和家族的一个纽带，对财产以及人身依附关系等方面却有法律规范。曹魏新律规定：“除异子之科，使父子无异财也”（《晋书·刑法志》），此法律的规定明确了父母对家庭财产的拥有权和支配权，确保了父母在家中的绝对权威地位，这保障了孝道养老的实施，很好地解决了养老难题。

3. 赋予父母对子女的惩戒权和处置权

在中国古代，父亲拥有至高无上的权力。许慎《说文解字》说：“‘父’，矩也，家长率教者，从又举杖。”可见，“父”在家里具有统治家人的权力并能运用权力对家庭进行管理。从风俗或法律来看，这个权力主要是家长对子女具有教育、管理及训导、批评、惩罚的权力。颜之推指出：“笞怒废于家，则竖子之过立见；刑罚不中，则民无

① 《魏书》卷二一一《刑法志》，中华书局 1974 年版，第 2875 页。

所措手足。治家之宽猛，亦犹国焉”（《颜氏家训·治家》）。① 颜之推认为，治家与治国是一样的道理，当子女有错时必须处罚子女，以维护父母在家庭中的权威。魏晋南北朝时期，孝道高于法律，北魏法律规定：“祖父母和父母为忿怒，以兵刃杀死子孙者，处五岁刑。”② 至于父母及祖父母教育及惩戒子孙时有所伤害，法律也可不与追究。

父母对子女拥有惩戒权，还拥有处置权，即对子女的婚姻上拥有决定权。魏晋南北朝时，婚姻的缔结大都由父母操持一手包办。婚姻的能否延续与解除，主要取决于是否满足孝养父母的需求。古代中国男子休妻有七条标准，《大戴礼记·本命》记载：若妻子不顺父母，淫、妒、恶疾、多言、窃盗等七种情况，男子可以与妻子离婚，其中是否孝顺父母尊敬长辈是最重要的因素。③

4. 首创留养制度

存留养亲是中国封建社会特有的法律制度之一，它是指在死、流、徒罪犯人的直系尊长老疾应侍，④ 家中又无他人侍养，且无人为年老者养老送终的情况下，对符合条件者准许缓刑、换刑（有时也免刑），直到家里的老人去世以后再来服刑，令犯人奉养尊长的一种法律制度。⑤ 这说明了孝道观念深深地渗入法律之中，老人得到了奉养，家庭得到了稳定，其实质是维护和体现封建伦理道德。⑥

“留养”制度始于晋代，存留养亲最早作为一种法律制度被确立下来是在北魏。孝文帝元宏太和十二年（488 年），北魏律上规定：“犯死罪，若父母、祖父母年老，更无成人子孙，又无期亲者，仰案后列奏以待报，著之令格。”⑦ 北魏宣武帝《法例律》规定：诸犯死

---

① 檀作文译注：《颜氏家训·治家》，中华书局 2007 年版，第 1 页。

② 《魏书》卷一一一《刑法志》，中华书局 1974 年版，第 2880 页。

③ 毛腾飞：《魏晋南北朝孝观念研究》，硕士学位论文，山东大学，2009 年，第 21 页。

④ 陈晶：《寻找刑法的人性价值——刑法中以“人”为本的根基与使命》，《焦作师范高等专科学校学报》2008 年第 4 期，第 55—56 页。

⑤ 刘希烈：《论存留养亲制度在中国封建社会存在的合理性》，《当代法学》2005 年第 3 期，第 133—138 页。

⑥ 关开华：《魏晋南北朝孝文化研究》，硕士学位论文，山东师范大学，2012 年，第 34 页。

⑦ 《魏书》卷一一一《刑法志》，中华书局 1974 年版，第 2878 页。

罪，若祖父母、父母年七十已上，无成人子孙，旁无期亲者，具状上请。流者鞭笞，留养其亲，终则从流。不在原赦之例。① 标志“留养”制度在北魏正式形成，这一制度为以后历代所沿用。存留养亲制度是一种恤刑矜老的法律制度，是一种特殊的养老法律保障制度，规定子女可以对父母和祖辈养老送终以后再来服刑，表明统治者体恤老年人无子侍养而予以特别恩典，这既是对犯罪者最大的宽容，更体现了政府对孝道养老的高度重视，说明“老有所养、终有所送”孝亲观念已经深入人心，老年人的养老保障在法律上得到了很好落实。②

第四节　孝道养老伦理思想平民化普及化

孝道是人们基于血缘关系产生的一种对社会行为约定俗成的标准。它基于天性，发乎于情，不具有像法律那样的强制力，而是依靠个体的自觉行动。但孝道像其他道德一样具有一种无形的力量，一旦被社会大众认同，就会产生强大的影响力，这种内心的自觉所产生的力量往往会超过法律的强制力。故之，儒家自孔子始不断对“孝”这一道德阐发论述。如前所述，儒家认为孝本质是子女对父母的敬爱，对父母的合理敬重是子女在家庭中最好的道德品格。儒家通过敬爱把原本家庭的孝提高到人类性意识和人道精神层面，使孝摆脱狭隘的家庭血亲关系而成为人的自主性品格。于是孔子就认为：“君子务本，本立而道生，孝弟也者，其为仁之本与！”③ 把“孝”视为君子立身行事的首要原则；《孝经》亦曰：“孝，天之经也，地之义也，民之行也，天地之经，而民则之。”④ 这就是说，孝，遍存于天地宇宙之

① 《魏书》卷一一一《刑法志》，中华书局 1974 年版，第 2885 页。

② 王忠：《北魏国家尊老养老政策研究》，硕士学位论文，吉林大学，2015 年，第 39 页。

③ 《论语·学而》。

④ 高望之：《儒家孝道》，江苏人民出版社 2010 年版，第 3 页。

间，是人类社会必须遵循的普遍原则①。儒家对“孝”的认知与赞美，保障了老年人在家庭中的地位和权威，不仅有利于顺利实现养老任务，更是捍卫了家庭的稳定与团结。

魏晋南北朝以前，家庭伦理道德范畴的孝道理论及实践是以上层人物为主，在统治阶级中践行与推广，二十四“正史”记录的也都是“统治阶级孝道家谱”。然而到魏晋南北朝时期，孝行开始遍及全社会，行孝的主流开始由汉以前的社会上层逐渐转移到下层民众，“孝行”趋向平民化，这促使原本家族伦理意义上的“孝”也被当权者升华为整个社会道德规范的核心。如《南史・孝义传》所收录的家庭孝行人物中共 98 人，其中士族出身的只有 20 人，仅占总数的近五分之一，其余的皆为下层民众。② 这是魏晋南北朝时期家族势力的强盛和门阀统治的实现而引起的。当时由于清议的重心在“孝道”，门阀士族认为，维护家族势力的利益和发展必须提倡“孝道”，家族势力的发展提升了孝道的地位与影响力。而统治者为了依靠门阀士族势力，也契合门阀士族的意愿，通过国家政权的力量，倡导“孝”为社会至德要道，人类第一品行，孝德的作用大于一切，并把它定位为一种与生俱来的义务与责任，并采取种种措施，来扩大“孝”的范围，强化“孝”的实践。这样，“孝”在当时被当作一种精神的力量被上升为整个社会道德规范的核心思想，约束每一个人的社会行为。这样在统治者极力诱导、强化与渲染下，孝子的卓异孝行在社会广泛流传出来，出现了“人称孝女”“闻者陨涕”“闻者莫不称叹”“人称其孝”“乡党称孝”“乡间称为孝妇”等孝行事迹，而且在平民百姓中引起巨大反响，获得积极支持与赞颂。如，三国时，司马芝陪母亲在外逃难，途中遇到了贼寇，贼寇把刀架在了司马芝的脖子上并准备杀他，此时司马芝不为自己的生命担忧，反而为确保母亲的安全对贼寇说：“我的母亲年纪大了，望各位高抬贵手。”贼寇深受感动，认为司马芝是个孝

① 李洁：《魏晋南北朝时期的孝行》，硕士学位论文，首都师范大学，2001 年，第 18 页。

② 李洁：《魏晋南北朝时期的孝行》，硕士学位论文，首都师范大学，2001 年，第 28 页。

子，杀了他就会“不义”，因而母子二人都得以幸免。① 这“因孝得生”的动人故事说明了孝敬父母之心不但救了自己，也教育和感动了别人。连盗贼都在杀人之际因感悟而手下留情，“贼乃止，母子得免”，孝道的孝心善性影响力是多么的巨大，这是孝顺的结果，更是孝道的胜利。可见，当时“孝道”已深入人心，“孝”的敬老爱老尊老观念深深地植根于平民百姓的心中，广为流传，并自然地内化为一种自觉的恪守和遵循行动。②

---

① 《三国志》卷一二《魏书·司马芝传》。

② 李洁：《魏晋南北朝时期的孝行》，硕士学位论文，首都师范大学，2001 年，第 29 页。

第四章 隋唐五代时期：孝道养老伦理思想规范化

隋唐是中国历史上最繁荣昌盛的时期，这一时期统治者十分重视孝道，倡导孝行，忠孝一体，移孝于忠，国家的各项制度都引入孝道精神，其中科举用人、奖惩官员、丁忧、致仕等都推行了孝道养老的发展，使孝道成为隋唐及至五代社会生活的重要组成部分。养老不仅是一种道德规范、行为规范，更是一种法律责任，唐朝形成了自己独具特色而又行之有效的尊老敬老的法律制度，使得中华民族传统的孝道养老文化在这一时期得到了极大的弘扬，不仅对前代有所继承，而且有所发扬，起到了承前启后的作用。

第一节 天子注孝

孝道的核心概念和要求是善事与利亲。自古以来，孝就是教化民众忠顺意识的伦理思想，有着维护社会稳定无可替代的积极作用。孝道思想认为，在家庭里父慈子孝，兄爱弟敬，是社会稳定、国家安宁的前提条件。人之行孝才能修身、齐家、治国、平天下，就会“上敬下欢，存安没享，人用和睦，以致太平，则灾害祸乱无因而起”。①

---

① 李学勤主编：《十三经注疏·孝经注疏》卷四《孝治章》，北京大学出版社 2000 年版，第 31 页。

“孝”被认为是百行之首。《广扬名章》载：“君子之事孝亲，故忠可移于君；事兄梯，故顺可移于长；居家理，故治可移于官。”这说明“孝”是政治行为的根源、施政的依据，是忠的前提。“孝治”是儒家孝道思想的中心内容，用孝治国，就会提升人们的孝道素质，如此社会稳定，天下安定。为了达到这一目的，首先就要从“孝”抓起，重视《孝经》的学习和推广。《孝经》对孝的本质和内涵，践行方式、标准和结果、道德规范等都做出了十分详细的阐述，是儒家论孝的经典，是早期儒家孝道思想理论化的成果。

中国历史上出现了三次研究《孝经》的高潮，帝王亲自为《孝经》作注。第一次发生在西汉，第二次发生在魏晋南北朝时期，第三次是唐玄宗两次亲注《孝经》，这也是历史上影响最大的一次。孝道自古在中国就极被重视，在唐朝更是得到了迅猛的发展。特别是《孝经》问世以来，很多帝王将相对其注释。唐玄宗看到了孝的巨大作用，正如他所说：“孝者德之本，教之所由生也，故亲自训注，垂范将来。”① 但他却以为，历代帝王虽然多次重视《孝经》，并为其注释，但因各种原因还是存在不足。以前的注释并未完全体现出其主旨，也未完全理解出其精妙义理，所以唐玄宗要两次亲自为《孝经》写注，试图总结前人的缺失，吸收所注之长，将孝道理论更加系统化、完备化、功利化。

玄宗对《孝经》的正定和御注，包含了玄宗的思想，是对汉至唐期间《孝经》学的全面系统的总结、思考和发展，对后世影响极大，是具有里程碑意义的事件，② 这也充分说明唐朝对《孝经》高度重视。孝是教化天下的人性论依据。玄宗指出，只要“因严以教敬，因亲以教爱”，就把握住了使官员、民众“以顺移忠”的关键，对官员、民众来说，只要做到了“敬”“爱”“以顺移忠”，就会“立身扬名”，达到做人的最高境界。③ 唐玄宗深知孝道能够影响人们、控制官员的重要性，

① 董诰：《全唐文》卷三七，中华书局影印本 1983 年版，第 408 页。

② 韩婷：《唐代〈孝经〉文献研究》，硕士学位论文，安徽大学，2017 年，第 44 页。

③ 罗瑜：《唐代孝道研究》，硕士学位论文，中央民族大学，2010 年，第 31 页。

所以不仅亲自为《孝经》写注，将儒家“孝道”的家庭伦理道德提升为政治伦理，更是采取强制性的措施诏令天下家藏《孝经》一本，精勤教习，大力提倡孝道，达到凝聚天下力量，安定社会秩序、治理天下的目的。唐代天子注孝及对《孝经》典籍和孝道的重视，使孝道养老伦理思想更加理论化全面化，其目的是移孝忠君，但也推动了孝文化的进一步传承与发展，客观上促进了敬老养老的发展和完善。

第二节　以孝举人选官

孝是封建社会政治行为的根据，也是封建社会的基本国策，以孝治天下是传统孝道政治化的表现。官员是施政的主体，是落实封建王朝意志的推动者，因此如何选用和使用官员显得十分重要。中国古代将“孝”作为选拔官员的重要标准。古语云：求忠臣必于孝子之门，意思就是说，要去孝义之家去求访忠臣。先贤认为以孝事君则忠，父亲的孝子必然是君主的忠臣，访求忠臣，只有到孝悌之家才能找到，不孝者不忠，不忠者不孝。这样孝敬父母、敬养父母就成为选拔和使用官员的重要标准。孝道能否在政治实践中得到推行，主要看官员自身的孝意识和孝行能否起着示范和引导作用。因此考察隋唐的养老敬老状况，很有必要对这一时期政治上选官用官的人事制度如何推行孝道这些问题加以分析。

一　以孝选官

隋唐时期用孝作为主要内容选官的形式有科学选官、以孝举官。

（一）科举重孝选官。以孝选官注重为官者的孝悌品行，客观上推动了养老敬老的发展

隋唐时期的科举考试制是什么呢？就是按照不同科目考试选举人才的制度。隋代开始实施科举制度，在唐代正式成为国家选举人才的制度。科举考试以儒家政治伦理思想和儒家经典为主要内容，其中孝

为重中之重。主要表现在以下几个方面。

（1）专门设立“孝悌”考试科目，即孝廉与孝悌为田科。考生参加这两门考试必须具备两个条件：一是考生自身要有孝德品行或孝悌行为，二是考生孝悌品德要得到肯定并受到推荐。从这个条件来看唐代对官员的选授和考课多么重视孝德品行。《唐六典》记载：“以三类观其异：一曰德行，二曰才用，三曰劳效。德钧以才，才钧以劳。”① 可见，唐代十分重视考生的“德行”，而“德行”主要是指孝德，即敬养老父母之德。唐代选拔贤能的科举孝悌考试，考生不仅需要当地的政府官员进行考察，合格后才会被推举，同时，被举荐者还要通过朝廷的专门考试才能入选授职。②

科举考试中的“孝梯”科与进士等常科考试的侧重点不同，“孝梯”科只注重考生的孝行品德即可，不需要考试词策。如唐玄宗《停孝弟力田举人考试记词策敕救》云：“孝弟力田，风化之本，苟有其实，未必求名。比来将此同举人考试词策，便与及第，以为常科。是开侥幸之门，殊乖敦劝之意。自今已后，不得更然。其有孝弟闻于郡邑，力田推于邻里，两事兼著，状迹殊尤者，委所由长官，特以名荐，联当别有处分。更不须随考试例申送。”③ 从唐玄宗对“孝悌”“力田”事迹显著者不需要考试词策的处置办法来看，参加“孝悌”科与进士等常科的举人重在考察其孝行情况，可以不遵照科举考试的常规程序，由地方官员随时举荐。由此可见唐朝在科举选拔官员上既重视孝道理论的掌握，也非常重视应试者的孝道品行状况。把举孝悌力田设为常科，说明对孝行十分重视，同时也推动了老百姓的行孝养老。④ 而且在录取上唐代还规定，孝行养老卓著的考生可以放宽录取标准。如唐代宗时期归敬宗建议：“其孝行闻乡里者，举解具言，试日

① 李林甫等撰，陈仲夫点校：《唐六典》卷二，中华书局 1992 年版，第 27 页。

② 李秀立：《唐代孝文化初探》，硕士学位论文，山东师范大学，2011 年，第 39 页。

③ 《全唐文》卷三五，唐玄宗《停孝弟力田举人考试记词策敕》，中华书局 1983 年版，第 392 页。

④ 李秀立：《唐代孝文化初探》，硕士学位论文，山东师范大学，2011 年，第 40 页。

义阙一二，许兼收焉。”① 参加科举考试的考生孝行卓著者可以放宽录取标准，这也成为当时科举考试的一项重要举措。

但是，在唐代，强调以孝选官并不是纯粹依靠孝行卓著就能参加考试并录用为官，而是改变了汉代那种只注重入选者的孝悌品行，对其为官所需的能力才干并不专门考核的举孝廉方式。唐代规定，通过孝廉和孝悌力田科选拔出来的官员既要有突出的孝行，更要精通部分经书，还要知晓时政，孝德与能力要同时具备。如对考试进行了具体规定：“每州每岁察孝廉，取在乡闾有孝悌谦耻之行荐焉，委有司以礼待之。试其所通之学，五经之内，精通一经，兼能对策，达于治体者，并量行业授官。”② 唐代这种德才并举的选才方式，与以往朝代的以孝选官相比更具合理性，这种选拔人才的方式为以后的封建王朝所继承。③

2.《孝经》成为考试必考内容。高宗仪凤三年三月下敕，将《道德经》《孝经》并为上经，要求贡举皆须兼通。④ 这说明《孝经》成为唐代科举考试的重要内容之一。科举必考《孝经》，是唐代将教育制度与政治制度进行了结合，是以孝治天下思想在人事制度上的实践。同时也说明任何一个人要想步入仕途，就必须仔细研读儒家孝道，这一方面能推动孝道养老观念的全国普及并深入人心，另一方面反映了统治者对孝文化十分关注，对孝道养老特别重视。

此外，唐代政府用《孝经》来约束官员的行为，要求入仕之后的官吏也要遵守《孝经》行为准则。高宗时期“天后（武则天）上意见十二条，请王公百僚皆习《老子》，每岁明经一准《孝经》《论语》例试于有司”。⑤ 从这里可以看出，孝敬父母是一个人毕生之事，不仅是个人的自觉行为，更是政府强制要求完成的任务。

（二）因孝举官

这是一种非正规考试的选贤方式，就是不通过科举考试而是不定

---

① 《钦定四库全书·唐书》卷一六四。

② （宋）王溥：《唐会要》卷七六《贡举中》，中华书局 1955 年版，第 1395 页。

③ 李秀立：《唐代孝文化初探》，硕士学位论文，山东师范大学，2011 年，第 49 页。

④ （唐）杜佑：《通典》卷《选举》，中华书局 1988 年版，第 356 页。

⑤ 《旧唐书》卷五《高宗下》，中华书局 1975 年版，第 99 页。

期地由地方政府通过考察选拔孝德之才后直接授职。这种形式始自汉代，叫察举孝廉制，唐代进行了沿袭，能通过这种方式任命为官的人，通常都是天下闻名、德行出众的孝子。如：“（贞观）十七（643年）年五月乙丑，诏令州县举孝廉、茂才、好学、异能、卓荦之士。”① 从这个材料可以看出，察举孝廉是时间不定期，考试也不需要参加，而由政府通过考察直接任命官职。这是科举考试选拔人才的补充形式，它对广大孝子们创造了步入仕途的机会，更是极大地鼓励人们行孝养老，推动养老事业的发展。

除此之外，朝廷对孝义之家的家族成员可不经考试也能获得官职。获得天子赐官的唯一衡量标准就是家族的孝悌声誉及本人的孝德孝行表现。如《全唐文》卷四十五唐肃宗《册太上皇尊号赦文》载：“其天下孝义门，各与一子官，委采访使具名闻奏，量文武处分。”② 意指因孝悌仁义而受过朝廷族表的家族，可以从这类家族的孝子贤孙当中选拔一个人不需要进行考试而由国家直接赐予官职。③ 这种方式是唐代的创新，不仅可号召人人争做孝子，更有力地推动了家庭养老的实现。而以孝选官的形式是“以孝治天下”伦理道德思想在人事制度上的具体落实，有利于把才学兼备、有孝德者选拔到管理队伍中，保证了官员的品行质量。同时对于劝民以孝，推动孝敬父母、尊老尚齿的良好风尚的形成有积极作用。

二　以孝驭官

《礼记·冠义》言：“故孝悌忠顺之行立，而后可以为人；可以为人，而后可以治人也。”④ 所以古代认为，一个人做到对父母有孝德和孝行的人才能成为真正的人，只有这样的人才能有资格治理他人，在朝为官时就会做到：对上会忠心耿耿，对下会清正廉明，成为百姓

① 王钦若：《册府元龟》卷六四五《贡举部·科目》，中华书局1960年影印本，第7727页。

② 《全唐文》卷四五，中华书局1983年影印本，第494页。

③ 李秀立：《唐代孝文化初探》，硕士学位论文，山东师范大学，2011年，第43页。

④ 崔高维：《礼记》第四十三《冠义》，辽宁教育出版社1997年版，第199页。

的父母官。[①] 因此选官时要求孝行卓著，入仕的官员也要“孝德修身”。唐代继承以前的做法，在官员的管理和使用上也以孝为重要依据。唐代规定，孝行卓著、孝德品行很好的官员会升迁，行为不孝、孝德品行不良的官员会受到严厉的惩罚。同时还设立监察部门对官员的孝行进行考核监督。如《大唐新语》卷五《孝行第十》载：“崔希高以仁孝友悌，丁母忧，哀毁过礼。为郧县丞，芝草生所居堂，一宿而葩，盖盈尺。州以闻，迁监察御史，转并州兵曹、冯翊令。”[②] 崔希高因在丁忧期间孝行卓著得到升迁。武则天执政期间也注重任用孝行表现好的官员，如武则天任用出自忠孝之家的韦氏兄弟，时任凤阁舍人的韦承嗣因病去职，由韦嗣立替代其兄长的职位，韦嗣立由一个地方县令提升到朝廷中枢机构任职。武则对韦嗣立曰：“卿父往日曾谓朕曰：‘臣有两男忠孝，堪事陛下。’自卿兄弟效职，如卿父言。今授卿凤阁舍人，令卿兄弟自相替代，即日迁凤阁舍人。”[③] 唐代对孝行卓著官员进行重用，调动了政府官员为朝廷效力的积极性，同时也能教化社会，推动养老事业的发展。

唐代对行孝表现不佳的官员还会进行处罚，会受到罢免或者降职的处分。如监察御史皇甫镈，“居丧游处不度，下除詹事府司直”。[④] 皇甫镈在服丧期间不履行尽孝职责，而是不闭门尽哀，四处游走，因此受到了降职的处分。

唐代对官员自身的孝行不仅要求高，而且要求官员推行孝道教化，并督导好家人行孝道，还要慰问抚恤老弱，落实朝廷促进孝道的相关政策等。武宗时宰臣“李汉以家行不谨，贬汾州司马”。[⑤]

唐代官员有一项重要职责就是推行孝道教化，引导督促百姓行孝道。如《旧唐书》卷四十四《职官三》记载：

① 冯子怡：《隋唐时期养老思想及措施研究》，硕士学位论文，华中师范大学，2016 年，第 11 页。

② 刘肃：《大唐新语》卷五《孝行第十》，中华书局 1986 年版，第 80 页。

③ 《旧唐书》卷八八《韦思谦传》，中华书局 1975 年版，第 2866 页。

④ 《新唐书》卷一六七《皇甫镈传》，中华书局 1975 年版，第 5113 页。

⑤ 《旧唐书》卷六二《韦温传》，中华书局 1975 年版，第 4379 页。

> 京兆、河南、太原收及都督、刺史掌清肃邦欲，考核官吏，宣布德化，抚和齐人，劝课农桑，敦敷五教。每岁一巡属县，观风俗，问百年，录囚徒，恤鳏寡，阅丁口，务知百姓之疾苦。部内有笃学异能闻于乡闾者，举而进之。有不孝佛，悖礼乱常，不率法令者，纠而绳之。其吏在官公廉正己，清直守节者，必谨而察之。其贪秽谄诀，求名狗私者，亦谨而察之。皆附于考课，以为褒贬。若善恶殊尤者，随即奏闻。若狱讼疑议，兵甲兴造便宜，符瑞尤异，亦以上闻。其常则申于尚书省而已。若孝子顺孙，义夫节妇，精诚感通，志行闻于乡者，亦具以申奏，表其门阁。其孝悌力田，颇有词学者，率与计偕。①

从上述“敦敷五教”的以孝道教化为核心的社会教化活动材料可以看出，唐代对官员是否推行孝道教化建立了完备的考核制度。同时还专门设置监督机构，对官员自身的孝道和推行孝道教化工作进行监督。

综上所述，隋唐时期的以孝选官、以孝驭官等，都把孝作为官员升迁的重要标准，这是封建国家“以孝治天下”纲常原则在人事制度的一项具体施政行为。它一方面把一批具有良好孝德修养的人选拔到官僚队伍中来，提高官员的道德素质和为民服务的能力。而且通过科举考试不仅仅为社会精英的流动奠定政治基础，也为庶民的纵向社会流动开通了一条上升渠道，对孝行卓著的普通平民百姓直接赐予官职，使得庶民可以通过自身的努力实现自己社会精英的梦想，这极大地调动了平民百姓为朝廷服务的积极性，广泛而普遍地深入地传播了儒家孝道伦理道德规范，也表明科举制度为全社会的养老保障奠定了政治基础和制度基础。另一方面朝廷继续加强对为官孝行的考察，把孝行状况作为官员升迁降职甚至罢官的重要条件，这对劝民以孝、训孝化民、保障古代自然经济比较落后的社会条件下养老的顺利实施，让社会上形成孝敬父母、尊老养老的社会风尚具有积极的推动作用。

---

① 《旧唐书》卷四四《职官三》，中华书局 1975 年版，第 1919 页。

第三节　平民老年人经济供养

中国古代养老一般在家庭进行的，物质上的保障是基础。尽管隋唐时期是封建社会经济发展的繁荣时期，但老年人的养老仅靠家庭的供养保障是不够的，因此隋唐时期由于财力比较强大，政府也格外重视老年人的养老问题。

一　一般平民老年人的养老保障

（一）赐物

为确保老年人基本的养老生活保障，唐五代政府通常是赏赐老年人的米、粟、帛等物，并免去其家的赋税力役等。同时为贫困家庭的老年人和高年达八十岁以上的老年人提供包括粟、绵、帛、绢、酒、肉等生活必需品的救济。①《赐孝义高年粟帛诏》："自登九五，不许横役一人，惟冀遐迩休息，得相存养，长幼有序，敬让兴行。其孝义之家，赐粟五石；高年八十以上，赐粟两石；九十以上三石，百岁加绢两匹。妇人正月以来生男，粟一石。鳏寡茕独不能自存，逃户初还，死无粮贮，州县长官量加赈恤。"②唐代对养老特别重视，为了确保家庭养老的顺利进行，对孝子也给予物质奖励，如："（贞观）七年（633）十一月壬戌，赐孝女夏侯碎金，布帛二十段，粟十石。"③"（唐高宗仪凤）三年（678）九月，诏赐雍州司法参军杨　故妻韦氏，物百段，旌孝义也。"④这些以政府名义进行的赏赐，朝廷还要

① 盛会莲：《试析唐五代时期政府的养老政策》，《浙江师范大学学报》（社会科学版）2012年第1期，第38—48页。

② 宋敏求：《唐大诏令集》卷八《典礼·养老》，学林出版社1992年版，第416页。

③ 王钦若：《册府元龟》卷一三八《帝王部·旌表第二》，中华书局影印本1960年版，第1672页。

④ 王钦若：《册府元龟》卷一三八《帝王部·旌表第二》，中华书局影印本1960年版，第1675页。

求官员必须认真执行。赏赐政策的实施，倡导了良好的尊老敬老养老社会风气。

（二）给老人授田并减免赋役

物质供养是解决养老的基础和根本。但仅仅依靠政府赏赐的粟帛，是不能维持养老生活的需要。为了进一步确保养老的顺利进行，唐五代时期政府完善了养老政策，给予老人授田四十亩土地，并减免老人的赋役，这为老人的养老提供了最基本的物质基础和保障。“授田之制，丁及男年十八以上者，人一顷，其八十亩为口分，二十亩为永业；老及笃疾、废疾者，人四十亩，寡妻妾三十亩，当户者增二十亩，皆以二十亩为永业，其余为口分。”① 政府还免除老人等特殊人群赋役负担，“若老及男废疾、笃疾、寡妻妾、部曲、客女、奴婢及视九品以上官，不课”。②

此外，唐代还降低入老年龄，由六十岁降低到五十岁，免除其徭役，这对老人养老来说是一种很大的照顾和帮助。唐代政府不仅对老年人给予养老待遇，同时还给予子女经济照顾③，以确保养老在家庭中能顺利进行，如：“诸孝子顺孙，义夫节妇、志行闻于乡闾者，州县申尚书省奏闻，表其门闾，同籍悉免课役。有精诚致应者，则加优赏。”④ 古代社会养老主要是依靠子女在家庭进行的，这则资料对孝子贤孙进行奖励，其实质是对老年人的经济照顾。

二 对鳏寡惸独之老授予田地并宽免赋税

古今中外对鳏寡惸独这一特殊老人人群称为弱势群体，中国古代称之为“天民之穷而无告者”。早在《礼记》中就有对鳏寡惸独老人的救助恤养，“少而无父者谓之孤，老而无子者谓之独，老而无妻者谓

---

① 《新唐书》卷五一，中华书局 1975 年版，第 1343 页。
② 《新唐书》卷五一，中华书局 1975 年版，第 1343 页。
③ 李秀立：《唐代孝文化初探》，硕士学位论文，山东师范大学，2011 年，第 34 页。
④ 郑显文：《唐代律令制研究》，北京大学出版社 2004 年版，第 19 页。

之矜，老而无夫者谓之寡。此四者，天民之穷而无告者也，皆有常饩。”① 从此中国古代的历朝历代都将养鳏寡惸独之老当作治国为政的重要思想予以高度重视。

唐五代时期沿袭和发展了以往授地而不课税这种养鳏寡惸独之老的思想和做法，这为这些老人的养老提供了基本的物质保障。如“老及笃疾、废疾者，人四十亩，寡妻妾三十亩，”②“若老及男废疾、笃疾、寡妻妾、部曲、客女、奴婢及视九品以上官，不课”。③ 唐玄宗（735 年）下诏：“免鳏寡惸独今岁税米。”④ 唐朝中期进行了税制改革，为减免鳏寡惸独不济者的负担，明确规定不向寡审独者征税纳入新的税收法令，“免鳏寡惸独不济者。敢有加敛，以枉法论。”⑤ 上述措施说明政府对鳏惸独不济者给予特别养恤。同时唐代法律还规定：“诸鳏寡孤独贫穷老疾，不能自存者，令近亲收养，若无近亲，付乡里安恤。如在路有疾患，不能自胜致者，当界官司收付村坊安养，仍加医疗，并勘问所由，具注贯属，患损之日，移送前所。”（《唐令拾遗·户令第九》中第三十七条）⑥ 综上所述，唐五代时期政府给鳏寡孤独之老的养老生活有了一定的保障，并给予了高度重视。

第四节　官员致仕养老

中国古代将政府官员的退休称为致仕，亦称致政，就是将权力交还于君王。《春秋公羊传》：“退而致仕。”致仕制度是中国古代职官管理制度的重要内容。官吏退休后的养老问题与致仕制度分不开，主要涉及致仕的年龄、待遇。

① 《礼记·王制》。

② 《新唐书》卷五一，中华书局 1975 年版，第 1343 页

③ 《新唐书》卷五一，中华书局 1975 年版，第 1343 页。

④ 《新唐书》卷五一，中华书局 1975 年版，第 138 页。

⑤ 《新唐书》卷五一，中华书局 1975 年版，第 1351 页。

⑥ ［日］仁井田陞：《唐令拾遗》，《东方文化学院东京研究所刊》，1933 年，第 256 页。

一　致仕制度的发展历程

根据汪翔研究，先秦时期对致仕的年龄进行了确定，标志着致仕制度萌芽。两汉时期官员致仕制度得以初步创立，其标志有两个方面，一是西汉元始元年，第一次有了诏令形式的明文规定："天下吏比二千石上年老致仕者，三分故禄，以一与之，终其身。"① 二是东汉朝廷首次将文献中养老礼的记载付诸实践。东汉永平二年，汉明帝"幸辟雍，初行养老礼，以李躬为三老，桓荣为五更"。礼毕，赐"三老五更皆以二千石禄养终厥"身。郑玄注曰："三老、五更，皆年老更事致仕者也；天子以父兄养之，示天下之孝弟也。"② 上述材料说明，官员致仕时初次举行养老礼，要参与乡饮酒礼，这对于古代养老和致仕来说是一项开创性举措，影响深远，为以后历朝历代所沿用。以上两点标志着致仕制度在汉代得到初步确立。③

魏晋南北朝时期，"七十致仕"第一次得到了制度层面的具体实施。正光四年，魏孝明帝下诏："新解郡县，或外佐始停，已满七十，方求更叙者，吏部可依令不奏。""若才非秀异，见在朝官，依令合解者，可给本官半禄，以终其身。使辞朝之叟，不恨旧于闾巷矣。"④ 从这里可以看出，魏时期以诏令的形式确定官员致仕年龄和致仕经济待遇，这与以前官员致仕靠"礼"的倡导或以官员的约束来实行相比，致仕制度获得巨大发展。

至唐代，因国力强盛，经济文化发达，致仕条件、致仕程序和致仕待遇等方面的致仕制度在前代基础上逐渐完善，并渐臻成熟，而且致仕制度不是以前主要以礼制自觉的行为而是依靠国家强制力执行，致仕也因此变得更加完善与规范。⑤

---

① 《汉书》卷一二《平帝本纪》。

② 《资治通鉴》卷四四《汉明帝永平二年冬十月》。

③ 汪翔：《唐代官员致仕研究》，博士学位论文，安徽大学，2016 年，第 8 页。

④ 《魏书》卷九《肃宗孝明帝本纪》。

⑤ 汪翔：《唐代官员致仕研究》，博士学位论文，安徽大学，2016 年，第 204 页。

二　致仕的条件和程度

对于致仕的年龄，中国古代官吏致仕最早记载的年龄是周代“大夫七十而致仕”①（《礼记正义·曲礼上》）。这一规定主要是考虑到人的自然属性。唐代沿袭这一规定：“旧制，年七十以上应致仕。”②唐开元二十五年规定：“大唐令，诸职事官，七十听致仕。五品以上上表，六品以下申省奏闻。诸文武选人，六品以下，有老病不堪公务、有劳考及勋绩情愿结阶授散官者，依。其五品以上，籍年虽少，形容衰老者，亦听致仕。”③这一令文明确了致仕条件和程度，既考虑了年龄问题，又考虑了身体状况。即唐代的职事官无论品级高低都可以致仕，但致仕年龄是七十岁；身体条件为：衰老的五品以上文武选人，虽年龄尚不足七十，亦可以致仕，六品以下老病不堪公务的文武选人，可依劳考、勋绩结阶授散官。④在唐代，官员在办理退休手续时有严格的审批程度，致仕程度为品级不同，致仕的审批不同，而且要先写出书面申请，有专门规定的政府部门及官员负责致仕的执行工作。致仕的程序为“五品以上上表”，直接上呈皇帝，“六品以下申省奏闻”。⑤这说明唐代官员退休根据品级的不同由皇帝和尚书省分别处理。官员退休后的管理则由中书省负责。⑥

三　致仕待遇

隋唐时期给退休官员的致仕养老待遇主要有经济待遇、政治待遇和生活待遇。官员生活最主要的经济来源是俸禄，包括俸钱、俸料、职田、禄米诸项。自古以来，封建王朝对致仕养老的官吏一般会采用

---

① 《十三经注疏》，中华书局 1980 年版，第 1232 页。

② 《唐会要》卷六七《致仕官·旧制》。

③ 杜佑：《通典》卷三三，中华书局 1988 年版，第 925 页。

④ 盛会莲：《试析唐五代时期政府的养老政策》，《浙江师范大学学报》（社会科学版）2012 年第 1 期，第 38—48 页。

⑤ 盛会莲：《试析唐五代时期政府的养老政策》，《浙江师范大学学报》（社会科学版）2012 年第 1 期，第 38—48 页。

⑥ 韩琮：《唐代致仕制度初探》，《人才资源开发》2010 年第 7 期，第 108—109 页。

终身食俸，颐养天年。官员致仕养老待遇是由致仕资格决定的，这是官员养老的根本保障。历朝历代，致仕俸禄多与少，是根据官吏的品级、功劳大小来决定的。致仕待遇中最重要的一项是给禄料，目的在于“惠养老臣也”。①

经济待遇。唐代给予致仕官员的俸禄一般以粟、米等粮食的形式发放，又称禄米；俸料一般包括月俸钱、食料、杂用、课钱四部分，以货币的形式发放，月俸钱用于官员购买粮食之外的生活必需品，食料用于官员工作餐和个人生活，杂用用于官员自备工作所需的物品，课钱即防阁（五品以上官员的官给力役）、庶仆（六品以下官员的官给力役）的代役钱。在官员俸禄收入各项内容中，俸禄、俸料两者最为重要，且与致仕官员有着直接的联系。② 唐代对致仕的五品以上官员给半禄：“大唐令，诸职事官年七十、五品以上致仕者，各给半禄。”③ 这一令文对给俸禄的致仕者有三个限定：一是职事官，二是年七十，三是五品以上。所给俸禄是半禄，即本禄之半。④ 此外皇帝有巡幸、庆典时给予致仕官员许多钱、物方面的赏赐，这些赏赐在一定程度上成为致仕官吏养老的又一物质来源。从上述可知，隋唐时期官员致仕享受的经济待遇比较高的，完全能满足养老的物质需求。

政治待遇。官员在位时为国家和社会一般来说还是做出了一定的贡献的，且也拥有丰富的管理经验，享受比较高的地位和身份。为了避免退休后失去荣誉权力的官员无法适应养老状态，朝廷给予官员致仕时优厚政治待遇。主要有赠予致仕官员一定的官阶、加官阶致仕、朝参等。唐代法律还规定，致仕官法律上与职事官相同待遇。

养老生活待遇。官员致仕后，在政治待遇和经济保障外，朝廷还对致仕官在生活上提供马匹、轻车、公乘等具有救恤性的养老待遇，

---

① 王溥：《唐会要》卷六七，中华书局 1955 年版，第 1175 页。

② 汪翔：《唐代官员致仕研究》，博士学位论文，安徽大学，2016 年，第 76 页。

③ 杜佑：《通典》卷三五，中华书局 1988 年版，第 968 页。

④ 盛会莲：《试析唐五代时期政府的养老政策》，《浙江师范大学学报》（社会科学版）2012 年第 1 期，第 38—48 页。

以便其安享晚年生活，而且还派人存问，带去精神上的抚慰。致仕官死后也给予恩荣。隋唐时期对致仕官员的安排比较周全，不仅给予禄料保障其生活所需，而且保障老病或精力衰退而致仕者能够得到生活照料。

综上所述，隋唐五代时期，致仕制度更加规范完善，致仕程序、管理、待遇方面的规定比以前历朝历代亦更为具体和详细，制度设计也更人性化。政府给予致仕官员养老待遇大为拓展，涵盖了政治、经济、生活、身后四个方面，官员致仕正常的半禄或半禄料，但对家境困窘的致仕官，往往给全俸禄，保障了养老的基本需要。

第五节　孝行旌表

孝行旌表是朝廷对孝行卓著之人给予物质或荣誉方面的奖赏，是一种道德运行机制。一个人若能得到皇帝的孝行旌表，既是个人的荣誉，更能让老人精神得到慰藉，一个家庭感到幸福。孟子认为："道在迩而求诸远，事在易而求诸难，人人亲其亲，长其长，而天下平。"① "老吾老，以及人之老；幼吾幼，以及人之幼：天下可运于掌"，② 人人敬爱自己的父母，奉养自己的长辈，整个社会形成尊老爱幼的风尚，这既可以解决养老的社会问题，而且能统一并治理天下，使天下稳定。③ 因此历代统治者积极开展孝行旌表，正确引导民众养老敬老是维护人伦道德和社会秩序的重要途径，是一种积极的治国思想和策略，同时孝行旌表还可推行养老教化、引领社会风尚的重要方式，在保障家庭养老、维护社会稳定、推动礼制发展等方面发挥着巨大作

① 李学勤：《十三经注疏·孟子注疏》卷七《离娄章句上》，中华书局 1975 年版，第 200 页。

② 李学勤：《十三经注疏·孟子注疏》卷一《梁惠王章句上》，中华书局 1975 年版，第 21 页。

③ 张君：《唐代家庭养老的社会基础及制度保障》，硕士学位论文，烟台大学，2014 年，第 14 页。

用。古代中国制度体系包括政治制度、经济制度、科举制度、法律制度、旌表制度等。其中的法律制度属于惩罚类制度，旌表制度属于奖励类制度。① 历代王朝旌表主要奖赏忠臣、孝子、义夫、节妇四类表现突出的人。本节主要研究奖励孝子这个方面。

旌表在先秦萌芽，如大禹治水受到舜的嘉奖等，这只是一种现象但还没有形成一种制度。如《尚书·毕命》记载："旌别淑慝，表厥宅里，彰善瘅恶，树之风声"，《晋书·郑袤传》："旌表孝悌，敬礼贤能。"

旌表制度在汉代得到初步确立，出现了对孝行卓著人物的专门记载，但这一时期倡导"以孝治天下"，旌表的对象以孝子为主，同时也奖赏其他行为。《后汉书·百官志》记载了孝悌、贞节、义夫等旌表对象，为后来旌表范围提供了典范，但两汉时期并未形成旌表活动的标准。

魏晋南北朝时期基本继承了汉代旌表制度当中旌表对象的主要成分，并有所发展。其一，扩大了旌表范围。出于政治和社会稳定的考虑，统治者十分重视对孝行与忠义的旌表，同时发展了旌表的范围，累世同居首次成为旌表类别。其二，扩充了奖励方式，如在元嘉四年对严世期的义行予以免徭役、税负的表彰。②

隋唐时期是古代旌表制度发展的重要阶段，在承袭汉代以来孝行旌表方式的基础上，结合当时政治的需要不断地发展，对于养老行孝的奖励，形成了程序比较完备、体系较完善的旌表孝行制度，在旌表方式上操作具体且多样化，也是旌表由教化风俗向道德约束转变的关键时期。往后各朝代基本沿袭唐代的旌表孝行制度。

唐政府多次旌表激励孝子贤孙。如唐太宗下诏："其孝义之家，赐粟五石。高年八十以上，粟二石。九十以上三石。百岁加绢两匹"（《赐孝义高年粟帛诏》）③。永淳年间："孝子、顺孙、义夫、节妇、

① 王倩倩：《唐代旌表制度研究》，硕士学位论文，山东师范大学，2013 年，第 10 页。
② 《南史》卷七三《列传第六十三·孝义》，中华书局 1975 年版，第 1803 页。
③ 《全唐文》卷五，中华书局影印本 1983 年版，第 59 页。

表其门闾，终身勿事。”① 那么旌表孝行的缘由是什么呢？

旌表孝行主要的原因就是统治者希望通过树立孝行典范，以达到敦化社会风气、稳定政权的需要。唐朝十分注重以孝治天下，历代帝王高度重视孝行旌表，并在奖赏范围上不断扩大。唐高祖武德二年五月诏云：“民禀五常，仁义斯重，士有百行，孝敬为先。自古哲王，经邦致治，设教垂范，莫尚于兹。叔世浇讹，民多伪薄，修身克己，事资诱劝。朕恭膺灵命，临驭遐荒，愍兹弊俗，方思迁道。雍州万年县乐游乡民王世贵，孝性自天，力行无怠，丧其所怙，哀毁绝伦，负土成坟，结庐墓侧，盐酪之味，在口不尝，哭泣之声，感于行路。安福乡民宋兴贵，立操雍和，主情友睦，同居合爨，累世积年，务本力农，崇谦履顺，弘长名教，敦厉风俗。宜加褒显，以劝将来，可并旌表门闾，蠲免课役，布告天下，使明知之”（《旌表孝友诏》）。② 可见，唐代旌表，首先是孝其次才是“叔世浇讹，民多伪薄”。③ 而且唐代以孝悌受到朝廷旌表的人多以平民为主，这说明受表彰人物身份比较广泛。《新唐书·孝友传》中以“事亲居丧孝著至行者”受旌表载明于册的 153 人，以孝悌和睦受旌表的“义门同居” 38 家。④ 再次是实现伦理与政治统一。唐太宗于贞观三年四月颁布《赐孝义高年粟帛诏》：“百行之本，要道维孝；一言终身，恕而已矣。”即使天下安定，亦要提倡“百善孝为先”，希望将伦理统一于政治之中，构建一个尊长恤幼、等级分明的有序社会。⑤

孝行旌表的类型与旌表方式。《孝经》：“孝子之事亲也，居则致其敬，养则致其乐，病则致其忧，丧则致其哀，祭则致其严。五事备矣，然后能事亲。”⑥ 这段话从居、养、病、丧、祭五个角度界定了

① 王钦若：《册府元龟》卷五九《帝王部·兴教化》，中华书局 1960 年影印本，第 662 页。

② 《全唐文》卷一《旌表孝友诏》，中华书局 1987 年版，第 24 页。

③ 高爽：《唐宋时期孝行旌表研究》，硕士学位论文，辽宁大学，2017 年，第 6 页。

④ 王倩倩：《唐代旌表制度研究》，硕士学位论文，山东师范大学，2013 年，第 26 页。

⑤ 张君：《唐代家庭养老的社会基础及制度保障》，硕士学位论文，烟台大学，2014 年，第 14 页。

⑥ 汪受宽：《孝经译注》，上海古籍出版社 2004 年版，第 53 页。

孝的内涵。因此，唐五代时期结合孝子事亲的这五个方面对孝行旌表分为赡养父母型、庐墓居丧型、割股奉亲型、累世同居型四大类。① 其中赡养父母型和累世同居型是最主要的两种旌表类型。据《新唐书》《旧唐书》中的记载统计，唐代因“事亲居丧孝著至行者”受旌表的达 153 人，“数世同居”有 36 家。②

赡养父母是子女尽孝所应遵守的最根本原则和最基本的行为，因此善养父母型是旌表最多的类型。其次是累世同居型。累世同居是几代人同居共财，共同生活组成一个大家族，是中国传统社会的一种特殊家庭模式。大家族成员以血缘为纽带，以家训、家规为基本遵循，子孝父慈，兄友弟恭，和睦友善，从而造成大家族团结和谐，这成为稳定地方社会秩序最有效的组织形式，③ 是历代王朝统治者推行社会教化的重要方式。累世同居型旌表，若某家被成功举荐为“孝义之门”，其同籍的家人便可享受终身免除赋役的待遇。如开成三年（838）有“户部侍郎李珏奏庐州舒城县太平乡百姓徐行周，叔伯兄弟五代同居，请免其同籍户税，从之”，④ 由此可见，唐代比较重视旌表奖赏累世同居类型，并免除尽孝之人的赋税。⑤ 中国古代家庭是理所当然地成为养老的经济承担者，旌表奖赏累世同居，鼓励同籍共居，建立起一道阻止分家析产的道德堤坝，这有利于为老年人尽孝养老，保障了老年人的经济生活，也满足了老年人晚年生活的情感需求，更为老年人家庭养老提供了人力资源的供给保障。

旌表是一种代表最高皇权对被旌表者行为的高度评价和特殊表彰，是最高的一种是荣誉形式。唐代律令对有资格受到旌表的孝子有严格的规定。《唐开元户部格》记载：“其孝必须生前纯至，色养过人；殁后孝思，哀毁逾礼。神明通感，贤愚共伤；其义必须累代同居

---

① 高爽：《唐宋时期孝行旌表研究》，硕士学位论文，辽宁大学，2017 年，第 7 页。

② 李秀立：《唐代孝文化初探》，硕士学位论文，山东师范大学，2011 年，第 23 页。

③ 高爽：《唐宋时期孝行旌表研究》，硕士学位论文，辽宁大学，2017 年，第 9 页。

④ 《册府元龟》卷一四〇《帝王部·旌表四》，中华书局 1983 年版，第 1696 页。

⑤ 张君：《唐代家庭养老的社会基础及制度保障》，硕士学位论文，烟台大学，2014 年，第 21 页。

……州县亲家案验，知状迹殊尤，使覆同者，准令申奏。得其旌表者，孝门复终孝子之身，义门复终旌表时同籍之人。”① 那么根据这四个类型采取什么方式旌表呢？一般采取两种方式进行奖赏：一种荣誉型旌表，以荣誉称号、奖章和表扬等奖赏形式。其中荣誉型旌表里，旌表门闾是朝廷对针对孝子顺孙的百姓进行旌表的最主要方式，另外还改里门或名其所居、刻石立碑、图画形象、编入国史等形式。当然若旌表对象能编入国史、载入史册，就是流芳千古、世代相传了，让精神真正的永垂不朽，这是最高的荣誉旌表。另一种是功利型旌表，奖赏实物，皇帝赐以勋官或赐财物、免赋役等。如《唐六典》卷二《尚书吏部》“司勋郎中员外郎”条有云：“凡孝义旌表门闾者，出身从九品上叙。”② 即对因孝义旌表门闾者，最低授予九品出身。另外赐以财物、免于赋役。贞观三年（629）四月诏曰：“其孝义之家，赐粟五石，高年八十以上，赐粟二石，九十以上三石，百岁加绢二疋。”

隋唐时期对孝子的旌表形式虽然以上述两种方式为主，但也是多种多样的。有的是单纯的荣誉型旌表，有的荣誉旌型表与功利旌型表相结合，但总的来说，隋唐时期的旌表制度强调以荣誉型旌表为主、功利型旌表为辅的激励机制，这种激励方式为家庭养老顺利实施、全社会尊老敬老良好风尚的形成提供了精神动力。

第六节　《唐律疏议》中的养老敬老思想

一　《唐律疏议》及其地位

《唐律疏议》原名《律疏》，又名《唐律》《永徽律疏》，唐刑律及其疏注的组合，共三十卷，吸取自魏晋以来制定法律及注释的经验，对主要的法律原则和制度做了精准的注释，引用儒家经典，作为

① 转引自冻国栋《中国中古经济与社会史论稿》，湖北教育出版社 2005 年版，第 241 页。

② ［日］仁井田陞著，栗劲等译：《唐令拾遗》，《日本东方文化学院东京研究所刊》，1932 年印行，中国唐史学会复印本，第 22 页。

律文的理论依据，对唐律502条律文逐条注释，设问析疑。《唐律疏议》是为了协调各级司法机关实施和解释条文等方面缺乏统一标准而制定的司法解释。在中国的现存封建刑事法典中，《唐律疏议》是最早且最完整的，这部法律标志着中国古代立法的最高水平。

《唐律疏议》对唐以后的历代王朝都产生了深远的影响，在中国法制史上占有举足轻重的地位。无论是思想、原则、内容还是文本形式，《唐律疏议》都继承了历代立法的成果，在此基础上又有所创新和发展，以“一准乎理，而得古今之平”而闻名，形成了完备的封建法律形态，不仅对唐代的发展起到了推动作用，而且也促进了封建法制的发扬，为后世留下立法的蓝本。

唐律不仅促进了当时及后世法律的修订和发展，而且成为东南亚各国封建立法的源泉。《大宝律令》是日本最早参考唐律修订的法典，朝鲜的也有借鉴，越南的《刑法》《国朝刑律》也是“遵用唐宋之制”。

二 《唐律疏议》中养老敬老思想产生的渊源和社会背景

（一）《唐律疏议》养老敬老思想产生的渊源

孝道伦理历史悠久，《唐律疏议》中有关养老的规定是以历代法律的经验成果为基础，逐步形成的。

夏商时期，不孝定为法定的罪名，违者将受到严惩。夏代的法律中已经有了不孝罪，商代继续沿用。西周对孝更为注重，制定了不孝不友罪，并把“不孝不友”视为首恶之罪。春秋战国时期的社会处于动态状态，各种制度逐渐遭到破坏，人们之间的亲情丧失，孝道思想也受到了极大的挑战，社会矛盾急剧扩大。为了维护封建统治，儒家倡导“孝”的道德规范。

秦律沿用“惩治不孝”罪，并制定的相应的处罚措施。如，《睡虎地秦墓竹简》中说：“免老告人以不孝，谒杀，当三环之不？不当还，亟执勿失。”① 西汉初期，统治者继承秦制，总结秦朝兴衰的经验和

① 睡虎地秦墓竹简整理小组：《睡虎地秦墓竹简》，文物出版社1978年版，第195页。

教训，继承了秦律中有关不孝的法律条文。西汉中期，董仲舒提出“罢黜百家，独尊儒术”，从而儒学成为治国理政的纲领和指导思想，将行孝与选官结合起来，还创立了首匿父母法。

魏晋南北朝时期，“以孝治天下”仍是立法的指导思想。《北魏律》首次把“存留养亲”写入法律；曹魏的法律也规定了在五刑之罪中，最严重的就是不孝；《晋律》首次开创了“准五服以治罪”的制度；《北齐律》是中国法制史上第一次比较全面制定了从严处罚的“重罪十条”之规定，其中就有不孝罪。

隋朝建立后，隋炀帝总结以前历朝的立法思想与经验，制定了“新律”，即《开皇律》。《开皇律》以《北齐律》为基础进行创新和改进修订，并以“刑网简要，疏而不失”著称，① 成果较明显，为唐律提供了样本。

综上所述，古代中国经历了一个漫长的发展过程，政治、经济、思想文化等都会有一定的变化。及至唐朝建立，君主专制又迎来了一个新的高潮，设施、制度等都日益完善、越发成熟。受儒家思想的影响，礼法融合成为法律的特征，尊老敬老的法律法规也不断完备、有序实施。

（二）《唐律疏议》养老敬老思想的社会背景

唐朝是封建社会的鼎盛时期，立法上也取得了巨大的成就，《唐律疏议》作为唐律的核心部分，也是中国封建法律体系的缩影。《唐律疏议》中的养老敬老思想，既是立法高度一体化的重要体现，也是孝法一体化在唐代政治、经济、文化发展中的重要体现。

1. 政治上：以孝治天下，倡导孝行

经过长期的战乱，及至唐朝实现了国家统一，社会稳定。国家统一、政局稳定，社会生活才得以稳定，纲常名教、道德秩序才能得以整顿和发扬。唐初，百废待兴，为了统一思想、巩固政权，统治者一

① 张双双：《〈唐律疏议〉孝道法律化研究》，硕士学位论文，湖南师范大学，2017 年，第 12 页。

方面，极力宣扬儒家伦理思想，大力提倡忠君孝节义、礼义廉耻，宣扬“忠”“义”价值观，强调以德化民，发挥道德规范调节社会的重要作用，以此来规范人们行为；另一方面，极力倡导和建设家庭道德、宗法道德，维护家庭和社会稳定。

唐朝统治者大力宣扬“孝”的观念，极力推崇《孝经》，唐玄宗曾亲自为之作注，令元行冲为之作疏，书成之后颁布天下及国子学。对于孝敬父母长辈的典型人物，给予高度的褒扬和奖励，其中孝行尤为突出的还可能得到皇上的亲自嘉奖和恩典。

2. 经济上：农耕为主，经济繁荣

封建社会是自给自足的小农经济社会，生产劳动是以家庭为单位进行的，这就决定了家庭在社会中发挥重要作用。同时，家庭也是人们活动的主要场所，人们对家都有着强烈的依赖感。① 唐朝建立，汲取隋朝两世灭亡的悲惨教训，积极发展经济，恢复社会秩序，促进国家经济复苏、政治发展，人们安居乐业。唐太宗在位期间，改革经济制度，执行了一套省刑薄赋、与民休养生息的法律和政策，促进经济迅速恢复和发展，开创了“贞观盛世”，为这一时期的道德生活提供了坚实的物质基础。

3. 文化上：孝文化兴盛，孝道深入人心

唐代，是一个辉煌的王朝，也是文化发展最为辉煌灿烂的时期之一。政局稳定和经济繁荣促进了唐代思想文化的迅速发展，并取得了一定成就。第一，推动经学发展，儒学经典的整理和注释在这个时期尤为繁盛，留下了许多直至如今仍为人们研究儒学和经学重要参考文献。例如，陆德明的《经典释文》、孔颖达的《五经正义》。第二，取消自汉以来实施“独尊儒术”的治国理念，转为实行儒、释、道三教并用的国策。唐太宗在位时，既大力倡导儒学，同时也重视儒、道二教的宣传，② 以教化民众，维护社会稳定。除此之外，普及《孝

① 张双双：《〈唐律疏议〉孝道法律化研究》，硕士学位论文，湖南师范大学，2017 年，第 14 页。

② 张双双：《〈唐律疏议〉孝道法律化研究》，硕士学位论文，湖南师范大学，2017 年，第 15 页。

经》，使其在学校、选官、科举中都占有重要内容。

唐朝，统治者实施的孝治措施，不但丰富了唐代自身的孝文化，使孝文化深入人心，同时也极大地促进了中国古代孝文化的繁荣兴盛。

三 《唐律疏议》中养老敬老思想的体现

在中国法律史上，唐代是一个十分重要的时期，而《唐律疏议》是唐代仅存的一部法律文献，是唐代法律的集大成之作，是中国封建时期法律的典范，且其中有许多条文规定涉及有关老年人的问题。下面仅就养老敬老方面的问题对《唐律疏议》中的条文规定进行分析和探究。

（一）政治上的养老优待法令

1. 版授高年

所谓“版授高年”，就是唐政府将一些没有实质权利象征荣誉的官职授予高龄老者，以此来表达国家的对老年人的优待和尊重。“版”为“板”，代表了一种木版，“版授”也就是“假版授官”。

《唐律疏议》规定：“假版授官，不着令、式，事关恩泽。”① 可见，国家授予这些老年人的官职与政府中的正式官员是不同的，他们没有实权，只是一种身份的象征，其实质就是国家给予的一种政治荣誉，以此来表达对平民老年人的厚爱与尊重。在唐代，版授散官、版授高年的活动是较为常见的，一般是按年龄来划分，年龄越大赐予的官职就越高。虽然授予的官职只是一种象征性的荣誉，获得授官的老年人没有获得实质性的政治权力和应有的政治地位，但是老年人可以凭借此称号，在生活上得到政府特殊照顾。除了对年事已高的老人版授官职，国家还通过赐几杖来表现尊老敬老。这些措施使得老年人的社会地位明显得到了提高，敬老、尊老的社会风气不断得到提高。

---

① 夏炎：《论唐代版授高年中的州级官员》，《史学集刊》2005 年第 2 期，第 40 页。

2. 侍亲原则

侍亲原则主要指官员必须回家照料年迈而无人侍奉或生病的家长。唐律对于离亲赴任的情况做出了如下处理。

《唐律疏议》中规定："祖父母、父母老疾无侍，委亲之官；即妄增年状，以求入侍及冒哀求者，徒一年。"①

［疏］议曰："祖父母、父母老疾，委亲之官，谓年八十以上或笃疾，依法合侍，见无人侍，乃委置其亲，而之任所。"②

从上文可知，唐律规定了如果父母老疾，身边无人照顾，就应弃官侍养。同时，唐律中的规定并不是僵死，也有灵活的变通之处，但最主要的还是为统治者服务。朝廷也有其他规定：首先，文韬武略、满腹经纶、朝廷急需的人才不受此律的约束，可"令带官侍"。其次，任官后，都须请求解管侍养老疾的父母，由朝廷决定是令带官侍，还是解官侍亲，否则就是犯了"父母老疾无侍，委亲之官"之罪，按唐律规定，要判处一年的徒刑。此外，唐政府对父母年老而在外任官的子女采取特殊政策，除了皇帝特许的"令带官侍"，还可以"移官就样"，即子女可以就近为官，以方便照养父母。

总之，唐政府在处理官员侍亲的问题上，既有严格规定，也有灵活变通。严惩"离亲赴任"而提倡"移官就养"，维护亲情，礼遇老者，旨在于在全社会形成尊敬老者的风气，成孝子之心，惩不孝逆行。同时，"移官就养"这也是礼遇高年的一种形式，体现了政治对老者的礼让，亦表达了国家以法律的形式推崇人伦之情和孝悌之义，实现老有所养。

3. 丁忧制度

所谓"丁忧制度"，就是当知道祖父母、父母等长辈去世时，在外地任职的官员必须马上辞官回家奔丧以及服丧的制度。

官员"闻父母丧"必须解职守丧，否则就犯了"匿不举丧"之罪，判处"流二千里"的刑罚，《唐律疏议》中第 120 条规定"诸闻父

① 长孙无忌等撰，刘俊文点校：《唐律疏议笺解》，中华书局 1999 年版，第 206 页。

② 长孙无忌等撰，刘俊文点校：《唐律疏议笺解》，中华书局 1999 年版，第 206 页。

母……之丧，匿不举哀者，流二千里……闻期亲尊长丧，匿不举哀徒一年……”[①] 闻家庭尊长丧，“匿不举哀”，判处一年的徒刑。《唐律疏议》第383条规定：“诸父母死应解官，诈言余丧不解者，徒二年半。若诈称祖父母、父母及夫死以求假及有所避者，徒三年；伯叔父母、姑、兄姊，徒一年；余亲，减一等。”[②] 现任官员在知道父母丧亡之后，隐瞒消息不辞官奔丧，判处二年徒刑；祖父母、父母死亡后，匿而不举丧，判处三年徒刑；叔伯姑婶等亲属，判处一年徒刑。这些法律条文不仅规定了父母丧亡时期、子女应尽的责任和应有的哀悼，还规定了其他尊亲属丧亡时，也应尽的责任和义务，甚至扩大到五服以内的卑幼亲属。

任职的官员除了“闻父母丧”要解官哀丧，还要遵循守丧制的要求。《唐律疏议》规定：“诸居父母及夫丧而嫁娶者，徒三年妾减三等。各离之。知而共为婚姻者，各减五等不知者，不坐。若居期丧而嫁娶者杖一百，卑幼减二等妾不坐。”“凡祖父母、父母被囚禁而嫁娶者死罪，徒一年半流罪，减一等徒罪，杖一百祖父母、父母命者，勿论。”[③] 在职官员为父母服丧期，如果“丧制未终，释服从吉，若忘哀作乐（自作、遣人等），徒三年；杂戏，徒一年；即遇乐而听及参预吉席者，各杖一百”。[④] 在为期亲尊长守丧期间“丧制未终，释服从吉，杖一百。大功以下尊长，各递减二等。卑幼，各减一等”。[⑤] 在父母及夫的丧期内，擅自婚娶，举行娱乐活动，或者脱去丧服改穿吉服都会受到不同程度的处罚，按封建之礼，在丧礼中，以父母、丈夫的丧礼最为重要。唐律中的丧礼规定，在子孙的心中牢牢记住了家族长者的神圣的尊严，这也正是维护封建礼教、确立封建家庭法的基础。

---

① 长孙无忌等撰，刘俊文点校：《唐律疏议笺解》，中华书局1999年版，第204页。

② 长孙无忌等撰，刘俊文点校：《唐律疏议笺解》，中华书局1996年版，第472页。

③ 长孙无忌等撰，刘俊文点校：《唐律疏议笺解》，中华书局1996年版，第257—258页。

④ 长孙无忌等撰，刘俊文点校：《唐律疏议笺解》，中华书局1996年版，第204页。

⑤ 长孙无忌等撰，刘俊文点校：《唐律疏议笺解》，中华书局1996年版，第204页。

4. 官员致仕

“致仕”就是现在说的退休。在中国古代，由于年龄渐长身体状态不能继续任职的官员，辞职告老还乡养老的制度，称之为致仕制度。

《唐律疏议》规定：“诸以理去官，与见认同。”［疏］议曰：“谓不因犯罪而解者，若致仕、得替、省员、废州县之类，应入议、请、减、赎及荫亲属者，并与见任同。”① 年轻时官员为国效力，退居养老后国家也会给予丰厚的优待，保障官员能够安度晚年。除此之外，官员退休还能荫佑子女。如，五品以上的致仕官员可以使其一名子女直接为官，而不用通过科举等考试。虽然这种“致仕荫补”的制度任职的官员一定程度上没有通过科举的人才能干，但它也不失为一种拉拢人才、稳定政局的有效手段。唐朝，官员致仕退居养老的年龄基本沿用了旧制，“诸职事官七十听致仕”，即以七十岁作为官员退休的界限。但是，唐代除了沿用以往七十岁致仕的年龄界限，又规定了身体条件。唐律规定：如官员已到致仕年龄而身体硬朗者可继续为国效力，任职不退；但未到七十已是垂暮之态，应主动辞官。由此可见，唐朝的致仕条件以官员的身体情况为实质条件，以年龄为形式条件，并非严格地按照年龄要求官员致仕，具有一定的变通性，更为人性化。

综上所述，唐代统治者实施的一系列对致仕官员给予优待的政策和措施，不仅是对官员致仕之前为国效力的赏赐，也是国家为了保证致仕官员的家庭地位，使其能够安度晚年。此外，致仕制度可以有效地让体力不济的官员退居养老，从而有效保证官员队伍的正常更替，从而保证官僚机构的高效运行。同时，也给致仕官员一个安慰舒适的老年生活，而统治者也可以展示自己的仁德，形成尊重老者、崇尚贤能的风气，教化百姓，使他们遵从伦理纲常。

① 长孙无忌等撰，刘俊文点校：《唐律疏议笺解》，中华书局1996年版，第40页。

（二）经济上的养老保障措施

中国古代，祖父母、父母等家庭长者在家族中享有崇高的地位，不仅有伦理道德上的支撑，还有从法律上确保父母享有的经济基础的各项举措。

1. 别籍异财

所谓别籍异财，就是指祖父母、父母尚在或去世，子女就私自另立门户，分割家产，或者父母在世时私行存钱的不孝行为。

《唐律疏议》中第 155 条规定："诸祖父母、父母在，而子孙别籍、异财者，徒三年。别籍、异财不相须，下条准此。若祖父母、父母令别籍子孙妄继人后者，徒二年；子孙不做。"① 第 156 条规定："诸居父母丧生子及兄弟别籍、异财者，徒一年。"② 父母尚在或辞世后，子孙另立门户，这是对家族长者的极大不敬，破坏了社会伦理纲常。通过法律的强制性规定，无论父母是否在世，子女都不得分割财产，这就保证了尊长对家庭财产的控制权。尊重亲属对整个家庭财产的绝对支配，以此为基础，最终以法律的形式确立了父系家长制。

2. 赋役减免

赋役是赋税和徭役的合称，在封建社会，赋税是官府财政的主要来源之一，徭役则为国家提供了无偿劳动力，保障国家赋税的收入，巩固政权。为了确保赋役的征收，国家都会制定严苛的赋税制度，对于抗税的行为严惩不贷。唐代也执行严厉的赋税制度，《唐律疏议》卷二十八《捕亡律》规定："诸夫、杂匠在役及工、乐、杂户亡者，一日笞三十，十日加一等，罪止徒三年。主司不觉亡者，一人笞二十，五人加一等，罪止杖一百故纵者，各与同罪。即人有课役，全户亡者，亦如之……其里正及监临主司故纵户口亡者，各与同罪。"③《唐律疏议》卷十二《户婚律》还规定："脱口及增减年状，以免课役者，一口

① 长孙无忌等撰，刘俊文点校：《唐律疏议笺解》，中华书局 1996 年版，第 236 页。
② 长孙无忌等撰，刘俊文点校：《唐律疏议笺解》，中华书局 1996 年版，第 236 页。
③ 长孙无忌等撰，刘俊文点校：《唐律疏议笺解》，中华书局 1996 年版，第 1981 页。

徒一年，二口加一等，罪止徒三年。……诸里正及官司，妄脱漏增减以出入课役，一口徒一年，二口加一等。赃重，入己者以枉法论，至死者加役流入官者坐赃论。”① 从这些规定中可知，不管是何种方式，只要是逃避课役，那么逃避者家庭及其成员都要遭受法律的严惩。同时，对监管的官吏也要追究一定的法律责任。从逃避课役的惩罚力度之重，可见国家对赋役征收之重视。

唐代虽然对赋役的征收十分严格，但为了以孝治天下，还是出台了一些特殊政策以减轻老年人课役负担，以鼓励孝行。这一方面的规定主要有：“庶人年五十以上，若宗姓，并免役输庸。其应庸用者，亦不在杂徭及点防之限。”② “（开元二十五年）诸户，计年将入丁老疾，应征免课役及给侍者，皆县令貌形状，以为定簿。”③ 此外，还有对年迈的官员授予田土的规定等，无一不体现了在经济上给予老人的一定优待。

3. 财产支配

由于长者在家族中具有神圣的崇高地位，自然也就具有了家族财产的支配权。法律规定，即使家族中的成员已经成年置业，也不可拥有自己的财产。《唐律疏议》称家中财产为“当家财产”“本家财产”“已家财产”，还提到“盖本家财物，卑幼亦所应有者”等，表明家产是包括尊长卑幼的财产，家产也可以称之为“父亲的东西”。

《唐律疏议·户婚》规定：“诸同居卑幼，私辄用财者，十匹笞十，十匹加一等，罪止杖一百。即同居应分，不均平者，计所侵，坐赃论减三等。［疏］议曰：凡是同居之内，必有尊长。尊长既在，子孙无所自专。若卑幼不由尊长，私辄用当家财物者，十匹笞十，十匹加一等，罪止杖一百。”④ 这些条文表明，家中卑幼没有私自使用家

① 长孙无忌等撰，刘俊文点校：《唐律疏议笺解》，中华书局 1996 年版，第 915、929 页。

② 中国社会科学院历史研究所、天一阁博物馆整理：《天一阁藏明钞本天圣令校正》，中华书局 2006 年版，第 272—273 页。

③ ［日］仁井田陞著，栗劲等译：《唐令拾遗》，长春出版社 1989 年版，第 151 页。

④ 长孙无忌等撰，刘俊文点校：《唐律疏议笺解》，中华书局 1996 年版，第 241 页。

中财产的权利，如果私自动用或者偷盗，将被严惩。此外，法律也禁止父母尚在时子女分割家财，否则处以徒刑。由此可知，法律赋予了家长极高的财产控制权，同时对子女的冒犯之处严加惩处。

在中国封建社会，财产的支配是家庭经济关系的核心。法律保障家长在家庭中对财产的绝对支配，也就取得了对家庭成员的支配资格，不但保障了老人生活的经济基础，而且也可满足其情感上的需要。

（三）生活上的稳定举措

1. 供养有阙

供养有阙，指子女对祖父母、父母赡养不周，没有尽到应尽的义务，以及侍养没有采取合适的方式方法。

《唐律疏议》中第 348 条规定："诸子孙违犯教令及供养有阙者，徒二年谓可从而违，堪供而阙者，须祖父母、父母告乃坐。疏文中说祖父母、父母有所教令，于事合宜，即须奉以周旋，子孙不得违犯，及供养有阙者。"① 子女孝养父母，不仅仅是保证他们基本的饮食，还要养其色，遵循父母的命令。而对于那些逃避赡养义务的不孝之徒，长辈则可以向官府控告他。

此外，对于不同家境赡养父母的要求，《唐律疏议》也有说明："礼云'七十，二膳；八十，常珍'之类，家道堪供，而故有阙者：各徒二年。""家实贫困窭，无由取给：如此之类，不合有罪。"② 对那些条件优越、吃美味佳肴的家庭，不为父母提供这样的饮食，实为侍养不周，判两年徒刑。而对于家境贫寒无力供养父母者，不受此规定限制。赡养父母是子孙的义务，但是养亲仅仅是儒家伦理道德中的最低要求，还要使父母身心愉悦，养其色，以敬之。

2. 存留养亲

存留养亲，指"对于犯死刑、流刑等重罪人犯，家中尚有待其

---

① 长孙无忌等撰，刘俊文点校：《唐律疏议笺解》，中华书局 1996 年版，第 437 页。

② 长孙无忌等撰，刘俊文点校：《唐律疏议笺解》，中华书局 1996 年版，第 472 页。

颐养天年的直系血亲，在执行刑罚时，法律特许死刑犯人‘侍亲缓刑’、流刑犯人‘权留养亲’，等到年老的直系血亲死后，始令罪犯依律服刑的一种制度”。① 这项制度执行主要为了避免老年人在子孙犯下流刑、死刑等重罪时立即执行，而没有人照顾养老的困境，因此，唐律中规定“存留养亲”制度，这有利于更合情合理地解决养老问题。

《唐律疏议》规定：“诸犯死罪非十恶，而祖父母、父母老疾应侍，家无期亲成丁者，上请。犯流罪者，权留养亲，不在赦例，调课依旧。若家有进丁及亲终期年者，则从流。计程会赦者，依常例。即至配所应侍，合居作者，亦听亲终期年，然后居作。”② ［疏］议曰：“谓非‘谋反’以下、‘内乱’以上死罪，而祖父母、父母，通曾、高祖以来，年八十以上及笃疾，据令应侍，户内无期亲年二十一以上、五十九以下者，皆申刑部，具状上请，听敕处分……会赦犹流者，不在权留之例。其权留者，省司判听，不须上请。”③

如上所述，唐律对留存养亲制定了周详的条件：一是罪犯犯的不能是十恶不赦的死罪；二是罪犯家中必须有“老”或“疾”的长辈；三是无亲戚、成年者。同时，律文对留养实行的过程中可能出现的变化也做了较为详细的规定。从这里我们可以看出，留养制度是为了罪犯家中“老”“疾”的直系亲属设置的，保障了老年人颐养天年，充分体现了对老年人的人文关怀。

3. 侍丁养老

侍丁养老，就是政府颁布诏令，寻找年轻力壮的壮丁来照顾符合政府规定条件的老年人的生活起居，以及帮助做家中的农活。

《名列律》“犯死罪应侍家中无期亲成丁”条规定：“诸犯死罪非十恶，而祖父母、父母老疾应侍，家中无期亲成者，上请。”［疏］

---

① 李文玲、杜玉奎：《儒家孝道伦理与汉唐法律》，法律出版社 2012 年版，第 217 页。另，陈朝勇：《中国传统家庭与其社会控制体系》，《宿州教育学院学报》2009 年第 1 期，第 19—21 页。

② 长孙无忌等撰，刘俊文点校：《唐律疏议笺解》，中华书局 1996 年版，第 76 页。

③ 长孙无忌等撰，刘俊文点校：《唐律疏议笺解》，中华书局 1996 年版，第 76 页。

议曰："祖父母、父母，通曾、高祖以来，年八十以上及笃疾，据令应侍。"① 年满八十及以上的老人能够得到政府提供的"侍丁"照顾，而且年龄越大，照看得"侍丁"也越多。另外，政府提供的"侍丁"选择必须按规定进行。按照律令规定，"侍丁"选择按照与老人血缘关系由近到远来进行选择。首先是老人的直系子孙，其次是同老人有血缘关系的近亲。

更值得一提的是，为了让侍丁能够尽心尽力赡养老人，让老年人能够得到更好的照料，政府免除了他们的全部税务。《唐律疏议》中规定："侍丁，依令'免役，唯输调及租'。"② 即侍丁者可免除服役，仅纳租调。同时，侍丁还享有一定的法律特权，即如果侍丁犯法可以等其照顾的老人不需要侍养时执行。另外，唐律还规定了侍丁可以优先被给予"孝假"，并且在这期间"免其差科"。当然，所有的这些律令优待归根到底都是为了让侍丁能尽心照顾老年人，但只要失去了侍丁的身份，他们就不能享有这些优厚待遇。

侍丁制度是隋唐养老措施中比较人性化的一项养老制度。侍丁不仅可以照顾老人的日常起居，还可以帮助老年人耕田种地，使老年人在物质上得到一定的保障，因此，在当时的社会条件下，侍丁制度的颁布和实施不仅满足了老年人的精神生活需要，也一定程度地解决了老年人的物质需求，使"老有所依，老有所养"得到一定程度的落实。

4. 非亲赡养

唐代有些老人无儿无女，晚年无人照料，只能独自生活。为了使其能够老有所依，唐律允许这类老人收养义子，并且规定了养子的赡养义务。如果养子不尽赡养的义务，弃之而去，将被处以徒刑。

关于养子侍养养父母的问题，《唐律疏议》中有规定："诸养子，所养父母无子而舍去者，徒二年。若自生子及本生无子，欲还者，听之。""既蒙收养，而辄舍去，徒二年。若所养父母自生子及本生父母无子，欲还本生者，并听。即两家并皆无子，去住亦任其情。若养处

① 长孙无忌等撰，刘俊文点校：《唐律疏议笺解》，中华书局1996年版，第69页。

② 长孙无忌等撰，刘俊文点校：《唐律疏议笺解》，中华书局1996年版，第69页。

自生子及虽无子，不愿留养，欲遣还本生者，任其所养父母。”① 如果养父母没有亲生子女，那么养子就不能将其抛弃，否则就会受到处罚；如果亲生父母无其他子女，养子也可以回到亲生父母家中侍养他们。唐律中关于养子是去是留根据不同的情况做了详细的规定，其目的就是实现老有所养。

另外，唐律对老年女性——继母、养母以及父亲的妾的赡养问题也有规定，“其嫡、继、慈母，若养者，与亲同”。② 若是嫡母、继母、慈母对儿子有教养之恩，则要视其为生母，对其尽孝。因为［疏］议曰：“依礼：‘妾之无子者，妾子之无母者，父命为母子，是名慈母。’”③ 依照礼，如果一个妾没有儿子，另一个妾的孩子没有母亲的，父亲就会下令让他们成为母子，这样的妾也可以为慈母。这些规定，使得没有子女的老人，也能够安享晚年。

（四）司法上的特殊保护

1. 父祖家长的特权

中国封建社会，实行家庭制以巩固统治基础。为了维护家长权威，保证家长在家庭中居支配地位，唐律中的规定主要有以下几个。

第一，对家庭成员的惩戒权。在一家之中，一般年长的男性长者地位最高，受到最多的尊敬，拥有最高的权利。家族中的卑幼必须无条件地服从长者，不能违背长者的意志，对其不敬，否则将受到惩罚。《唐律疏议》中规定：“若子孙违犯教令，而祖父母、父母殴杀者，徒一年半；以刃杀者，徒二年；故杀者，各加一等。即嫡、继、慈、养杀者，又加一等。过失杀者，各勿论。”④ 这充分保护了长者在家庭中的地位，保证子女对其孝养。

第二，对家中卑幼的主婚权。家族中的长者除了能自由地惩戒不孝子女，还拥有对卑幼的主婚权，而卑幼不能自行婚配，要听从长者

① 长孙无忌等撰，刘俊文点校：《唐律疏议笺解》，中华书局 1996 年版，第 237 页。
② 长孙无忌等撰，刘俊文点校：《唐律疏议笺解》，中华书局 1996 年版，第 136 页。
③ 长孙无忌等撰，刘俊文点校：《唐律疏议笺解》，中华书局 1996 年版，第 147 页。
④ 长孙无忌等撰，刘俊文点校：《唐律疏议笺解》，中华书局 1996 年版，第 414 页。

的安排。《唐律疏议·户婚》中规定："诸卑幼在外，尊长后为定婚，而卑幼自娶妻，已成者，婚如法；未成者，从尊长。违者，杖一百。"① "违者，杖一百"，是唐律中最严重的杖刑，这说明家长在卑幼婚姻问题上拥有绝对主导权，在家庭中的崇高地位，卑幼在婚姻问题上若违背家长的意志会受到严厉处罚，也体现了家族长者对卑幼的绝对控制，卑幼没有自己的自由，必须听从长者的安排。

第三，对家庭财产的支配权。唐律中规定："诸同居卑幼，私辄用财者，十匹笞十，十匹加一等，罪止杖一百。"② 家庭中的尊者对家庭财产全权控制，使家族长者在晚年有经济上的保障，不因缺少钱财而生活潦倒，能够安享晚年。

2. 同居相为隐，严禁卑幼告发尊长

唐朝继续实行"亲亲相隐"这一制度，在《唐律疏议》中规定了合乎法律的相隐内容，区分了以下几种情况。

第一，同居相为隐。《唐律疏议》规定："诸同居，若大功以上亲及外祖父母、外孙，若孙之妇、夫之兄弟妻，有罪相为隐……其小功以下相隐，减凡人三等。若犯谋叛以上者，不用此律。"③ 祖父母、父母如果犯了罪，作为子孙去告官或揭发，不为其隐瞒，就是不孝，将受到处罚。长者只要犯的不是谋反、谋逆、谋叛以上罪名，都适合相为隐原则，甚至为至亲通风报信，子女也可以不被追究法律责任。同时，根据血缘关系的远近亲疏，相隐规定也有区别。例如，分居且感情不深厚的亲戚，比起普通人，相隐罪减三等处罚。

第二，严禁卑幼告发尊长。《唐律疏议》规定："诸告期亲尊长、外祖父母、夫、夫之祖父母，虽得实，徒二年……诬告重者，各加所诬罪一等。"④ 而"告缌麻卑幼"则曰："诸告缌麻、小功卑属，虽得实，杖八十。"⑤ 子孙告发父母是为不孝，犯了十恶之一的"不孝"

① 张文胜：《唐代代婚姻法律制度评析》，《安徽史学》2010 年第 6 期，第 121 页。

② 长孙无忌等撰，刘俊文点校：《唐律疏议笺解》，中华书局 1996 年版，第 241 页。

③ 长孙无忌等撰，刘俊文点校：《唐律疏议笺解》，中华书局 1996 年版，第 141 页。

④ 长孙无忌等撰，刘俊文点校：《唐律疏议笺解》，中华书局 1996 年版，第 469 页。

⑤ 长孙无忌等撰，刘俊文点校：《唐律疏议笺解》，中华书局 1996 年版，第 471 页。

罪，不管所告内容是否属实，都将受到处罚。如果是诬告，则会受到对尊长诬告罪更重的处罚；相反尊长诬告卑幼，则无罪论。

《唐律疏议》还规定："其有五服内亲自相杀者，疏杀亲，合告；亲杀疏，不合告。亲疏等者，卑幼杀尊长得告，尊长杀卑幼不得告。其应相隐者，疏杀亲、义服杀正服、卑幼杀尊长，亦得论告。其不告者，亦无罪。"[①] 在五服以内，卑幼弑亲将会受到重罚，而尊者杀卑幼则应相隐。但是，对危害社稷、不忠于帝的罪行，例如谋反、大逆等，不管是何种关系，都要举报告发，不告者，处以绞刑。知道欲背国从伪者，也必须告官，否则处以三千里流刑等。

唐律的制定虽然大都维护"父权""夫权"，巩固了尊者在家族中拥有的权利和地位，确保子女对其言听计从，无后顾之忧安享晚年，但最终的目的是维护封建统治，一旦政权受到威胁，统治者必定以维护君权至上为先。

3. 同罪异罚的尊卑等级

唐律根据亲疏程度，将亲属划分为五个等级，规定尊卑相犯，血缘关系越是亲近，卑幼冒犯尊长，接受的处罚越重；相反，尊长殴打卑幼所受的处罚就越轻。

第一，老人犯罪从轻处罚或免罪。体恤老者是流传至今的美德，唐代对老年人恤刑的规定继承了汉代的一些规则，老人犯罪不同于平常青年人，他们在法律上有许多年轻人所没有的特权。《唐律疏议》中规定："诸年七十以上、十五以下及废疾，犯流罪以下，收赎。（犯加役流、反逆缘坐流、会赦犹流者，不用此律；至配所，免居作）。"[②] 七十岁以上的老者犯了流罪以下的罪行，可以通过赎买的方式减轻刑罚。如果八十岁以上的老人犯盗窃和杀人罪，也可以通过赎买的方式减轻刑罚，就算是犯了死罪，也可以通过司法向皇帝请示而得到赦免，对于其他在生活中犯的一些不属于造反、叛变等十恶不赦的罪行，则可以不论罪。同时，八十岁以上的老者也不

① 长孙无忌等撰，刘俊文点校：《唐律疏议笺解》，中华书局 1996 年版，第 361 页。

② 长孙无忌等撰，刘俊文点校：《唐律疏议笺解》，中华书局 1996 年版，第 89 页。

可作为证人。对于九十岁以上的老者犯了罪，即使犯死罪，也不上刑。《唐律疏议》解释云："礼云：'九十曰耄，七岁曰悼，悼与耄虽有死罪不加刑，'爱幼养老之义也。"① 为了体恤老人，让他们可以安度晚年，避免大刑上身晚景凄凉，根据老年人犯罪时的年龄对其应适用的刑罚有所减免。

对于那些犯罪后要行刑而年龄尚未达到法律规定的可以受到特殊保护的老人，根据他们具体的身体情况，政府也有做出了相关的规定，来减轻他们受刑的痛苦。首先，审讯老人，严格限制对他们动用刑具。其次，对老人囚徒要给予生活上的帮助和照顾。《唐律疏议》规定："囚去家悬远绝饷者，官给衣粮，家人至日，依数征纳。囚有疾病，主司陈牒，请给医药治疗。"② 最后，监狱的责任。唐律的安排充分考虑到了各项条令规则的落实和监督、明确而详细的规定："诸囚应请给衣食医药而不请给……杖六十，以故致死者，徒一年，及减窃囚食，笞五十；以故致死者，绞。"③ 这些措施减少老年罪犯的痛苦，使得他们即使犯罪也可以有一个相对安稳的生活，少受皮肉之苦且生活上有所照顾。

第二，亲属相犯，不孝重惩，孝则减免。《唐律疏议》规定："诸奸缌麻以上亲及缌麻以上亲之妻，若妻前夫之女及同母异父姊妹者，徒三年；强者，流二千里；折伤者，绞。妾，减一等。"④ 可知，亲属相犯，之间的处罚比起普通人之间相犯，罪行加重，因不孝而加重处罚。而因为罪犯以前的孝行，也可减免刑罚。报杀亲之仇者，最后往往被减刑，就因其是"孝行"。这些减免措施极大鼓舞了子女行孝，也有利于尊老敬老的社会风气的形成。

第三，家庭内互犯，尊轻卑轻。《唐律疏议·名例》中规定："若家人共犯，止坐尊长；于法不坐者，归罪于其次尊长。"⑤ 也就是

① 长孙无忌等撰，刘俊文点校：《唐律疏议笺解》，中华书局1996年版，第92页。
② 长孙无忌等撰，刘俊文点校：《唐律疏议笺解》，中华书局1996年版，第549页。
③ 长孙无忌等撰，刘俊文点校：《唐律疏议笺解》，中华书局1996年版，第549页
④ 长孙无忌等撰，刘俊文点校：《唐律疏议笺解》，中华书局1996年版，第531页。
⑤ 长孙无忌等撰，刘俊文点校：《唐律疏议笺解》，中华书局1996年版，第125页。

说，一个家庭中，共同犯罪追究责任时，止于尊长，刑罚不包括长者。尊者和卑幼共同犯罪，则是追究次于尊长者的责任。比如，在谋杀罪上，唐律规定，卑幼谋杀长者，根据血缘亲疏处以刑罚。如果谋杀嫡亲长辈，则直接斩首；如果谋杀五服以内尊者，则判处流刑。而对于尊者谋杀卑幼则“各依故杀罪减二等，已伤者减一等，已杀者依故杀法”。① 家庭内部尊卑互犯，唐律对尊者判处得比较轻，而对晚辈处罚得比较重，使得卑幼不敢随意冒犯尊者或实施不孝行为，确保了尊者在家庭中的崇高地位，保证了家庭内部的和谐，子女孝养父母使其生活的心情舒畅。

4. 严惩不孝

儒家思想认为侍养父母是最低的要求。而更深层次的是尊敬老人。尊敬老人，首要的就是不得虐待老人。《唐律疏议》中对于此类问题，做了明确而细致的规定。

《唐律疏议·斗讼》中规定：“诸詈祖父母父母者，绞；殴者，斩；过失杀者，流三千里；伤者，徒三年。”② 如果辱骂长者，将被判以绞刑；如果过失杀害，流放三千里；伤害长者，徒三年。《唐律疏议·贼盗》中还规定：“诸祖父母父母及夫为人所杀，私和者，流二千里……虽不私和，知杀期以上亲经三十日不告者，各减二等。”③ 即长辈为人所杀，其子孙不但不为其报仇反而私和者，流放两千里。对于虽然不能私和，但知道自己的尊长被杀却没有在规定的时间内报官者也要受到刑罚。此外，关于养父母的侍养问题，唐律也做出了明确的规定，子女殴打继父，若同居则处以一年半徒刑，分居则处一年徒刑，伤重者加三等判处；谋杀养父母，为“不睦”之罪，属于“十恶”之列，要处以极刑。④ 养老，不仅是保障他们的衣食起居，从唐律规定中，可知更重要的是色养，子女除了在衣食起居上

① 长孙无忌等撰，刘俊文点校：《唐律疏议笺解》，中华书局 1996 年版，第 354 页。

② 长孙无忌等撰，刘俊文点校：《唐律疏议笺解》，中华书局 1983 年版，第 414 页。

③ 长孙无忌等撰，刘俊文点校：《唐律疏议笺解》，中华书局 1983 年版，第 333 页。

④ 魏恤民：《试论〈唐律疏议〉中的有关养老敬老思想》，《咸宁师专学报》1995 年第 2 期，第 48—52 页。

要照顾父母，更应和颜悦色地侍养父母、顺承父母的意志，不得辱骂、殴打。根据孝亲的原则，为了敬重父祖，唐律还规定子孙不得直呼尊长的名讳，也不可在犯父祖名讳的地方任官，包括官称也要避讳。

上面谈了“侍亲原则”“别籍异财”、养子对养父母的去留，“弃亲任官”“同罪异罚”等老有所养、老有所敬的问题，唐律如此详细地制定这些规定，从各个层面提高老年人地位、保障老年人权益，使得老有所养、老有所敬。

四 《唐律疏议》中养老敬老思想的评价

（一）《唐律疏议》养老敬老思想的合理性

1. 伦理道德与法律相融合

“尊老敬老”是中国优秀传统文化的重要内容之一。“尊老敬老”的传统文化在刑事立法中的体现最早出现在西周，西汉开始礼法结合，到唐代基本完成。“礼”与“法”融合，礼的标准成为《唐律疏议》制定法律规定的重要依据。从上述对《唐律疏议》中的孝老养亲的规定做出的探究，可以看出，唐律不仅在法律条文和疏议解释上传承了“尊老敬老”的理念，而且把孝老爱亲上升为具有强制性的法律规定，使其不仅是道德上的要求，更是律法上必须承担的义务。《唐律疏议》中养老敬老思想完整地体现了儒家的敬老思想，对老年人提供了丰厚的优待，以及子女赡养老人的义务都做了十分明确的规定；对老人死后奔丧、守丧、祭祀等方面也做了明文规定。从各个层面提高老年人地位、保障老年人权益，礼法结合且体现伦理特色。同时，《唐律疏议》中关于养老敬老的详细规定，将孝道与法律进一步结合，不仅有利于弘扬孝道，而且也更好地维护了封建统治秩序，这对于我们当今社会维护安定有一定的借鉴作用，对于中国更好地把依法治国和以德治国结合起来也有重要参考作用。

2. 养老敬老有助于社会和谐、国家稳定

通过分析唐律中有关养老敬老法律的内容，我们不难发现唐统治者尊老的主要目的就是“以孝治天下”。太平盛世使老者安之，可以安享晚年，而子女孝养父母也是治国的有效手段。

在农业社会，有一种共识：尊重老者，老有所养。传统家庭生产中，年龄就是技术和经验的象征，老者处于支配地位。日常生活中，家中的长者常常扮演着领导者的角色。中国农业社会的家庭结构，强调父慈子孝，特别是后者，强调子女要孝养，其目的就是使家族长幼有序，维护伦理纲常，到达社会和谐。

封建社会时期，由于地域辽阔，政府的执政能力毕竟有限，因此有必要充分发挥家庭自治自理的作用。在政府权力的范围内，依靠社会自治，倡导卑幼要孝养尊长，可以使社会更加稳定和谐。教民尊敬父母长辈，使得民性温顺恭良，且将家庭和国家团结在一起，培养人民对父亲的孝，从而变孝亲为忠君，如此则可以更易驾驭民众，维护统治，即“移孝作忠”。因而《唐律疏议》中有关养老敬老的规定，在家庭强调尊卑有别，鼓励大家庭的存在，禁止分割家财、分居而住，并利用法律保护老年人在家庭中的威望，确保老年人晚年有安全感，敦睦和谐，从而延伸到整个社会的长幼有序，实现社会自然稳定。

（二）《唐律疏议》养老敬老思想的局限性

1. 思想僵化，人格不平等

中国自古有着尊老敬老的传统。在家庭中，老年人有着丰富的经验，协调解决亲属之间的纠纷，维系家族的生存和发展；在农业生产中，老年人经验丰富，指导人们耕按其时，减少人为损失，防范自然灾害。此外，儒家思想作为整个帝制时代的正统思想，也非常推崇对老年人的尊重。中国古代形成了敬天、尊祖、重传统的文化氛围。整个社会，特别在思想文化领域，出现封闭而保守、僵化而守旧的倾向。每个人都按照传统的方式生活在固有的生活习惯中，满足现状而不思进取。在这种封闭和内敛的思想影响下，人们有时做出一些僵化和机械的行为举动。如，有些人机械地理解尊老问题，因循守旧、教条执行，出现许多愚孝愚忠的荒谬行为；还有些人则曲解孝道，冒充孝子，招摇撞骗，欺骗世人。

同时，我们也可以发现：《唐律疏议》中养老敬老的法律措施，是国家为了让老者可以安享晚年而给予的老年人一定的优待，是一种人文关怀。但是，这并不是《唐律疏议》中制定如此详细养老敬老的法律制度的唯一的目的，“古之为政，先于尚老”①，所以国家崇尚老者、推崇孝道，是为了能够更好地尽忠，归根到底是为了维护封建统治秩序。而对老者的区别优待，实质上就是对平等的破坏。为了维护社会稳定，巩固统治秩序，而赋予老者拥有各项特权，在家庭中具有不可侵犯的地位，这就破坏了平等原则。比如，家庭中的男性长者，地位最高，拥有其他家族成员的择偶、婚配、分居、财产等权利，甚至子女没有自己的自由，完全服从于长者的意志。无论是子孙的衣食住行，还是前程命运，都在父祖的控制之下，事无巨细，都要听从长者的安排，凭其决断，如果卑幼心有不满，也只能逆来顺受，否则就是不肖子孙，悖逆伦常，就会受到长者惩罚，甚是法律刑罚。这种长幼尊卑地位的悬殊与对立是敬老文化背后最大的人格不平等。

从另一个角度看，《唐律疏议》中养老敬老的法律制度，除了家庭中尊卑之间的不平等，也有体制内部的不平等。首先，官庶不等。同为高龄老者，在官宦之家和平民百姓之间所受到的待遇悬殊。平民要到了法律规定的年龄才可以得到政府给予的赏赐。而致仕官员从辞职之时就可获取退休俸禄，新官追封，分配田土，享受的优待远比平民优渥。其次，性别差异。在封建社会，家族中的男性长者地位最为崇高，掌管整个家族的财政大权，居于支配地位。虽然唐律强调子孙要孝敬祖父母、父母，但是究其根本，女性长者在家族中的地位远低于男性长者。即使是男性尊者死了，作为妻子也只能依附另一个新的男性家长，没有自己独立的权利。唐律中有“尊压”和“出降”的规定，可以看出，尽管都是至亲之人，但是父母的丧礼却是不一样的，母亲的丧制级别往往会因为各种原因而降低，而父亲的丧制级别降低的情况就绝不可能出现。最后，唐代所特有的，即地域差别，不同地区的老人所受到的礼遇有所不同。因为李氏起源于陇西，一统天下

① 王钦若：《册府元龟》卷五五《帝王部・养老》，中华书局1960年版，第619页。

后，皇亲旧族会经常返回故籍，因此李唐故籍的老人就比其他地方的平民老人得到了更多的优待。

2. 孝成为封建专制统治的有效手段

唐代政府实施一系列的养老敬老措施，大力弘扬尊老尚幼的社会氛围，在一定程度上教化了百姓，净化了社会风气。但是，政府大力弘扬孝养父母、尊重老者的背后，却有着自己的意图。

传统孝道认为，忠孝合一，一个人只能忠君爱国之后才能孝敬父母，忠是高于孝的，以孝事君从而更好地忠君爱国、为国效力。孝是中华民族的传统美德，经过各个朝代统治者为其政治统治而加以推崇后，孝道也就由一般的道德伦理，变得具有强制性，成为社会公德和政治道德，从而使孝成为维护封建统治秩序的一种有效手段。不管移孝于忠，还是宣扬孝老俸亲，其深层次的目的就是在于稳定社会秩序，巩固帝王的统治。《唐律疏议》中有关养老敬老的规定，虽然维护了统治者的统治，但是在一定的程度上也禁锢了人们的思想，甚至扭曲了人们的了道德行为，出现愚孝愚忠的现象，不利于孝道伦理真正的推行和发扬。

总之，《唐律疏议》是唐代法律集大成者，融合了历代法律的精华，是礼法合一的典范，为后世修法提供了楷模和蓝本。养老敬老是一番伟大的事业，同时也是一个系统的工程。《唐律疏议》中的养老敬老思想，我们应该结合当时的时代，客观评价、辩证看待它的含义和价值。《唐律疏议》中有许多条文涉及养老敬老思想，从《唐律疏议》入手研究养老敬老，仔细思考，深入研究，具体分析各项养老敬老制度，从传统文化中寻找宝藏，这有助于加深对当代孝道文化的认识，丰富中华传统的孝道伦理思想，为新时代的养老敬老事业的发展汲取力量。

第五章　宋元明时期：孝道养老伦理思想重兴

宋、元、明时期，中国封建社会已进入后期发展阶段，逐步从繁荣走向衰落。与之相适应，孝道养老伦理思想在这一时期呈现出封建社会后期的总体特征，即理论上趋于本体化、形而上学化，实践上则走向了极端化、愚昧化。封建孝道养老伦理思想呈现的这一新特征，是伴随着宋明理学的兴盛而成型的。宋代时，中央集权的君主专制进一步强化，这就要求为整个社会和个体家庭坚实地树立起“三纲五常”“明天伦之本”的统治秩序。① 为适应这一需要，在意识形态与思想文化领域，形成了宋明理学，其担当起了为封建专制统治服务的功能。在宋以后孝道养老伦理体现了如下特点：一是养老行孝理论论证的哲学化；二是养老行孝理论教化的具体化；三是养老尽孝义务的极端化、专制化；四是养老尽孝的愚昧化。在这一时期，儒佛交锋，在冲突论争中，佛教建构了孝道观，实现了佛教伦理的中国化，以孝道为契合点，寻找两者的异同，“入乡随俗”，与儒家孝道水乳交融，融为一体。《孝论》标志佛教孝道理论的完成，其中养老伦理思想也基本形成。与此同时，宋元明时期孝道养老伦理思想的重兴离不开当朝统治者的推崇和孝行行政措施，其为孝道养老开辟了从式微走向鼎盛之路。（本章辟专节进行论述。）

---

① 程向阳：《传统孝道的沦丧与重建》，《西安电子科技大学学报》（社会科学版）2004年第3期，第17—21页。

第一节　宋元明时期传统孝道养老伦理思想的特点

历经唐末五代十国的动荡衰微之后，封建的伦理道德、纲常名教，很难控制人心了。而佛教、道教不断得到发展，逐渐威胁着儒家思想的正统地位。在宋元明这一历史阶段，宋明理学在意识形态与思想文化领域，担当起了巩固封建专制统治服务的功能，孝道被重新纳入封建政治的纲常轨道，而孝道中包含的养老思想在继承传统时又独辟蹊径，伴随着宋明理学的兴盛而成型。

宋明理学家将“理”或“天理”作为自身理论的核心贯穿于道德伦理中，企图构建一个具有浓厚理性思辨色彩的天理和人道合一的伦理模式，而由理至孝的渲染，使得养老行孝伦理有了更加完整成熟的理论形态。统治者以理学思想为指导，加大对孝养伦理的教化，使得行孝伦理代替了理学家艰涩难懂的伦理说教方式，推动着孝养思想在民间的流传。在这一时期，理学孝道理论迎合了现实需要，但又必然促使和导致民间社会现实中孝行实践的新变化，孝养伦理不但在价值和观念上达到了空前的统一，而且在社会控制力上也达到了空前的强度，养老行孝思想被极端异化，行孝方式走向畸形，而成为一种抽象的教义和符号。因而，传统的孝道养老伦理在这一时期呈现出了封建社会后期的总体特征，即养老行孝理论论证哲学化；养老行孝理论教化具体化；养老尽孝义务极端专制化；养老尽孝愚昧化。本节就此几大主要特征做逐一探讨。

一　养老行孝理论论证的哲学化

早在之前，儒家的仁义道德就以孝文化为核心和基础，宣扬父慈子孝、长惠幼顺的思想。在宋元明这一历史阶段，特别是在宋代，由北宋张载、程颢、程颐创立，南宋朱熹集其大成而形成的程朱理学以儒学新姿态，对封建礼法进行了重新诠释，孝养思想成为理学体系的重要内容。理学家站在宇宙论、人性论、认识论的高度对养老行孝理论进行了严密、系统的论证，为养老行孝的根源性和合理性寻找了世界观基础。

养老行孝理论的根源性论证。理学家们从宇宙论的高度论孝，强调了孝养理论具有先验至上性、客观必然性、永恒性等特性，为养老行孝理论寻找必然存在的根基，而对这一理论的论证都是基于“理”的逻辑论证而展开的，因而充满着哲学化色彩。从“理”的形成看，理学家认为“理”是先验于天地万物而存在的，有此理便有此天地，赋予了“理”先验至上的性质，认为“天理”是万物生长之源。而且强调“理”引申到孝养理论上，也具有先验性。“未有这事，先有这理。如未有君臣，先有君臣之理；未有父子，先有父子之理”①。在理学家看来，孝养理论作为道德范畴的核心，与“天理”一样是必须遵守的，因而它们在理论论证上借“天理”来维护封建社会严格的贵贱尊卑等级制度。如，理学家朱熹论证说：“事亲当孝，事兄当悌之类，使当然之则。”②“君臣父子夫妇长幼之常，是皆必有当然之则，而自不容已，所谓理也。”③ 朱熹的论证告诉人们，侍奉亲人、尊敬长辈应是一种“自觉意识”的孝，是人的“当然之则”，也是“理”的表现，要求人们都必须遵守封建伦理纲常。从“理”的本质上看，“理”是一个客观的、不以人的意志为转移的精神本体。“孝”和“理”一样具有客观必然性，如，朱子曰：“如为君须仁，为臣须敬，为子须孝，为父须慈，物物各具此理，而物物各异其用，然莫非一理之流行也。”④ 认为子须孝父，这是天经地义的，人必须安分守己地服从天命的安排。二程也在其论证中强调了子侍父、臣侍君是不可违抗的天下定理。从“理”的特性上看，“理”是独立于自然界之外不生不灭的绝对精神，具有永恒的特性。“三纲五常，终变不得，君臣依旧是君臣，父子依旧是父子。”⑤ 理学家认为三纲五常作为天理之必

---

① 《朱子语类》卷九五《程子之书一》。

② 朱熹著，黎靖德编：《朱子语类》卷一八，中华书局 1994 年版，第 426、430 页。

③ 朱熹：《朱子文集》卷一五《经筵讲义》，齐鲁书社 1997 年版，第 318 页。

④ 朱熹著，黎靖德编：《朱子语类》卷一八，中华书局 1994 年版，第 426、430 页。

⑤ 《朱子语类》卷二四《论语六》。

然，人伦之极则，是始终不变的，因而包含在三纲五常之内的父子关系也应同“天理”一样也具有永恒不变的特性。总之，经过程朱理学家站在天理高度上对孝的理论的全面阐发，养老行孝理论不再是此前的由神学信仰和情感体验来支撑的理论，其权威性获得了理性的、逻辑的保证。

养老行孝理论的合理性论证。理学家以宇宙“天理”为依附，给养老行孝理论增添了神圣性，同时，还进一步从“人性论”和“认识论”角度对其进行合理性论证。第一，从人性关系看，理学家认为“孝”是人的天性，是人与生俱来的本性。理学奠基者张载就在著作《西铭》中提出“乾称父，坤称母”，程朱继承这一思想，“若以父母而言，则一物各一父母；若以乾坤而言，则万物同一父母矣”①，把天地比作人的父母，这样天地万物就本然一体而统帅着我们的本性。朱熹论证指出“性，便是合当做底职事”②，孝悌也是“合当做底职事，不是要仁民爱物方从孝弟做法”③。因而，在理学家看来，对父母的敬爱之情，是与生俱来的，对父母的“孝行”则是建立在人的爱的天性基础上的。同时，他们还指出“性天然后仁义行，故曰‘有父子、君臣、上下，然后礼义有所错’”④。旨在阐明人在对父母的孝敬的本性上，就会做到尊老抚幼，然后，推之，爱天下所有的人，进而爱天下万物，这为“孝行”赋予了合理价值。第二，从仁孝观上看，二程认为仁是天理的本性，孝则是仁的外在表现。朱熹也赞同二程的观点，指出：“仁是性，孝弟是用。论性，则以仁为孝弟之本；论行仁，则孝弟为仁之本。”⑤ 理学家都主张孝为仁的起点，尽得仁之理，方可尽孝悌之行，有了孝的行为，就可以达到和实现仁。第三，从实践和认识关系上看，程朱理学家从认识论的角度为养老行孝提供了哲学基础。理既然是万物的原理和原则，是事物之“所以然”，而

① 郭奇、尹波点校：《朱熹集》第3册，四川教育出版社1996年版，第1567页。
② 《朱子语类》卷四《性理一》。
③ 《朱子语类》卷二〇《论语二》。
④ 《张载集·正蒙·至当》。
⑤ 《朱子语类》卷二〇《论语二》。

人的认识就是要认识先验的天理，人的实践就是要践行以三纲五常为核心的封建伦理道德。于是，理学家提出“格物致知”的思想，就是要求人们在认识上怀有忠孝仁义思想，这样在实践上才能规范自己的行为。在如何行孝方面，认为应“知先行后”。程颐谓“且如欲为孝，不成只守着一个孝字？须是知所以为孝之道，所以侍奉当如何，温清当如何，然后能尽孝道也”①。也就是说，行孝不能仅仅是挂在嘴边的一个“孝”字，应该要清楚行孝的对象是谁，怎样具体行孝，同时，在行孝过程还需要具备“至诚”的品格，“孝而不诚于孝则无孝，弟而不诚于弟则无弟”。② 为人子女，在孝敬父母的过程中，须去除私欲，真心实意发自内心的对待父母，才能达到诚孝。

总之，在宋明理学产生至兴起后，孝养思想便被赋予了神圣性、合理性，从宇宙论、人性论、认识论等方面对孝理论的先验至上性、客观必然性、永恒性做了系统论证，为孝养理论的发展做出了重要贡献。在这一论证下，养老行孝被赋予不可辩驳的性质，行孝完全被视为天经地义的事情和人与生俱来的必备品质，这也成为这一时期养老行孝愚昧化的思想根源。

二 养老行孝理论教化的具体化

理学孝养理论是现实需求的反映，但是要达到通过以孝教民而实现巩固统治的目的，则离不开在实践中的强化教化。在宋元明时期，孝道养老理论教化，不仅得到了当朝封建统治阶级的重视和推崇，而且在教化内容和形式上也在民间得到了更具体的发展，形成了国家教化、家庭教化、社会教化等目的一致、内容丰富、载体多样的教化系统，大大加深了民众的孝养观念，在维护家庭和谐方面发挥着重要作用。

养老行孝理论教化的政策逐步完善。所谓“先王有至德要道，以

---

① 《二程集·遗书卷十八》。

② 《朱子语类》卷六四《中庸三》。

顺天下，民用和睦，上下无怨”①，统治者大力倡扬孝道思想，为实现治国安民的目的，通过孝道教化，使民众和睦，社会和谐。因而，在宋元明这一时期，统治者重视养老行孝理论教化，注重以孝教导民众，在重构孝文化社会基础方面，颁布了一系列的“孝治”思想。可以说在这一时期，孝与帝王，孝与选官，孝与法律，孝与教育都有着紧密的联系，渗透甚广。如，在思想上，统治者重孝训教，强化孝治思想。据史料记载，宋代帝王在日常的政事处理中经常与大臣论孝。宋太祖曾以孝训教首开宋代的劝孝之风，把孝文化作为教化大臣及平民百姓的既定国策。这种自上而下，从官方到民间行孝的导向，不断深化民间孝德教育的形成及深化。明朝朱元璋执政期间也把“孝”看作是“古今之通义”“帝王之先务”，他指出：“‘垂训立教’大要有三：‘曰敬天，曰敬忠，曰孝亲。’”② 为此，把将孝观念渗透到社会生活的各个方面。在政治上，奉行尊老国策，培养孝亲顺民，也是这一时期统治阶级采取的一贯措施，通过对高龄老人授予官衔或爵位封号以及实物赏赐等手段，表示其政治荣誉和社会地位。同时，在具体教化上，宋明期间统治者最常用的教化人民的措施就是旌表孝子孝行，树立孝范楷模。统治者通过表其门闾，对数世同居的家族、宗族给予了肯定，朝廷对这些家族、宗族中的成员赐予头衔或官职、赐物免役、树碑立坊等物质和精神奖赏，推动了一批批孝悌楷模的出现，实现了统治者“以励民风，教化民众”的政治需求。

养老行孝理论教化的内容不断丰富。为求在全社会范围内教化民众讲孝行孝，宋元明时期，孝悌成为教育子女的主要内容，因而，这一时期，孝道养老理论教化的内容得到了大大的丰富。在家庭方面的教化上，家训家规是子女学习的必修内容。家训在宋元时期处于繁荣，到了明朝时期则达到了鼎盛，不仅数量繁多，在对子女如何尽孝行孝方面起到了巨大的指导作用。如，司马光的《家范》和《居家杂

---

① 李隆基注，邢昺疏：《孝经注疏》卷一《开宗明义章第一》，上海古籍出版社 2009 年版，第 3 页。

② 《明通鉴》卷八。

仪》就是子女学习及效仿的典籍。《家范》中不仅节录了许多儒家经典中历代贤明的治家格言，还采辑了大量历代孝行卓越的孝子事例。《居家杂仪》则具体规定了对家庭不同成员的相应行为准则，它要求子女要“谨守礼法”，具体到如从每天的饮食起居到对父母行跪拜礼，同时，子女做任何事都要报告父母，还不能拥有财产的处理权等。除此家训外，影响较大的还有如方纲的《家法》、袁采的《袁氏世范》等都包含着治家教子的内容，利用孝养理论来更加具体、通俗地规范子女的日常行为方式。在学校方面的教化上，孝养读物在这一时期也得到不断丰富。如《三字经》教孝，三言句的体例，易于记忆，内容广博，包含着孔融让梨、香九龄温席的孝子事例，通俗易懂，便于儿童学习与背诵，教育小孩从小孝顺父母。此外还有许多体裁不一的蒙学教材，如陈淳的《小学诗礼》、王令的《十七史蒙求》、程端蒙的《性理字训》、胡演的《叙古千文》等，都出现了强调如何尽孝行孝的内容。

养老行孝理论教化的载体形式呈现多样化趋势。在统治者大力倡导孝养文化的背景下，家训、家规在家庭兴起，同时民间也形成了不少劝孝诗、劝孝文、劝孝故事、劝孝图等，以其简明扼要、通俗易懂、生动形象的特征，让孝养文化有利地在民间社会和下层群众中流传和推广。在宋代劝孝诗数量得以猛增，流传较广的主要有林同的《孝诗》、徐积的《谁何哭》、赵与泌的《劝孝诗》、郑侠的《示女子》、韩维的《公孙孝子》、邵雍的《孝父母三十二章》等，这些诗都是以颂扬倡导和实践孝行孝德为主题的。劝孝文大都以篇幅不一的散文形式呈现，且大部分散见于名人的文集中。如，范质的《原孝》、契嵩的《孝论》、宋庠的《孝治颂》、宋祁的《孝治篇》、张平方的《不孝之行》、郑至道的《孝父母》等。劝孝故事则多以小说、笔记的形式出现，来记录经典的孝行，种类繁多。有如王辟之的《渑水燕谈录》中的《忠孝十五事》、王钦臣的《王氏谈录》中的《训子》等是历史琐闻类的笔记；还有如曹希达的《孝感异闻录》、文彦博的《至孝通神集》等则是专门记录孝行感动人事迹的笔记。此外，宋元明时期还有民间宣传孝道养老伦理思想载体的乡规、民约、图画、壁画，为普通百姓和下层民众呈现孝文化理论，影响最大的莫过于形成于元代的《二十四孝》，该书总共收录了帝舜、郯子、老莱子、仲由、闵损、曾参、汉文帝、董永、江革、黄香、姜诗、丁兰、郭巨、杨香、蔡顺、陆绩、王裒、孟宗、王祥、吴猛、庾黔娄、唐夫人、黄庭坚、朱寿昌二十四人的故事。继而，为更具形象生动性，就出现了民间广为流传的《二十四孝子图》，其影响甚深，可谓妇孺皆知。

三　养老尽孝义务的极端专制化

封建王朝君主为了树立权威，将孝道义务专制化是国家在提倡“孝义”时必须要达到的一个目的，因而，在这一时期，孝道养老伦理思想在逐渐实践过程中渗透着极端、专制的因素，这种极端专制化的特征体现在养老尽孝义务的专一性、绝对性和约束性上。

养老尽孝义务的专一性。“孝”在家庭伦理中具有“善事父母”的基本含义，既要赡养父母，又要对父母孝顺和遵从，而“忠”是对君主和国家的忠诚，是在政治伦理中“孝”的延伸和扩展。在这一时期，养老尽孝就不仅仅是把父母列为对象，还会面临“孝与忠”的两难抉择。经过唐末五代战乱后，忠的含义极端化，被定义为“以死奉国”“死事一君”等含义。宋元明时期，移“孝”于“忠”才是统治者的根本目的所在。因而，建立在此基础上的养老尽孝也具有专一性，即，孝敬父母是基础，孝忠君主才是根本。这一观念深刻地影响着民众，在这一时期的许多史料中就载有众多舍孝保忠的例子。例如，在宋朝有这么一则舍孝保忠的记载，《宋史·忠义传》收录：泉州晋江人苏缄，在面临孤立无援的状态下，怕家人受辱于敌手，于是“杀其家三十六人，藏于坎，纵火自焚。蛮至，求尸皆不得”。① 因此，对皇权的孝忠，深刻影响着民众，已经深深地融进了封建礼法的教育里，忠君孝父成为封建道德的重要规范，在面临“忠孝”的抉择时，“忠”处于核心地位。

养老尽孝义务的绝对性。在这一时期，家族的管理普遍由家族的

① 《宋史》卷四四六《忠义一》，中华书局 1977 年版，第 13157 页。

某个长者或几个长者组成的机构来行使管理家族内人们行为的职权，而他们将家族中的子女晚辈作为自己的私人财产来对待，无论如何晚辈都必须对长辈的话言听计从，否则，就会被视为不孝。因而，对父母尽孝就逐渐演变成对父母的“不论曲直”的绝对顺从。如，在宋代司马光的治家家训《居家杂仪》中指出：“若以父之命为非，而直行己志，虽所执皆是，犹为不顺之子，况未必是乎！……父母怒，不悦而挞之流血，不敢疾怨，起敬起孝。”① 意在强调父子与长幼应尊卑有序，即使父母有错，也不可顶撞，不可不敬。明代的《家训》鼓吹家长要实行严厉的专制，还把宋代理学家罗从彦的“天下无不是的父母”具体化为家庭生活准则，要求子孙对父母祖辈的教令绝对听命顺从。在丧礼上，明朝对丧礼的规定可以说是孝极端化、绝对化的最直接体现，明朝对皇帝、后妃、宗室、大臣、庶人的丧礼都有明确规定，任何人都是不能违背这些规定的，不能按照要求完成的则被定为不孝，而因为经济允许又将丧礼弄得过分的又被定为非法。在对于子女的婚姻方面，是“父母之命，媒妁之言”的包办婚姻，子女必须服从，否则被视为不孝。在宋代时，这一传统思想还有法律制约规定：“诸卑幼在外，尊长后为定婚，而卑幼自娶妻已成者，婚如法，未成者，从尊长。违者杖一百。”② 该条文意在强调尊长对卑幼的主婚权，维护“父母之命”。总之，在这一时期，封建道德把养老尽孝义务在某种程度上定义为父为子纲、子对父孝的绝对顺从，正表明了父母与子女是一种统治与被统治、压迫与被压迫的关系，以至于在民间养老尽孝竟发展成“父叫子亡，子不得不亡”的极端愚昧化思想。

养老尽孝义务的约束性。在封建社会后期，养老尽孝义务无论是在行孝主体对象上，还是在时间上都提出了极为苛刻的要求，具有极强的约束性。如，在性别上，到了元代对女性行孝标准约束性增强。女性行孝，尤其是媳妇行孝，随着理学的初渐而日渐受到重视，这一

---

① 陈梦雷：《古今图书集成·家范典》卷二《家范总部》，中华书局、巴蜀书社 1985—1986 年版，第 38545 页。

② 《宋刑统》卷一四《户婚律》，卷二一《名例律》，中华书局 1984 年版，第 223、349 页。

时期，对男子的孝要求是“孝始于事亲，中于事君，终于立身”①，但是对妇女的要求却更为严格，被认为是自始至终的。妇女们在血缘亲疏和本分隔阂的婆媳关系间，承担着更重的家庭的责任和义务。因而，诸多的女性行孝也伴随着愚孝的轨迹陷入宋元孝道义务极端化的泥潭。同时，在这一时期，对官员行孝的约束性增强。统治者认为，只有孝顺父母的人才能忠于国忠于君，在选官上，注重人的孝德考核。

统治者设置以“孝悌”为主题的人才选拔科目，即孝悌廉让和孝悌力田，将行孝文化全面融入其中。因而，形成了因孝而得官、升官的氛围。那些缺孝德、行为不孝的官员便会遭到朝廷的“坐废”“诏罢”“除名勒停”等处罚。在这一时期，对民间民众的行孝义务约束性亦逐渐增强。子女不仅要在父母生前行孝，在父母离去后依然要尊重孝行。在父母生前，若打、骂、告发父母都要受到相应的惩罚，“诸詈祖父母、父母者绞，殴者斩，过失杀者流三千里，伤者徒三年”②。意思是说子女骂长辈会被处以绞刑，殴打的处以斩刑，因过失杀亲的，则会被流放三千里，长辈受伤也可能处以三年徒刑。在父母去世后，宋代虽然沿袭了儒家以“三年之丧”报答父母养育之恩的传统，但是在这三年期间给予了更多的条例。如，《宋刑统》规定，若“匿不举哀”，听到祖父母、父母去世的消息时，子、孙应该是悲痛欲绝、失声痛哭，否则视为不孝。“释服从吉、忘哀作乐”即“丧制未终”，在父母及夫丧二十七个月内，脱去丧服而穿上吉服的人，根据规定要被处以三年徒刑，若忘哀作乐，不管是自作还是遣人作乐，也要被处以三年徒刑；“丧期嫁娶”，如果在父母丧期二十七个月之内，男身娶妻或女儿出嫁者，各自被处以三年徒刑等。③

---

① 《孝经·开宗明义章》。

② 《宋刑统》卷一四《户婚律》，卷二一《名例律》，中华书局 1984 年版，第 223、349 页。

③ 王娟：《宋代孝文化研究》，硕士学位论文，山东师范大学，2014 年，第 41 页。

四 养老尽孝愚昧化

随着理学正统地位的日趋巩固，养老尽孝理论在理学家的论证下充满着“愚孝”色彩，在实践中，养老尽孝被极端异化，无论是子女个人的身体还是意识都应该绝对服从父母。至此，孝养观念也成了一种抽象的教义和符号，不仅为孝而孝，还以极端封建化、非人性化见之于世，主要表现在养老尽孝的思想上和尽孝方式上。

养老尽孝思想蒙昧。在孝养思想上存在封建愚昧化根源于宋明理学家的论证，张载在其《正蒙》中论述道：“聚百顺以事君亲，故曰‘孝者畜也’，又曰‘畜君者好君也’。事父母‘先意其志’，故能辨志意之异，然后能教人。”① 他认为子女对于父母之命要无条件、无原则地服从，他还赞扬了申生、伯奇等一些宁愿自己受委屈，也不对父母申辩和抱怨的“孝子”。申生为顺从父命自缢而死，伯奇被父驱逐而无怨，这些都应为世人效仿，以此例来论证其思想的正确性。对此观念，二程和朱熹也表示了赞同，程朱将“以父顽母嚣而克谐以孝”的舜作为孝子的榜样，认可舜“百事顺父母，只杀他不得”。② 因此，理学家的论证为“愚孝”提供了思想根源。理学家认为对父母的任何无理要求，作为人子都只有俯首帖耳，垂目而受，而这种思想还得到统治者的褒奖，在此，封建孝养理论完全地堕落为“父要子亡，子不得不亡”的蒙昧主义。因而，这一时期表现在实践中的许多孝行都忽略了行孝的本质。如，宋元时期“孝子剧”《行孝道目连救母》，就是“愚昧”思想的缩影，其内容是鼓励子女为“天下无不是者父母”所犯下的罪恶承担痛苦，子女被剥夺了独立人格，在封建极端化孝道的束缚下，走上了赎罪的道路，以至于陷入万劫不复的深渊。而诸如此类愚昧思想在这一时期的表现比比皆是。

养老尽孝方式非人性化。养老尽孝在愚昧思想的指导下花样翻新，宋元时代，“孝”成为人们生命的精神支柱，孝子们似失去了理

① 张载：《张载集》，《正蒙·有德第十二》，中华书局 1978 年版，第 45 页。

② 程颢、程颐：《二程集·遗书》卷二三，中华书局 1981 年版，第 310 页。

智，对行孝表现出一种狂热，都选择以自伤、自残方式以全孝心，行孝被异化到了面目全非、登峰造极的地步。诸多非人性化的尽孝方式，如“刲骨疗伤”“杀子尽孝”在这一时期表现得司空见惯、习以为常了。“刲骨疗伤”，是以割自己的肉做药饵为父母疗伤的统称，是孝子最常采用的尽孝方式。史料记载，以这种方式的有如断左乳，剔臂肉的，数量还不少，据统计，《宋史·孝友传》就有记载了十余个这样的例子。这不仅造成施孝者本身体肤之损，最主要的是当某些愚孝行为还能受到官府的表彰，如为其立“纯孝坊”“崇孝坊”的赞誉，影响大的，还能赐予束帛和醪酒等物质奖励，这使人们形成了一股相互效仿、攀比之风，对社会造成极坏的影响，割股、割肝、卧冰等自残甚至自杀行为来行孝在这一时期屡见不鲜。宋元时期最为灭绝人性的行孝方式当属“杀子尽孝”，这是愚孝发展史上无法逾越的高峰。元杂剧《小张屠焚儿救母》就描述了主人公张屠户家贫而母亲病重久治不愈，当卖东西换来的小钱却又不幸被他人坑害买了假药，张屠户和妻子为求神灵保佑将儿子焚烧以一心侍奉老尊堂。这与《二十四孝》中“埋儿奉母”的故事类似：郭巨家里贫困，儿子又三岁了，母亲不能吃饱，自己供奉母亲实属困难，儿子还分享了母亲的粮食，于是和妻子商量埋儿，他们认为儿子可再有，而母亲却不能再有了。这种“杀子尽孝”的极端化的“愚孝”，在后期发展中也让众多的孝子望而却步，以至于“谈孝色变”。元代统治者虽一边严刑禁令：“诸为子行孝，辄以割肝、刲股、埋儿之属为孝者，并禁止之”①，但同时也大肆旌表宣扬。可显，在这一时期愚孝观念对人性之束缚，已经到了让人不能自拔的地步。只要父母犯了难以治愈的病，孝子不仅会割肉啖亲，或抉眼断乳、剖腹探肝以为药饵，甚至自焚、自殉以祈祷上天显灵、祈愈父母。

总之，从中国传统孝道养老伦理思想的总历史发展趋势看，越是到了封建社会的后期，孝悌意识就越强，孝行规范对人的禁锢也越深。宋元明时期处在由鼎盛走向式微、从繁荣走向衰落的封建社会后

① 《元史·刑法志》。

期，与之相适应，在这一时期孝养思想在理论上趋于本体化、形而上学化，实践上则走向了极端化、愚昧化。这一时期，养老行孝理论基本上是沿袭了宋明理学的路数。理学家以“天理”论证孝行，为养老行孝寻找了根源，以“理”的绝对性、神圣性强调了养老尽孝义务的绝对性，再加之统治阶级以孝治为目的而对孝观念的强化，使得养老行孝得以具体化在民间推广与流行，甚至推向了明清时代愚孝愚忠的历史高峰。孝养的美德意义不仅在于处理家庭关系的伦理道德范畴，也体现在政治上、社会上的功能。在肯定宋元明这一历史阶段的尊重长辈、孝敬父母、赡养父母等优秀孝养思想的同时，我们也因此看出传统孝养思想的明显化弊端，封建社会用伦理道德对人类人性摧残压制，成为个人言行的严重枷锁。

第二节　儒佛孝道养老观的冲突与融合

佛教作为一种外域异质文化，是古印度社会政治、经济和社会关系的反映，在教义思想、仪轨制度、戒律规范方面与中土稳健醇厚的传统伦常、社会习俗有着重大的差异，与修己安人、孝亲扬名的儒家思想更是大异其趣，因而，佛教自其传入中土，就遭到了来自世俗阶层、知识阶层、权力阶层等的抵制，“不孝”就成为儒家排斥佛教的重大口实之一。佛教要成为中国传统文化的重要组成部分，必然要经历一个与儒家文化由矛盾冲突到逐渐融合的漫长过程。“中国佛教伦理是以孝道为核心的，所以儒佛冲突对话的过程，也正是佛家孝亲观形成、发展和成熟的过程。”① 面对以宗法制度为基础的儒家纲常伦理的不可逾越性，佛家同样以孝道为契合点，寻找二者共同点，积极自发地改变自己的原始形态，在孝道养老伦理思想上进行挖掘、增益和宣传，从而实现了两种异质文化的交融。

---

① 朱岚：《中国传统孝道思想发展史》，国家行政学院出版社 2011 年版，第 312 页。

一　儒佛孝道养老观冲突的必然

儒佛思想都是其社会结构、文化传统、价值观念的反映，二者都包含着丰富的孝道养老观，但是二者由于产生的背景各异，其在教义思想、孝行礼仪、发展形态上差异鲜明，这就决定了儒佛孝道养老观思想交锋冲突的必然。

（一）儒佛教义思想的差异

儒家孝道养老观萌芽于周王室衰微、社会动荡的春秋战国时期，经先秦儒家诸子的理论化阐述而得以系统成型，由于其思想意识形态的基本精神是为维护封建统治，因而在汉代受到统治者极力推崇而达到政治化的顶峰，也被历代统治阶层重视与传承。但从其产生背景看，在经济上长期的小农个体经济占据基础地位，政治上则重视血缘关系，以血缘宗法关系为纽带，主张“家国一体”的政治模式，实现维护巩固封建君主专制的目的。与此相适应，在伦常上“孝”是高于一切的范畴。儒家强调“德之本也，教之所由生也”①，将孝视为道德规范的根本，并提出“仁”，“仁者，人也，亲亲为大”②，认为“亲亲”之孝是推行一切德行的起点，因而“仁爱”的思想归根到底就是“孝悌”，最基本的是“爱亲”，爱自己父母，爱与自己有血缘关系的人，继而“由内而外，由近及远”，从家庭伦理放大到政治伦理。“迩只事父，远之事君”③，“孝乎惟孝，友于兄弟；施于有政，是亦为政”④。因而，儒家以家族主义至上，讲孝等级鲜明，主张“贵贱有等”。在这一观念的支配下，在家庭孝亲方面则表现出了“长幼有差”的等级，子对父的绝对服从。儒家对“孝”的重视和主张在历史的漫长流程中逐渐形成了其悠久的道德传统并深深渗透到社会生活中，形成浓厚的社会心理氛围。

---

① 《孝经·开宗明义章》。

② 《礼记·中庸》。

③ 《论语·阳货》。

④ 《论·子罕》。

佛教在教义思想上与儒家截然相反，认为孝道并无等级，佛教宣言众生平等，没有亲疏远近之别，救济一切众生是佛教的根本要求。印度佛教追求出世解脱，原始佛教认为万事万物皆是因缘和合而生，父母子女也不过如此，一切现象都是变化不居。主张不拘伦常、斩断俗世尘缘，不认六亲。① 儒家对孝的划分具体，孝亲对象明确，普通庶民要求善事父母，但是佛教依据六道轮回，认为一切众生都可能互为子女和父母。佛教还认为既然众生互为子女和父母，也就没必要执着于世俗的父子之道。对于赡养父母和报恩方面，儒家认为这是作为子女必需的义务与责任。原始佛教则认为父母子女之间其实是一种暂时的寄往须臾的关系。按照“业报轮回”的原理，在孝道中怨亲难辨，互为子女。父母对子女并没有特别的恩德，不必执着于世俗的父子之道。所以，对红尘之芸芸众生，佛教也只宣扬父母子女互尽义务，父子关系平等相对，不应随身份地位的变更而改变。

（二）儒佛孝行礼仪的差异

中国传统儒家思想强调忠孝，宣扬三纲五常，在伦理规范上，是以家族、家庭为核心的孝道伦理，因而在孝行礼仪规范上，注重把礼仪要求与人们的社会身份紧密结合起来，全面具体地阐释，使其更容易与社会政治相融合。如，在孝顺父母的礼仪要求上，认为：“孝子之事亲也，居则致其敬，养则致其乐，病则致其忧，丧则致其哀，祭则致其严。五者备矣，然后能事亲。”② 对父母的从生事之孝到去世行孝都提出了具体的要求。《孝经》中对去世父母之礼更是具体到包括哭、服饰、语言、吃饭、丧葬、宗庙祭祀等方面。而原始佛教则倡导出世、追求超脱，无君无父，在孝行礼仪规范上显然是与儒家相对立的，突出表现在以下几个方面。

居家养亲与离家背亲。居家养亲在儒家看来，是最基本的孝行规

① 许宁：《儒佛孝道之比较》，《孔学研究》2000 年辑刊，第 313—322 页。

② 《孝经·纪孝行章第十》。

范。“子游问孝，孔子曰：‘今之孝者，是谓能养。’”[①] 在物质上对父母进行供养，能晨昏事养伺候父母，子女尽自己最大的努力让自己的父母衣食无忧，这是一种最为普通的“乌鸦反哺”回报之情。而佛教追求出世，步上出家之路，救赎父母乃至一切有情众生，不仅能福惠自己，也能福惠累世累劫的父母，方为“大孝”。因而，作为一个佛教徒，他们不得不放下现世双亲眷属，或是选择云游四方，青灯古刹，深居简出，这与儒家“父母在，不远游，游必有方”[②] 的孝行截然相反。

珍爱发肤与削发为僧。“身体发肤，受之父母，不敢毁伤，孝之始也”[③]，儒家认为子女的身体是父母给予的，应该要倍加珍惜，不得有丝毫毁伤，这才是对父母孝的基础。而佛家认为出家之时，要能做到永离尘垢，无欲无恼，须斩断“三千烦恼丝”，必须从头开始，削除须发，以达到“无所侵扰，虚心静默，唯道是务”[④] 的境界。这显然与儒家“守身为大”的思想相矛盾冲突。

无后不孝与抛妻绝嗣。儒家把“无后”视为最大的不孝，强调孝子必须娶妻生子，繁衍后代，才能延续香火，才能有后人祭祀祖先，才能使家族后继有人，才能使父母年迈时老有所养、老有所终。在儒家看来，佛教徒常常青灯古刹，不娶妻生子。佛教徒认为，父母在世时已经辛劳一生，作为子女自己对父母也并非无报恩之心，虽然未能为家族延绵子嗣，也有违伦常，但是出家救赎父母，救度众生脱离苦厄渊薮，也是尽孝的一种方式。

忠君孝亲与无君无父。儒家把“孝”作为人立身的根本，进而把孝转化为社会生活的礼仪规范，从孝顺父母开始，延伸到对国家君主的忠诚，再延伸到人生的终极目标。“夫孝，始于事亲，中于事君，终于立身。”[⑤] 将“事君”“事亲”等作为处理家庭和社会关系的伦理道

① 《论语·为政》。
② 《论语·里仁》。
③ 《十三经注疏·孝经》。
④ 《大正藏》第1册，第7页。
⑤ 《孝经·开宗明义章》。

德原则。显然，将“忠孝”这些伦理道德与政治行为结合了一起，将国君视为大的“家长”，家中要事亲敬亲，臣民要事君忠君。这种“尊卑之礼”是不可缺少的。而在佛教徒看来，出家僧人是“方外之宾”，因而“六亲不敬，鬼神不礼”，其人生追求就是要消除种种烦恼，并不看重“厚生之益”，其遁世求法，也是为普度众生，即为“大孝”，所以可以“不顺化”。

（三）儒佛发展形态的差异

儒家孝道养老观在发展形态上一直处于比较稳定的状态。“孝”观念起源于氏族社会，萌芽于夏商时期，在西周得以接续，到先秦时期已系统成型，并在汉代传承发扬。孔子“志在春秋，行在孝经”，由于儒家孝道养老伦理思想与中国社会的状况和特点是相适应的，其思想要义又为封建统治服务，所以自先秦以来受到统治者的大力鼓吹和提倡，并不断继承发扬，同时，“百行孝为先”为身处宗法制度下的民众所接受，成为中土根深蒂固的观念。在汉代就在几百年的统治中有宣扬“以孝治天下”，而且我们会发现，多数统治者都会在其谥号中冠以“孝”，如“孝惠皇帝”“孝献皇帝”等，而且在统治中以孝施政养老举措一以贯之而毫无动摇。

然而，佛教孝道养老观发展态势可谓一波三折，作为一种异域文化其发展态势的动荡必然影响其在中土的立足。早在汉末就有反映儒佛的种种分歧，至东晋更是出现了大规模的伦理层面的争论。儒佛在孝道思想的差异，导致其发展步履维艰，面临不同的责难和抨击。于是，也有少数佛僧徒试图抗辩，提出“大孝”“小孝”“方内方外”思想，以提高其地位，但还是受限。虽然在南北朝时期，由于社会危机的加重使儒家伦常陷入窘境，佛教思想则迎合了士人阶层并得上层统治集团的庇护支持得以盛极一时，佛教的孝亲观念也随之而得到广泛传播，但佛教的兴盛，给以儒家思想为主导的本土文化带来了巨大的挑战，也使纲常名教与佛法之争更加频繁而激烈，因而在此过程中难逃灭顶之灾，佛教曾在北周、北魏遭遇两次灭佛之灾，一时寺庙毁废殆尽，佛僧颠沛流离。随后，佛教逐渐吸收儒家思想，进一步世俗化，直至宋代名僧契嵩《孝论》的完成，才标志着佛教孝道养老观念理论化、系统化的形成。

二　儒佛孝道养老观的融合的可能

儒佛两家在教义和礼仪规范上虽然存在着巨大的差异，但是两者并非绝对的对立。二者在孝道养老观上也有共同之处，表现在理论依据、基本内容的相似性及社会功能的一致性上，这为儒佛孝道养老观的融合增加了可能性。

（一）儒佛孝道理论依据的相似

儒佛两家都重视孝道，在孝道理论依据上，儒家宣言“报本”，即报答父母的养育之恩，作为子女“善事父母”是理所当然。“夫道也者，神用之本也；师也者，教诰之本也；父母也者，形生之本也。是三本者，天下之大本也。”① 说明了父母是天下三大本之一，孝最基本的就要善待自己的父母，亲近自己的父母，所谓“父母者，人之本也”（《屈原列传》），对父母行孝是做人的根本，父子之道就源于血缘亲情的自然流露。显然，报答父母的血亲之爱是人之根本。佛家同样重视对父母的回报，强调“报恩”，其孝道文化的理论根基就是报答父母的恩情。“供养父母，令其安乐，除苦恼者，实有大福。若汝于父母，恭敬修供养，现世名称流，命终升天上。”②“报父母之恩、报众生之恩、报国王之恩、报三宝之恩”③，在佛教看来，父母的养育之恩和子女联系最密切，因而是子女养成感激之情的起点。儒佛两家虽在报答形式上有别，儒家注重为父母“解困”，使父母摆脱衣食住行的烦恼，佛教注重“解脱”，让父母知晓生命的意义，为父母忏悔罪孽。但二者都深刻地认为父母养育子女的艰苦，在主张人们更好对父母尽孝心方面的基点上是一致的。

---

① 《孝论》。
② 《杂阿含经卷》第 4 册，第 67 页。
③ 《心地观经》，《大正藏》卷一五九，第 297 页上。

此外，儒佛两家不仅在血亲方面有着一致性，还在理论依据上都给予孝道神秘化的论证。“夫孝，天之经也，地之义也，民之行也。”① 认为“孝”上天规定的原则，也是大地施行的正理，更是人的基本品行，从天人合一的角度提出了“孝”的另一重根据，指出民众的孝行应该以天地的规律为准则，并用其统领人的思想和行为。与儒家相比，佛教也注重利用这种神秘化的说法，佛教为血亲之爱中的离家背亲方式矛盾寻找理论支撑，如，华严宗五祖宗密云：“始于混沌，塞于天地，通人神，贯贵贱，儒释皆宗之，其唯孝道矣。”② 这些观念在“孝”字上与儒家何其相似！也就是说，孝能超越时间，跨越空间，能通人神，没有贵贱之分，不受宗教规范限制。这与儒家认为的“孝”是支配天地运行、万物流转的普遍规律有异曲同工之处。

（二）儒佛孝养基本内容的相似

在孝亲内涵上看，儒佛都为对父母行孝做了阐释，认为使父母拥有基本的物质生活保障是孝道的第一要义。儒家从不同的角度把孝与所倡导的仁、义、礼、智、信等道德理论联系起来，不仅深化了孝道的内涵，也从广度上丰富拓展了孝道养老观的内容。儒家提出“谨身节用，以养父母”③，同时还强调不仅要养父母，而且对父母要敬爱和孝顺，注重父母与子女的感情沟通，使父母精神生活充实、愉快，儒家提出“父母唯其疾之忧”，其“不远游”理论也强调了子女对父母的孝思，在死后之孝上，儒家提倡“三年之丧”。由于僧人常年谢世高隐或离家背亲，就不必像世俗之人一样披麻戴孝，静居修持，超度亡灵，也同样饱含了真诚。与此相对应，佛教也主张“谨身节用”，提倡节衣缩食。佛教在《大集经》上说：“世若无佛，善事父母，即是事佛。”将父母当作佛陀侍奉，给予父母极高的尊重，因为

① 《孝经·三才》。
② 《佛说盂兰盆经疏》。
③ 《孝经·庶人章》。

父母的养育我们才得以存活于世上，从而可以进一步去探寻佛教的真谛而达到圆满。对于死后之丧祭，佛教则提倡“心丧”，即以“心”服丧。

从孝亲境界上，儒家强调“荣亲”，在《孝经·开宗明义章第一》中载：“立身行道，扬名后世，以显父母，孝之终也。”儒家孝道的最高境界，在于子女在社会建树功德，创立基业，同时把礼义恩惠施给别人，名声就会显扬于当世，从而达到光宗耀祖。佛教在境界上也有类似超越，佛教身处世俗社会，但超于世俗社会，强调“救济父母”，依据其六道说，认为如果今世对父母不孝顺的话，必将会沦落恶道，经历一个漫长痛苦的过程，受尽苦楚，但如果今世能够积下大功大德，则可免去因果轮回之苦，还可进入永生不死的至高境界。佛教把孝分为小孝、中孝、大孝，小孝指的是父母物质上的保障，中孝是使父母得到精神愉悦，必须做到衣锦还乡、功成名立、光耀门楣，大孝指是使父母摈除三道轮回之苦。

（三）儒佛孝行社会功能上的一致

孝行社会功能就是指孝道养老观在社会中所发挥的作用，孝道作为家庭最核心的道德范畴，在赡养父母上发挥基本功能，但其作为一切教化的起点，在淳厚风俗上也起到了巨大的促进作用。“谨庠序之教，申之以孝悌之义，颁白者不负戴于道路矣。”① 儒家孟子认为倡孝行孝能不断的教化人心，于是逐渐形成了“爱亲者不敢恶于人，敬亲者不敢慢于人”② 的尊老敬老的良好风尚。与此相似，佛教也认为孝具有洗涤人心的作用，如，唐代僧人神清认为：“孝者以敬慈为本，敬则严亲，慈则爱人，严亲则不侮于万物，爱人则不伤于生类。”③ 可显，怀孝之心，小到尊敬亲人长辈，大到惠泽万物生灵，孝道能淳风俗而厚人心。

---

① 《孟子·梁惠王上》。

② 《孝经·天子章》。

③ 《北山录》。

儒家孝道还有一个最重要的特征就是在于其孝道与社会现实联系紧密，具有浓厚的现实内涵，主张“修身，齐家，治国，平天下”，从道德教化的角度，把孝道作为着眼点，将其向社会伦理方面过渡，通过礼的作用来维护尊卑上下，无论是在家庭中，还是社会中，都形成一种“长幼尊卑”的等级秩序。这种儒家伦常进而推衍到政治领域的“教民亲爱”，在国家治理举措上广泛地推行孝行。从这里我们可以看出，儒家是通过对小家庭父权的强调，到达国家君权的巩固，以孝道来支持王道。佛教从“一切众生，皆有佛性”① 出发，认为自己孝道光明万丈，普照世间，强调每个人皆有其内在的成佛根据，应当广弘佛法，助世行孝，“发无上菩提心，观一切众生无始以来皆我父母，必欲度之令成佛道”②。从这里可以看出，佛教有弘道济世的思想，主张孝道要公正平等，要求每个人对其父母乃至于所有人都负有责任和义务，③ 这显示了佛教孝道对血缘关系的大大超越。儒家与佛道相配合，可使人去染转净，弃迷开悟，“道洽六亲，泽流天下，虽不处王侯之位，亦己协契皇极，在宥生民矣”④。于是儒佛殊途而同归，共同起到了稳定封建统治政权和社会秩序的作用。⑤

三　儒佛孝道养老观的矛盾融合

佛教自传入中土以来，在孝道养老观上与占统治地位的儒家始终存在冲突与对话两种交涉机制。作为一种外来宗教佛教能在中国广泛传播，与其本土化策略密不可分。据汉晋初传之际，佛教就开始与中国的本土文化相接触，因其辞亲出家、严持禁戒等行为及解脱烦恼、出离生死等旨趣与儒家伦常大相径庭，而被冠以“不孝”的莫大罪名，“孝”也因此成为儒佛之争的焦点。佛教作为一种出世型的宗教与倡导立身行道、忠君孝亲齐家治国的儒家法则伦理直接融合，举步维

① 《大涅槃经·如来性品》。

② 《灵峰宗论》。

③ 许宁：《儒佛孝道之比较》，《孔学研究》2000 年辑刊，第 313—322 页。

④ 《沙门不敬王者论》。

⑤ 许宁：《儒佛孝道之比较》，《孔学研究》2000 年辑刊，第 313—322 页。

艰。佛教要实现本土化的过程必然与儒家文化融会与会通，接受和阐扬中国传统孝道文化，这是佛教在中国传播、生长的唯一契机。面对儒家学者采取以主动抨击攻势的一贯方式向佛教发起的诘难，佛教守势回应，在既争论又调和的状态中，逐渐采取了灵活的权变策略，寻找佛经中的有关孝亲思想，翻译佛教经典、援儒入佛贯以儒释并积极宣传，融合两家在孝亲观上的矛盾。随着佛教在中土的再生，佛教的孝道养老观与儒家中土化、世俗化的纲常更加接近，直至宋代以后的封建社会，儒、佛孝道养老观已经达到了水乳交融的地步。下面从儒佛融合的三种途径，探讨二者矛盾融合的过程。

（一）翻译佛经整改取舍

中国文化和印度文化在思维方式和伦理观念上都有很大的差异，在阅读佛经时若没有经典依据而径自揣测佛教的底蕴可谓雾里看花。诚然，让人认识佛教就必须能翻译这些难懂的佛经，但是佛教作为一种异质文化，要实现跨文化的对话，有些内容没有确切对应的词义来注释佛经。因而，佛经译家在翻译佛经的同时，对原文采取必要的选改、节增、删改等，同时与中国家族伦理观念来比附佛教的教义，这大大弥合了二者的差距。

一方面，佛教大量的翻译有关报父母之恩的孝道经典，尽力挖掘佛教中有关孝亲的思想资源，以此说明佛教讲孝行孝。如："夫酒者，令君不仁，臣不忠，亲不义，子不孝，妇人奢婬，厥失三十有六。亡国破家。靡不由兹。"（《佛灭度后后棺敛葬送经》）① "边国当忠孝，尊敬长老，信乐佛道，给施明经道士，念报反复。"（东晋瞿昙僧伽提婆译《增一阿含经》）② 显然，佛教跟儒家孝道观有相似之处，涵盖了忠、孝、节、义的思想。早期出现许多备受中土接受认可的汉译经典，还有诸如《尸迦罗越六方礼经》（六方礼经）、《华严经》《善生子经》《游行经》和《那先比丘经》等佛经中也包含着大量的家奉双亲的

① 《大正藏》第1册，第176页。
② 《大正藏》第2册，第830页。

家庭伦理观念。

另一方面，佛经译家在翻译佛经的过程中，对“孝”进行重墨渲染，调和儒佛之间在孝亲方面的矛盾。如三国时的康僧会在编译《六度集经》时，说布施诸圣贤“不如孝事其亲”，强调了孝的重要性。《孝子睒经》《盂兰盆经》中睒子孝亲、目连救母的故事是中土广为流传的劝孝经典题材。此外，佛教译者还依据中国的伦常观念对佛经中的内容做了调整和取舍，如，佛教认为人受因果报应决定，往世六道轮回，一切众生或许互为子女父母。佛教认为这种关系是无常的。在父子关系上，印度佛教的家族观念和中国父系家长制相对立，佛典中母亲的地位是在父亲之上的，因而不仅在语序上使用“母和父”来表示双亲，而且子女名字也都是随母姓。佛教为弥合二者差距，在汉译佛典中把提及双亲的语序就都改为“父和母”。此外，还如，对部分与儒家相悖的如“不拜父母”的言论和观点，进行了删除，或者选择不译，增加了权威言论。如汉译《长阿含经》卷十一《善生经》中就比原本增加了“凡有所为，先白父母”“父母所为，恭顺不逆”“父母正令不敢违背”等语句。另外，《善生经》体现佛教“中道”精神，记载了子女对父母之五事，① 同时也对应记述了父母对子女之五事，但是汉译后却消解了印度佛典的原貌，仅强调子对父的单方面义务，充分体现了儒家传统伦理下的三纲五常观念。

（二）融儒入佛变造伪经

儒家认为“孝”是封建道德中高于一切的范畴，备受统治者推崇。佛教如果强调与“孝”无缘，就必然受到排斥。为了使佛教能在下层民众中广泛传播，以达到融儒入佛的目的，佛教学者迫于世俗伦理重孝思想的压力，不得不持亲和的态度，造作了大量宣扬孝道伦理的“疑伪经”。之所以把这些称为“疑伪经”，是因为这些经书对原始

① 韩坤：《冲突与对话——早期佛教对儒家孝道思想的融会》，《萍乡高等专科学校学报》2010年第5期，第57—60页。

佛典进行了剪裁、删改或撰述，或是依据真经的基础编造而成，或凭空杜撰的。这些经文试图说明了儒佛两家在基本伦理道德规范和礼俗上的一致，于是，一些统治者逐步给予支持推崇，也慢慢为广大民众所接受，最终得以广泛传播。在中土出现的“疑伪经”中，有不少是以宣扬孝道为主题的。如《佛说父母恩重经》就有：“人生在世，父母为亲，非父不生，非母不育，是以寄托母胎怀身十月……父母养育，卧则兰车，父母怀抱，和和弄声，含笑未语。饥时须食，非母不哺。渴时须饮，非母不乳。……呜呼慈母，云何可报？”① 这描述了母亲十月怀胎的不易，告诉了人们对父母尽孝的必要。该经文中还引入丁兰、董黯、郭巨等中国古代传说中的孝子孝亲的典故，宣言父母孕育之恩应当回报。在如何尽孝道方面，还主张把尽世俗孝道与献身佛道两者结合起来：“能为父母作福造经，或以七月十五日能造佛　盂兰盆，献佛及僧得果无量，能报父母之恩。”“若有一切众生，能为父母作福，造经、烧香、请佛、礼拜供养三宝，或饮食众僧，当知是人能报父母其恩。”②《大方便佛报恩经》以宣扬报恩父母恩重，在某些情况下，甚至可以献出生命。该经给第一卷命名为“孝养品”，记述了佛陀的过去前身须阇提王子，在国家危难之际，割肉身济养父母以报父母之恩。还有如宣扬大乘戒律的重要经典《梵网经》，孝顺父母是“至道之法”等宣说。

总之，以《父母恩重经》为代表的“疑伪经”，虽然有许多由中国佛教学者伪造、变造，但没有影响其在中国佛教史上的地位。在宣扬中土佛教的孝道养老观上更是贡献斐然。这些融会儒释的佛教经典的出现，是佛教本土化的典型产物。从第一部讲孝道的佛经《佛说父母恩难报经》，到北宋契嵩的《孝论》，是佛教在中土再生的过程。

---

① 《大正藏》卷八五。

② 王月清：《中国佛教孝亲观初探》，《南京大学学报》（哲学社会科学版）1996 年第 3 期，第 27—32 页。

（三）理论上辩护和宣传

在孝亲问题上面对中土世俗舆论的压力和经典理论的反击，佛家还在理论上，积极为自身进行辩护和宣传，把佛教孝亲的阐述作为中土佛教伦理的中心任务，为儒佛的靠拢融合提供了契机，也为佛教孝道养老观的形成奠定了基础。

早在汉魏时期，佛教就对孝道养老观中的孝行礼仪规范的异样做了一一辩解。对于佛教削发为僧与儒家的珍爱发肤的对立，儒家抨击道：“《孝经》言：‘身体发肤受之父母，不敢毁伤’，曾子临没：‘启予手、启予足’，今沙门剃头何其违圣人之语不合孝子之道也。”① 对于无子无后更是责难：“夫福莫逾于继嗣，不孝莫过于无后。沙门弃妻子，捐财货或终身不娶，何其违福孝之行也。”② 佛教牟子在其《理惑论》中，用“苟有大德不拘于小”的理论辩，指出“孝”的内涵不应局限于孝敬父母的世俗形式。牟子还引用了儒典中孔子称赞泰伯、许由、夷齐的故事来反驳“佛教有违孝道”的指责，佛门出家修道也正是仁孝之举，强调佛教孝道是重实质而不重于行迹，泰伯文身断发，许由逃入深山，伯夷叔齐离国出走，这种行为表面上看是不仁不孝，实际上是大仁大孝。③ 孝有“大孝”和“小孝”之分，以大小之分看待孝道。在家侍奉双亲，这只是对父母行了赡养的“小孝”，还谈不上真正的孝亲，而出家修道传教，矢志成佛，让父辈了悟佛道，弘修大业，才是一种显亲扬名的孝行。为争取佛教孝道得到统治者的庇护，东晋的名僧慧远强调佛法能在更高层次上尽守忠孝，认为孝道归于佛道是忠孝的最高境界，佛道也是实现孝道的最好形式。④ 这种观点迎合了封建统治，也给儒家纲常的对立增添了新的气息，因而在南北朝时期得到统治者的庇护而盛极一时。进入隋唐时代，封建一统局面形

① 《牟子理惑论》九章。

② 《牟子理惑论》十章。

③ 王月清：《中国佛教孝亲观初探》，《南京大学学报》1996 年第 3 期，第 27—32 页。

④ 谢惠媛：《浅论儒家思想对佛教忠孝观的影响——以忠孝之辩为中心》，《中山大学研究生学刊》（社会科学版）2002 年第 2 期，第 1—7 页。

成，为重建孝道思想，加强以封建宗法专制的需要，佛教因“不忠不孝，紊乱纲纪”的头衔，又一次受到如荀济、傅奕、韩愈等人的激烈抨击。面对反佛者的强烈责难，以法琳为代表的护法者，在佛教孝亲问题上承接了前人理论并进行初步系统化的尝试。法琳认为儒家孔子以“名教为本”，释迦以“因果为宗”，这点大相径庭。而儒家佛教在立教本意、社会目的上两种并行不悖，都旨在于广仁弘济或齐家治国的社会理想。同时，充分肯定佛教也行孝，提出“小孝用力，中孝用劳，大孝不匮”①，法琳持“大孝不匮”的观点，为沙门歌功颂德。法琳以后，在中土佛教孝亲问题上相继做出贡献者还有唐代的道世、宗密、神清等。道世在其《法苑珠林》中，专设《忠孝篇》《报恩篇》宣扬为人忠孝，将得善报。宗密、神清对《梵网经》的“孝名为戒，亦为制止”的思想加以发挥，② 认为佛教虽追求出世，却是以孝为主。

此外，佛教伦理在孝亲问题上理论重心逐渐转移，佛僧代表在为佛教辩护的同时，又作为一个布道者，大力宣扬佛教孝道论，推动其进一步本土化。宋代以后，佛教伦理逐步向儒学化、世俗化转向。佛教开始注重对世俗生活的关注，常以布道弘法劝诫世俗，扶世助化。宋代禅僧契嵩完成了《孝论》，中国佛教孝亲观从此系统成型。明代智旭大师则进一步说“儒以孝为百行之首，佛以孝为至道之宗”③“世出世法，皆以孝顺为宗”。④

总之，任何一种外来文化要在本地生存、独立和发展，必然经历冲突与融合的过程。佛教得以在中国这块本已丰沃的文化土壤上生根并融入中土文化的大流，离不开其本土化的策略。在与儒家文化的融合过程中，佛教依靠它特有的圆融性在孝亲思想上做出了巨大的努力，以北宋契嵩《孝论》的撰就为标志，儒、佛孝道养老观完成了漫长的融合过程，达到了相互含射、相得益彰，成为中华传统文化的重要组成部分。

---

① 法琳：《辨正论》，见《大正藏》卷五二。

② 王月清：《中国佛教孝亲观初探》，《南京大学学报》1996 年第 3 期，第 27—32 页。

③ 《灵峰宗论》卷七之一《题至孝春传》。

④ 《灵峰宗论》卷四之二。

第三节　佛教孝道养老观的主要内容

佛教传入伊始，因其教义、行为规范上的差异，在孝道思想浓厚的中国不可避免地展示其思想的深厚渊源和内涵，“孝”成为儒佛争执的牛耳。面对两家激烈的交锋相对而受到的诘难，解铃终归还须系铃人，在孝道问题上佛教一方面基于自身的思想义理做出了种种回应和辩论，逐渐损益其思想内涵。另一方面，在与儒家交流的过程中向其妥协，与服务宗法等级的儒家思想达成默契，以实现两种异质文化的交融，经长期传播发展，而形成了既迥异于原始佛教，又与儒家孝道相区别的中国地域特色的佛教孝道。从这一层面上讲，中国佛教伦理在很大程度上是一种孝道伦理，印度佛教建构中土化佛教孝道养老理论的过程中，不断吸收儒家孝道思想，同时，也保持着自身基本特色。其内容自然既包含继承了印度佛教一脉相承的部分，也蕴含着中国本土的文化特性。但在佛教传播中，儒佛思想内容往往交融一起，推动着中国佛教孝道养老观的建构。但中国佛教孝道养老伦理思想的形成并非理所当然，还得益于佛经中的资源和中国历代思想家对佛教孝道思想的丰富和完善，同时离不开民间僧徒以多种艺术途径的宣传。本节笔者拟从一些佛教经典著作，以及一些佛教徒对孝养思想的阐发等史料爬梳，归纳佛教的孝道养老观及特征。

一　佛教孝道养老观的理论基础

理论依据是建构理论体系的基点，要知晓佛教孝道养老观，必然要了解其理论思想的渊源。佛教的宇宙人生观是构成原始佛教体系的理论基础。佛教认为茫茫宇宙森罗万象，包括物质和精神等方面，万物无常。佛教看来，必须以三种智慧来观察这些现象：一是缘起；二是性空；三是中道。何为缘起？《杂阿含经》卷十二说：“此有故彼有，此生故彼生，此无故彼无，此灭故彼灭。”在这里“此”与“彼”，泛指因与果。缘起就是说世间万物皆有因果关系，而且互为因果。世界万物都处在因果相续相连的关系之中，是由相待的互存关系和条件决定的。性空就是指因缘起法的造作发生的变化，是恒常不变的，是没有对应的实体的，即如幻如化的。中道就是看待万物时，既不能否定因果现象，也不能固执地下结论，主张对待事物也罢，人也罢，要能做到亦有亦空，非有非空。正是因为缘起，因此万物无常，正是源于无常，所以众生平等。缘起论构成了佛教伦理体系的逻辑起点，也成为佛教因果报应的哲学基础，因果报应说自东汉传入中国对中国传统文化及广大民众的思想和行为产生了巨大的影响。佛教认为宇宙人生中的任何事物现象都有因缘与果报之间的必然性关系。因而，善有善报，恶有恶报，就是这个道理。一个人的善恶行为会给自己的命运带来相应的回报，会因积德修道而永脱生死，会因无道作恶而在三世六道中轮回。

因与缘、因与果的缘起论涵盖宇宙万象，① 而佛教立意之本是为了关切人类社会。因而，早期佛教重在论证人生是苦，欲为人生的痛苦提供根据。而佛教认为苦的原因是“业”作用带来的结果，何为“业”？“业”可以理解为造作、行为的意思，也就是说人类的身心活动，而这种身心活动与因果关系相结合，能产生不同结果的力量，称为“业力”。佛教常提到“业报轮回”，这种能在时间和空间中存续的“业力”，是实现因果报应的动力。② 佛教传入中国后，中国佛教学者结合本土固有思想文化，也特别重视论述因果报应过程中形成人生痛苦的原因，还对因果报应、生死轮回做出了新的论证和阐述，把人生归结为过去、现在和未来三世，并融入循环往复的系统之中。佛教在缘起论和业力论的基础上用十二因缘来进行哲理说明，“所谓无明缘行，行缘识，识缘名色，名色缘六处，六处缘触，触缘受，受缘爱，爱缘取，取缘有，有缘生，生缘老死。起愁叹苦忧恼，是名为纯大苦蕴集。如是名为缘起初义”。③ “十二因缘”又称“十二缘起”，包括

① 郭征宇：《简论佛教的因果报应说》，《晋阳学刊》2005 年第 4 期，第 62—65 页。

② 郭征宇：《简论佛教的因果报应说》，《晋阳学刊》2005 年第 4 期，第 62—65 页。

③ 《佛说缘起经》，《大正藏》第 2 册，青海人民出版社 2013 年版，第 547 页。

无明、行、识、名色、六处、触、受、爱、取、有、生、老死十二个部分，称为十二支，每两支间顺序成为一对因果关系，配合过去、现在、未来“三世”。换言之，人类众生就是按以上的十二个部分所组成的因果相续的链条，而处于生死轮回不已的苦海之中。① 因而，“六道轮回”成为因果报应的表现形式，是说众生是在由惑业的因而招感三界、六道的生死世界中浮沉流转，恰如车轮之回旋不停，无有止息。为寻求“解脱”，超越轮回，获得自在，只有皈依佛教，发挥自身之业力。

从整体上看，佛教的伦理戒律都在论证其宇宙论、人性价值论，这也是中国佛教自身内容的独特性。佛教在孝道养老观也处在其整体框架之内，自然表现出某些与中国传统孝道养老观相异的特点。佛教自传入中国后，与中国传统思想文化渲染和融合，其有关孝道养老观内容才为世人所知。

二　佛教孝道养老观的内容

（1）“慈悲众生，报恩父母”。这是佛教孝道养老观最基本的内容，也是最显著的特征。追根溯源，佛教的孝道养老观正是建立在报恩思想基础上的。在印度原始佛教里面是并未提及子女对父母报恩这种观念的，佛教传入伊始，依据对宇宙人生观为基础，从缘起、慈悲观念出发，强调知恩报恩观念。中国佛教认为子女最切记的应是对父母的生育抚养之恩，这是培养报恩之心的起点，因而报恩要先从报答父母的恩德做起，这才是孝的起点。②

早期汉译佛经中就有报父母恩的思想。如汉译《增一阿含经》卷十一《善知识品》中佛陀说法：“比丘当知，父母恩重，抱之、育之，随时将护，不失时节，得见日月。以此方便，知此恩难报。是故，诸比丘！当供养父母，常当孝顺，不失时节。”③ 父母给予我们生命，

① 郭征宇：《简论佛教的因果报应说》，《晋阳学刊》2005 年第 4 期，第 62—65 页。
② 朱岚：《论儒佛孝道观的歧异》，《世界宗教研究》2008 年第 1 期，第 40—47 页。
③ 《增一阿含经》，《大正藏》第 2 册，佛典集成版，第 601 页，第 823 页上。

又辛劳抚养我们，恩重如丘山，不可不报。还有卷五十《大爱道般涅槃品》云："父母生子多有所益，长养恩重，乳哺怀抱，要当报恩，不得不报恩。"① 《大乘本生心地观经》卷二《报恩品》云："是故汝等，勤加修习孝养父母，若人供佛福等无异，应当如是报父母恩。"② 这些零星散见于佛经中的只言片语带给人们最直接的反思。此外，在中国佛教经典中也有很多专门描述和表达报恩父母思想的典籍，如《父母恩重经》《善生子经》《盂兰盆经》等，其中《父母恩重经》可谓阐述报恩思想的最重要典籍。父母为儿女一辈子费尽心血，从儿女一出生母亲便精心哺育成长，"母见儿欢"，浓浓的自然亲情流露其中，长大后父母依然对子女关爱有加，有新衣先给自己的孩子。但同时也述说了子女忽视双亲渐渐老去，"子欲养而亲不待"的事实，"既索妻妇得他子女。父母转疏。私房屋室共相语乐。父母年高气力衰老。终朝至暮不来借问。惑复父孤母寡。独守空房。…甚年老色衰。多饶虮风。夙夜不卧。长呼叹息"。③ 这更强烈地表达子女报恩尽孝的必要性。再如，《本生心地观经・报恩品》记载："在世出世恩有其四种。一父母恩。二众生恩。三国王恩。四三报恩。"④ 强调了在四种报恩中，父母生养子女，含辛茹苦，子女的一切都来自父母无量的恩德，父母的慈悲之恩不得不报。

值得注意的是，佛教更注重对母恩的报答。儒家孝道是基于一种父系宗亲、父权家庭的宗法社会，其子女的孝行，更多地以父亲作为参照系。王明在《中国佛教孝道思想探析》一文中认为，佛教则相反，更多以母亲作为参照。按照业报轮回理论，子女此世投身作为现世父母的子女，是前世的诸多业报所致。但是，父母也是历经了生养子女的过程的，尤其是母亲承担了更多生养的痛楚和责任，因而，在父母当中佛教孝亲更重于对母恩之报。正如《佛说盂兰盆经》中载："饥时须食非母不哺，渴时须饮非母不乳"，"然寄托之处，惟在母

① 《增一阿含经》，《大正藏》第 2 册，佛典集成版，第 601 页，第 823 页上。

② 《大乘本生心地观经》，《大正藏》第 3 册，佛典集成版，第 297 页下。

③ 《父母恩重经》卷一。

④ 《心地观经》，《大正藏》卷一五九，第 297 页上。

胎。生来乳哺怀抱亦多是母，故偏重母。是以经中但云报乳哺之恩也”。[①]《佛说父母恩重难报经》也描述母亲十月怀胎的过程，从母亲生养子女的痛苦到子女出生后对子女的养育、操心，总结出母亲的十种恩德：“第一、怀胎守护恩；第二、临产受苦恩；第三、生子忘忧恩；第四、咽苦吐甘恩；第五、回乾就湿恩；第六、哺乳养育恩；第七、洗濯不净恩；第八、远行忆念恩；第九、深加体恤恩；第十、究竟怜感恩。”[②] 母亲怀胎十月，行住坐卧受尽苦恼，待临盆生产忍受剧痛，孩子出生后尽心哺乳，长养怀抱，艰辛无比。在《本心地观经·报恩品》也记载：“因缘母有十德。一名大地。于母胎中为所依故。二名能生。经历众苦而能生故。三名能正。恒以母手理五根故。四名养育。随四时宜能长养故。五名智者。能以方便生智慧故。六名庄严。以妙稷洛而严饰故。七名安隐。以母怀抱为止息故。八名教授。善巧方便导引子故。九名教诫。以善言辞离众恶故。十名与业。”[③]对母亲的伟大和美德予以歌颂，可显母亲的恩德就像浩浩苍天一样无边无际。

对于如何报恩，《佛说父母恩重难报经》也提到，书写、诵读经文为父母忏悔罪孽是最好的方式，可以使父母上升天上，远离地狱之苦。该经强调：“欲得报恩，为于父母书写此经，为于父母读诵此经，为于父母忏悔罪愆，为于父母供养三宝，为于父母受持斋戒，为于父母布施修福，若能如是，则得名为孝顺之子；不做此行，是地狱人。”指出佛教弟子要真正报答父母深恩，要做好三件大事：供养三宝、受持斋戒、布施修福。此外，佛教的报恩尽孝也大大超越了现实报恩的局限，认为报恩父母不仅是报答现在的父母，还要报答前世的父母。按照佛教因果报应观念，众生在“业力”的推动下，在无边无际无穷无尽的世界中死此生彼，形成无数的前生后世。因此现实存在的任何生命形式，无论是饿鬼还是畜生，都有可能曾经在某一生某一

① 《佛说盂兰盆经疏下》，《大正藏》卷三九，第 508 页中、第 508 页上。

② 《佛说盂兰盆经疏下》，《大正藏》卷三九，第 508 页中、第 508 页上。

③ 《本心地观经·报恩品》。

世是我们的父母。因此，慈悲善待一切众生，就成了孝敬父母的应有之义。① 若能将一切有生之物视为亲生父母，慈能给予众生乐，悲能拔除众生苦，就能让他们获得安乐。为解救双亲乃至七世父母，一年一度超度去世亲人会举行“盂兰盆会”，佛教的“盂兰盆会”是最大的法会，也成为后来流传至今的中国民间纪念已故亲人的节日，即现在的“中元节”，俗称“鬼节”。

（2）“事亲修行，荣耀父母”。这是佛教孝道养老观的核心内容。佛教中国化后，在孝道养老观上与儒家纲常更加接近，佛教孝道养老观走向世俗化，体现出了中国化佛教的特色，形成了事亲与修行统一、养亲与荣亲统一的特征。

“事亲”是儒家孝道伦理的基本内容，《孝经》总结为“五事”：“孝子之事亲也，居则致其敬，养则致其乐，病则致其忧，丧则致其哀，祭则致其严，五者备矣，然后能事亲。”② 总的来说，从生、死、祭三个过程中阐述了事亲的内容，既包括了物质方面的供养，要求孝养父母、侍奉父母，也包括精神方面的顺从，时时刻刻关注父母的健康，居家事亲成为衡量一个孝子的标准。从这一层面上看，佛教深居简出、游方四海，那是不是就与“孝”无缘呢？诚然不是。相比儒家而言，佛教也强调“事亲”，但更注重“修行”，修行与事亲并不矛盾，事亲是孝，修行也是孝，甚至是大孝。佛教认为赡养父母是子女之责，但辞亲出家并不是放弃责任。吃斋念佛固然对修行大有裨益，但还必须以世间善行作为“助缘”，才是“大孝”。所以，僧尼出家前要先安顿好父母的生活，出家后如果父母的生活失去依靠，也要节衣缩食、尽心竭力奉养父母。③ 在佛教看来，儒家的“事亲”还停留在“小孝”“中孝”的阶段，是在家之孝，佛教承认在家之孝是理所当然，但更重视出家的“大孝”，因而，中国佛教在“大孝”的框架内，宣言其不注重“孝”的外在行迹，更注重“孝”的内在实质。

① 韩焕忠：《佛教对中国孝文化的贡献》，《武汉科技大学学报》（社会科学版）2009 年第 6 期，第 6—9 页。

② 《孝经 · 纪孝行章》。

③ 朱岚：《论儒佛孝道观的歧异》，《世界宗教研究》2008 年第 1 期，第 40—47 页。

如，佛教出家修行，削发为僧、抛妻弃子等的行孝方式在儒家看来有违伦常，但佛教认为，这仅是僧人、僧徒在生活方式上的不同。早期佛教牟子在其《理惑论》中以“苟有大德不拘于小”的理由来回应剃发毁肤的责难，他引用了儒典中泰伯文身断发、许由逃入深山、伯夷叔齐离国出走的故事来说明，这些行为看似也有违孝道，但实际是大仁大孝。近代印光大师也认为对父母尽人伦之责，还不是孝的全部内容，若要真报现世父母和多生父母的恩德，出家修道、弘法利生是高的尽孝方式。因而，作为子女步走出家之路或在家精进与佛法的闻思修行，主要目的是为救度父母脱离苦厄渊薮，福慧自己累世累劫的父母，最后能证得解脱得佛果，就是在报父母养育之恩，就是在行孝尽孝。

此外，佛教认为如果像佛陀那样，立身行道，悟无上菩提，成天下万世的楷模，这样既能显亲扬名、光宗耀祖，又能让亲人感悟正道。出家修行的意义不仅仅是停留在对父母孝敬和报恩上，还能在修行学佛中扬名于后世，以荣耀父母，正所谓“一子成道，九族超升”，“以此荣亲，何孝如之”？儒家的重要典籍《孝经》在《开宗明义章》中就提到“立身行道，扬名后世，以显父母，孝之终也”。儒家最终认为承志、立志、立业才是对父母最大的孝。东晋士族孙绰在其《喻道论》中就宣扬佛“父隆则子贵，子贵则父尊。故孝之贵，贵能立身行道，永光厥亲”。① 认为孝行主要不在养亲事亲，而是要荣亲耀祖，佛教僧侣出家修行，传教修道，给父母带来了尊严和荣耀，是无上的孝行。中国佛教将儒家的“立身行道，显亲扬名”的观念加以发挥，将“孝”分为不同层次，强调荣耀父母，是高层次的孝，是“大孝”。莲池大师曾把世俗孝道概括为三个层次：“一者承欢侍彩而甘味以养其亲；二者登科入仕而爵禄以荣其亲；三者修德励行，谓成圣贤以显其亲。”② 在他认为，养父母给父母物质保障是最低层次的孝；其次是，子女登科入仕，衣锦还乡，享受荣华富贵；最后是，子

① 《弘明集》卷第三。

② 《竹窗二笔》，《明嘉兴大藏经》第33册，第51页上。

女立身行道，建功立业，光耀门楣，荣耀父母，这是孝的最高目标，是大孝。与此同时，佛教还强调“大孝”里又由低到高包括三个等级：最低等级是出家修行，为父母诵经祷告，度父母亡灵，让其脱离六道轮回之苦。① 中间等级是对父母耐心劝谕，使父母见佛闻法，摆脱生死所带来的烦恼。这也是佛教孝道的最终目的，“若不能以三尊之至化其亲者，虽为孝养，犹为不孝”。②“人子于父母，服劳奉养以安之，孝也；立身行道以显之，大孝也；劝以念佛法门，俾得生净土，大孝之大孝也”③，所以，在佛教看来，要荣耀父母不仅作为子女的要出家修道传教，矢志成佛，也要能让父母了悟佛道，父母若能皈依三宝，持斋念佛，断除三途辗转之苦，才算成就了大孝。最高等级就是由救济今世父母和多世父母，将报答父母恩之心化为对有情众生的大慈悲心，④ 这才是至孝。

（3）“持戒念佛，孝顺父母”。宋元以后，中国化佛教注重现实，注重理论与实践的结合，“持戒”“念佛”作为佛门的修行实践，与孝行紧密联系，成为衡量孝顺父母的标尺。在孝道养老观上，持戒与孝顺的统一，念佛与孝顺的统一，成为宋元以后孝道养老观的重要特征。

孝顺念佛与六度之中“持戒”是分不开。《梵网经》中说道：“孝顺父母、师、僧三宝，孝顺至道之法，孝名为戒，亦名制止。”⑤ 孝顺父母是孝，持戒不犯他人，以法制止身心行为，也是对有情众生的孝顺。认为对父母尽孝就是持戒，持戒也是对父母尽孝，这成为中土社会持戒与孝行结合起来的典据，也成为中土佛教孝道养老观的重要内容。在这里“孝”与“戒”是分不开的，同时以“孝”为“戒”，又以“戒”为“孝”。在护法的思想下，则佛家认为持戒就是孝顺，且是超俗的大孝，在布道的思想下，孝顺就是持戒。佛教孝道最系

① 朱岚：《论儒佛孝道观的歧异》，《世界宗教研究》2008 年第 1 期，第 40—47 页。

② 《大正藏》卷一六，第 780 页下。

③ 袾宏：《云栖法汇・竹窗二笔・出世间大孝》，《明嘉兴大藏经》第 33 册，第 51 页上。

④ 朱岚：《论儒佛孝道观的歧异》，《世界宗教研究》2008 年第 1 期，第 40—47 页。

⑤ 《梵网经菩萨戒本》。

统、最全面的论著，宋代神僧契嵩的《孝论》，就对孝顺父母和戒孝关系做了详细的论述。“夫道也者，神用之本也；师也者，教诰之本也；父母者，形生之本也。是三者，天下之大本也。”① 告诉我们父母是每个人得以形生的大本，是天下“三本”之一。因此报答父母的大恩、孝顺父母是天下的根本道理。② 在戒孝关系上更是做了详尽的论述，把戒孝关系用“孝为戒先”和“戒为孝蕴”来概括，孝为戒之发端，戒为孝的集蕴。在《孝论·明孝章》中载：“大戒以孝为先，众善由戒而生，若无戒，善无从生，无孝，戒无所依。”认为行孝是持戒的首要环节。③ 又说“夫五戒有孝之蕴”④，五戒蕴含了孝道。契嵩还把佛门五戒与儒家五常进行比附，从而认为笃孝、修戒是为求福、养亲。⑤ 戒法就是孝道的真谛，持戒、行孝是为了修福，要想修福，不如行孝，行孝不如持戒，唯有行孝才是真实的守持戒法。契嵩提到“律制佛子，必减其衣盂之资，以养父母”。⑥ 出家僧人应节衣缩食，以赡养父母。对于父母去世，要以心服丧三年，静居修法，以赞助父母之冥等等，都是体现了持戒行孝思想。智旭大师也主张佛门之孝落实在行持戒法上，奉持戒法时应尽心孝养父母，若不行孝道，则犯重戒，出家修行⑦。“但舍虚名，不舍恩义。但律制比丘，应尽心尽力孝养父母，若不孝养，则得重罪。”⑧

以上，我们从几个方面对佛教孝道养老观的内容进行了概括，佛教孝道养老观的基本特征也可以通过其内容而表现，也可通过与儒家思想的比较而彰显，突出了中国佛教孝道养老观的伦理特色。总的来说，从理论出发点上看，佛教孝道养老观着眼于报恩，注重报答父母

---

① 《孝论·孝本章第二》。

② 方立天：《佛教与中国伦理（续）》，《五台山研究》1987 年第 2 期。

③ 王明：《中国佛教孝道思想探析》，硕士学位论文，山东大学，2013 年，第 37 页。

④ 《孝论·戒孝章第七》。

⑤ 王明：《中国佛教孝道思想探析》，硕士学位论文，山东大学，2013 年，第 37 页。

⑥ 《孝论·孝行章第十一》。

⑦ 王月清：《论宋代以降的佛教孝亲观及其特征》，《南京社会科学》1999 年第 4 期，第 61—66 页。

⑧ 智旭：《梵网经合注》卷七，见（台）佛教出版社 1989 年印行《蕅益大师全集》。

的情感性；从核心内容看，相比较而言，儒佛两家在孝养父母上本质是一致的，儒家更注重外在行迹，而佛教强调精神上的报答；从修行实践上看，佛教实现了学解与实践的融合，持戒、念佛与孝顺得以统一。总之，中国佛教孝道养老观是在其思想的整体建构上，以会通的形式来逐步完成其思想的建构，因而，其内容既以自身为主同时也获得了教化中土的草根性，也为中国的孝文化增添了许多新鲜的内容。

第六章　清朝时期：孝道养老思想体系臻于完善

清朝是中国历史上最后一个封建帝制国家，在汲取历朝历代孝道治国之精华的基础上建立起了一套臻于完善的养老敬老制度，并有所发展。康雍乾时期（1662—1795）出现了“康熙之治”和“乾隆盛世”。由于经济较繁荣，社会稳定，于是十分注重政在养民，是清代重视和优待老龄人的主要阶段。

第一节　孝道养老伦理思想的创新发展

一　思想政治纲领上确立了“以孝治天下”的治国理念

众所周知，在世界历史进程中，中国是四大文明古国中唯一一个没有中断历史的国家，儒家文化受到来自西方或者本土其他文化的冲击，但是依然无法动摇儒家文化在中国封建社会的根基，以及在世界文化的地位和作用。这其中的原因之一就是中国文化是以孝为核心的儒家文化，是家国同构的儒家文化，是以孝治天下的儒家治理结构。中国古代是一个在儒家文化指导下的历史时期，儒家是伦理的学说，古代是儒家文化的天下。儒家文化的精华部分之一就是对孝的提倡与重视。儒家伦理认为，孝是道德的基础，是一个人立身做人、行道为事的根基，尽孝送终是身为子女最基本的行为准则，乃是一个人道德的体现。子曰：“夫孝，德之本也，教之所由生也。”① 一切美德和成就的开始是从孝开始的，这说明孝是道德的基础，也是良好品格的基础。人的根基稳，家庭就会和睦，社会才能安定，国家才能巩固。顺治十年（1653）在宴请时对群臣说：“凡人孝莫大于事亲，古云父母之年不可不知，承欢奉养，一旦父母有故，岂能再得？若不能尽孝于生前，而欲尽孝于殁后，朕不以为孝也。”② 可见一个人最大的孝行在于侍养父母，要在父母有生之年尽孝侍养，不要在去世之后尽孝，若这样做会被认为是不孝之人。因此清代的历任统治者为了更好地统治，要求官员们能做到“事父母能竭其力，事君能致其身”。③《孝经》上说：“夫孝，始于事亲，中于事君，终于立身。”“其为人也孝悌，而好犯上者鲜矣；不好犯上，而好作乱者，未已有也。”也有“教民亲爱，莫善于孝；教民礼顺，莫善于悌；移风易俗，莫善于乐；安上治民，莫善于礼。”④ 这说明“忠”“孝”的关系最为紧密，孝亲和忠君有极强的内在联系，事亲是忠君的自然基础，忠君是事亲的外延扩展，是至孝，是人们最高目标的价值追求。先孝亲而后事君，天下就可以安定。因此，对尊亲的尽孝是身为人最基本的涵养，是为人的价值基础，是社会最基本的单位家庭稳定的基础，是中国文化的重要精粹，是衡量古代官员、评价古代帝王的一个重要指标。所以孝道思想陶冶了人们的道德情感，完善了人们的道德人格，帮助人们树立正确的道德信念，培养了人们道德责任意识，稳定了社会秩序，培养了人们爱国主义意识。这就是中国历代王朝十分重视孝道的主要原因，更是中国文化的特色和个性，是中国文化延续与发展的根源。

清代是中国古代继元代以来第二个少数民族登上历史舞台的朝代。清代统治者吸收元代的教训，为了维护统治，自建国开始就非常重视儒家文化的重要作用，并且继承和发展了明代一些好的做法。清

① 《孝经·开宗明义章》。

② 《世祖章皇帝实录》卷七四，中华书局 1985 年版，第 581 页。

③ 杨伯峻：《论语译注》，中华书局 2009 年版，第 5 页。

④ 唐松波主编：《孝经》，新华出版社 2003 年版，第 397 页。

代首先在思想政治纲领上就明确了“以孝治天下”，可以说掀起了自汉代以来中国古代历史上又一次尊老敬老养老的高潮。据光绪《大清会典》卷三九七《礼部·风教·讲约一》记载：顺治九年清朝将明代“孝顺父母，恭敬长上，和睦乡里，教训子孙，各安生理，无作非为”朱元璋皇帝的圣谕六言颁行给八旗与各省。康熙九年时颁布了“上谕十六条”，第一条就是“敦孝悌以重人伦”。[①] 它以孝为核心，包括家庭、人际关系、精神、物质生活及其法律等方面，规定了人们的行为举止。为了使“上谕十六条”在全国广泛宣传并深入民心，据章梫《康熙政要》卷二《政体》记载：康熙帝在上谕十六条颁布之初颁行旨意，要求“部院衙门将现行处分条例重加订正，斟酌情法，删繁就简”，雍正皇帝更是将上谕十六条逐条进行了批注解释并写成《圣谕广训》，[②] 同时下令要求在全国各地对《圣谕广训》进行解读宣讲。以前各朝代设置的里长、约正等职的职责在清代也发生了重大变化，要求对《圣谕广训》进行宣讲，还要求将《圣谕广训》译成少数民族的文字在少数民族地区传播，以利于在全社会形成尊老敬老的风气。《圣谕广训》的颁行与广泛传播标志着清朝“以孝治天下”思想政治纲领的正式确立。[③]

以儒家孝道思想为主导的道德教化理念，在各朝都有着不同的特点，尤其在清朝达到中国古代孝道德教化的高峰。清政府以其作为统治的手段，大力推行儒家孝道伦理，注重民众的孝道德教化。同时清朝政府采取措施，将孝治思想也渗入宗法族规里，将尊老敬老赡养老人纳入宗法族规的重要内容，通过宗法族规治理社会，实现家国同构的格局。因此，清代政府通过各种方式和手段积极开展孝道社会教化活动，将“忠君”思想深入人心，“移忠作孝”发挥至最大效用。

---

① 白琼：《清代养老思想与措施研究》，硕士学位论文，华中师范大学，2016年，第8页。

② 白琼：《清代养老思想与措施研究》，硕士学位论文，华中师范大学，2016年，第8页。

③ 白琼：《清代养老思想与措施研究》，硕士学位论文，华中师范大学，2016年，第8页。

二　政治上，孝老敬老作为科举和选拔官吏的重要标准

中国古代历代王朝采取授予官职、旌表、建坊、赏赐等各种有力的举措激励孝行，倡导养老孝行，将尊老敬老养老的理念深入政治和社会生活各个方面，对历朝社会产生了深远的影响。清代封建统治者也十分重视德孝才能，并且成为官员科举的硬性指标，作为选拔和考核官吏的重要依据。

设置科举考试条件。考生参加科举考试，必须符合以下几方面条件：（1）考试条件中严格遵守丁忧制。丁忧制度是一种为父母居丧守制的制度。清朝政府规定，考生有丧在身是没有资格参加科举考试的，必须服丧满三年才有资格参加考试。清代政府对科举这一资格的审查十分严格，处罚也很严厉。如雍正十三年议准："凡文武诸生及举贡监生，有遭本生父母丧者，期年以内，不许应岁科两考及乡会二试。"① （2）考生录用后按掌握有关孝道内容的多少任用官职。生员、贡监生通过录科后，朝廷按其默写《圣谕广训》中的一二百字效果的多少往下降级使用，甚至不予以录用。

设立孝廉方正科。孝廉方正科，是取汉代的举孝廉、贤良方正科目而命名，是清朝科举考试制科之一，清代选拔官员另一种形式。举孝廉，起始于汉代，即要求地方官员察举孝子、廉吏等，推荐德才兼备的贤明人士为朝廷所用。这一察举孝廉形式在汉武帝时逐渐发展成为重要的岁举科目，成为官吏的重要来源。之后有些朝代继承和发展了举孝廉制度，并把这种制度作为选拔官员的重要制度。但也有的朝代在荐举程序上不合理，漏洞百出，徇私枉法，察举出来的孝廉者为官能力不一定很强，因此将举孝廉这样的选拔官员方式给予了废除。到了清代，在历史继承和发展的基础上又将其启用，把举孝廉发展为制科，重又设立孝廉方正科。清朝重设孝廉方正科，是从康熙六十一年开始的，即康熙命令八旗要详细察举素以孝行卓著闻名者为官。到了世宗，"国家敦励风俗，首重贤良。前诏举孝廉方正，距今数月，未

① 《乾隆实录·卷七》。

有疏闻。恐有司怠于采访，虽有端方之品，无由上达。各督抚速准前诏，确访举奏，寻浙江、直隶、福建、广东各荐举二员，用知县；年五十五以上者，用知州”。[①] 从这里可以说明清代统治者把孝行、孝德作为选拔官员的重要参考标准。根据史料所记，整个清代，通过孝悌察举而为官者，占有相当大的比例。为了保证以孝行、孝德推举官员入仕的公正，乾隆元年，吏部批准了刑部侍郎励宗万的“孝廉方正之举，稍有冒滥，即有屈抑。从前选举各官，鲜克公当。非乡井有力之富豪，即官墙有名之学霸。迨服官后，庸者或以劣黜，黜者或以赃败。请慎选举，以重名器”[②] 的奏议。以后府、州、县、卫保举孝廉方正，应由地方绅士、里党合辞公举，州县官采访公评，详稽事实，所推举的官员，要考核属实，再授予官职。可以看出，举孝廉方正虽不是选官的主流，但也是常见形式之一。这里说明了孝道与官员的入仕及晋升有直接相关，官员的孝行德操程度在一定程度上影响着自己的仕途。因个人孝行而被授以官职的这些人，为官一方，他们能够孝行养老，言传身教，并以孝教化百姓，自然会成为孝道养老的传播者和执行者，这样清代的养老就能够得到很好保障。朝廷鼓励官员终养父母，并保障官员的政治经济待遇，这从政府层面确保了养老的顺利实施。

第二节　养老保障制度

中国古代虽然不像西方那样有明确的社会保障制度，但中国有着悠久的尊老养老发展的历史，这些尊老养老制度发展的历程就是养老保障发展的历史。宋代张九成说：“孟子开口必说‘仁政’，而所以为‘仁政’者，必先养老。”[③] 因此中国历朝历代都标榜“以孝治天下”，尊老养老历史比较悠久，养老保障成为传统社会保障事业的一

① 《清史稿》卷一〇九，中华书局 1977 年版，第 3180 页。

② 《清史稿》卷一〇九，中华书局 1977 年版，第 3180 页。

③ 山峰：《减负赏款赐爵——古代养老是这样的》，《天津社会保险》2015 年第 2 期，第 69 页。

个重要方面。养老制度主要包括官吏的致仕养老、终养制度以及平民百姓的民间养老。

一　致仕养老制度

中国古代是一个高度集权制的国家，致仕养老制度是古代国家社会保障的最主要部分，其致仕养老的条件、标准以及养老待遇等在一定程度上反映该社会保障的水平和状况，它的贯彻和执行，一方面可以实现致仕官吏的自我价值，保障致仕官吏能够安享晚年，充分发挥家庭伦理的作用；另一方面可以减少在职官吏腐败的可能性，在职官吏因退休后有了生活保障，后顾无忧，就能够在一定程度上奉公守法、忠于职守。中国官吏的致仕制度在汉代得以确立，随着历朝历代承袭与完善，至清代，致仕保障制度内容更加丰富，程序比较合理，设计更加人性化，分类比较科学。

（一）致仕养老的历史沿革

致仕制度是国家对政府官员退休养老的一种管理制度。致仕即古代官吏的退休，又称“致仕”“致政”“休致”“请老”“告老”“乞骸骨”等，是指官吏因年龄、身体健康等方面的原因从自己现有的职位上退下来辞官于朝，闲居于家，以颐养晚年。中国官员致仕的做法可以追溯到先秦时期。早在殷商时代，就有官员辞官、告归的记载，如“伊尹复政厥辟，将告归”①。学者一般把“告归”作为古代官吏致仕制度萌芽的最初形态，认为是中国古代致仕制度的开始。

西周时期，官员主要实行的是按照血缘关系确立的世卿世禄制，但官吏致仕现象也已经存在，并且在年龄上有了明确标准。《礼记》上记载：“大夫七十而致仕。若不得谢，则必赐之几仗，行役以妇人，适四方，乘安车。”②《礼记内则》中记载：“六十不亲学，七十致政。凡自七十以上，唯衰麻为丧。”“五十命为大夫，服官政，七十致

① 《尚书·商书·咸有一德》卷八中。

② 《礼记·曲礼》。

仕。”无论“七十致政”还是“七十致仕”，这说明当时规定官员致仕年龄标准一般为七十岁。春秋战国时期，随着世卿世禄制度的瓦解，官员致仕的现象逐步多了起来，《春秋左氏传·襄公七年》中记载：“冬十月，晋韩献子告老。”《春秋左氏传·昭公十年》中记载：“桓子尽致诸公，而请老于宫。”但先秦时期，虽有官员因为种种原因而致仕，并且有了致仕年龄的标准。然而，当时官员致仕主要是个别官员个人的要求或者礼俗的要求，朝廷对官员致仕没有形成规范的制度要求，更没有明确的条文规定。秦汉时期确立了封建专制主义中央集权统治，各种规章制度慢慢建立起来，官员致仕制度也得到正式确立。“孝平元始元年（公元1年），禄天下吏比二千石以上年老致仕者，三分故禄，以一与之，终其身。”① 这说明在东汉时期规定了只有两千石以上的官员才能享受年老致仕的条件，致仕后的待遇是原俸的三分之一，这标志着中国古代官员致仕制度的正式确立。② 官员致仕时必须举行养老礼，在乡参与乡饮酒礼，这说明古代致仕与养老密切相关。东汉时期，朝廷首次对致仕官员举行养老礼，这是开创性的举措，标志着致仕制度在汉代初创。这一实践创举影响深远，之后历朝历代都延续了这个礼节。

魏晋南北朝时期致仕制度得到一定的发展。这一时期门阀大家、九品中正制掌控了朝廷的大权。皇帝为了依靠门阀士族的支持，提高了官吏的致仕待遇。与前朝相比发展的就是官员七十致仕年龄和半禄致仕经济待遇均以诏令的形式确定下来。但由于时局动荡，或相关配套措施未跟进等原因，官员致仕的规定实行了一段时间后，执行并不十分理想。③

隋唐时期社会经济发达，经济繁荣，科举制度的实施，大量平民百姓进入朝廷做官，致仕制度比较完备。隋制：“年七十以上，疾沉滞，不堪雇职，即给赐帛，送还本郡，其官至七品以上者，量给廪，

---

① 《汉书》，中华书局1962年版，第349页。

② 刘红力：《清代官员致仕制度研究》，硕士学位论文，哈尔滨师范大学，2011年，第7页。

③ 汪翔：《唐代官员致仕研究》，硕士学位论文，安徽大学，2016年，第10页。

以终厥身。”① 这对致仕的年龄条件进行了规定，但对致仕官吏没有明确的待遇规定。到了唐代，致仕制度进一步完备。“大唐令，诸职事官，七十听致仕。”（《通典》）唐朝不仅明确了诸官致仕的年龄条件，而且提高了致仕官吏的待遇，五品以上的官吏致仕的物质待遇优于两汉，致仕还可以恩荫子孙。“大唐令，诸职事官年七十，五品以上者致仕者各给半禄。”② 这个时期官吏的致仕制度在强有力的法制和道德的影响下得到了顺利推行，但唐后期，藩镇割据，吏治腐败，致仕制度没有得到很好的落实。

两宋时期致仕制度在隋唐基础上又往前迈了一大步，已经完成从礼到法的飞跃，上至一品宰相，下至九品县尉，年逾七十者均为致仕对象，结束了“古来少有三师退”③ 的历史，从法律上否定了终身制的合法性。这一时期统治阶级看到专门的知识对社会发展的贡献，有些官职需要有专门的知识才能胜任，于是将行政性的官吏致仕和知识技术类官吏致仕区别开来，对于文化知识要求高的知识技术类的专技官吏尽可能提高退休年龄甚至不允许退休，以保证文化、科技与工艺的传承，发挥更大的作用，对行政性官吏，④ “凡文武官吏致仕者，皆转一官”，⑤ 并将致仕官吏的待遇扩大至整个官僚阶层⑥。宋代给致仕官的各种待遇突出了“优恩”，除了月俸，还有各种实物补贴。

清代是中国最后一个封建王朝，高度集权的专制皇权登峰造极，“家天下”观念更是达到顶峰，其致仕制度在传承宋元、借鉴明制的基础上进行了创新，对不同品级的官吏致仕进行严格制度化规范，特别在致仕年龄、身体状况、致仕程序、致仕待遇等方面有明确的规定，还采取监察措施来保证官吏的正常致仕，形成了自己的特色。下面就此进行详细论述。

① 《隋书·炀帝纪上》。

② 杜佑：《通典》卷三三《职官十五·致仕官》，浙江古籍出版社 2000 年版，第 192 页。

③ 《宋会要辑稿·职官》七七之三三条。

④ 朱金明：《清代官吏致仕保障待遇研究》，硕士学位论文，东北大学，2011 年，第 13 页。

⑤ 《宋会要辑稿·职官》七七之二八条。

⑥ 吴擎华：《北宋官吏致仕制度浅探》，《文史杂志》2005 年第 6 期，第 57—59 页。

（二）清朝致仕养老制度

1. 致仕条件

年龄界限。纵观中国古代历代致仕，都对致仕年龄进行了界定，同时兼顾身体状况，清朝也不例外。清代官吏致仕年龄界限也沿用古代“七十致仕”的标准，但也进行了改革，对文武官吏致仕年龄进行了区分，文官一般以七十为致仕界线，特殊情况下也有六十岁致仕的。武官要根据个人的身体和朝廷的需要而定。武官致仕限制较严，规定：“副将以下，年满六十，概予罢斥。低级武官，退休更早，参将五十四岁为限，游击五十一岁为限，都司、守备四十八岁为限，千总、把总四十五岁为限。”① 这说明在清代武官官职越低级，退休越早。同时清制又规定，“官员凡年老或年老患病，即须办理退休手续，年龄定在七十岁，新中举人，若其年龄已满七十，不许铨选任官，官员年老有病，恋职不愿去者，需勒令其退休”②。可见，清代官员一般是以七十岁为致仕年龄界限的。同时清朝与以前的一些朝代一样，在官员致仕的年龄界限上并不是一成不变的。③ 有些官员虽然不是政府致仕要求的年龄，但也可以说明官员七十岁是朝廷规定年老的年龄界限。嘉庆年间官员七十岁要求引见的制度使用了较长时间，一直沿用到清朝灭亡。④

身体条件。官员的身体状况影响着朝廷的工作效能，身体健康的官员会提高工作效率，否则会给政府工作带来负面效率，还会影响政府形象。清政府为了保障国家正常而有效运转，明确规定：“年老有疾者勒令休致。”⑤ 但对在职官员因病影响工作的处置不同，“病愈之，

---

① 王文素：《中国古代社会保障研究》，中国财政经济出版社 2009 年版，第 233 页。

② 孔令纪：《中国历代官制》，齐鲁书社 1993 年版，第 388 页。

③ 姚舞艳：《试论清代官员的致仕制度》，《甘肃联合大学学报》（社会科学版）2007 年第 3 期，第 67—71 页。

④ 刘红力：《清代官员致仕制度研究》，硕士学位论文，哈尔滨师范大学，2011 年，第 16 页。

⑤ 《大清五朝会典》，线装书局 2006 年版，第 50 页。

京职仍受原官，外职不复起用，所以防规避也”。① 当然，这一政策也不完全是一成不变的，对于那些临时性出现身体疾病的外官进行了政策调整，从患病勒令休致调整为有才能者病愈后，通过核实还可复任。同时对有才能而身体状况很好的官员，即使到了致仕年龄，也不受致仕年龄限制，皇帝也会考虑给予留任，像乾隆朝的纪昀、刘墉，“晚清四杰”等都是奉职终生的，这些虽是个别现象，但反映致仕身体条件的灵活性。②

回籍终养致仕。中国古代倡导“百善孝为先”，孝道是人生的头等大事。清朝是一个十分重视孝道，并把孝道作为施政纲领的朝代，因此对于一些官员要求回籍侍养父母是给予政策支持的，但回籍侍养父母的条件是比较苛刻。顺治十三年（1656）题准“凡官员祖父母、父母年老无伯叔兄弟者，准其终养”。③ 官员回籍终养的条件是祖父母、父母年老没有叔伯兄弟才准回籍终养，可见清代对官员回籍终养父母的条件要求是比较高的。④

2. 致仕程序

清代对致仕程序进行了法律规定，与以往相比完成了从自我约束到法律规范的过程。《大清会典》对各级文职官吏请求致仕的程序进行了规定：“京官告休，三品以上者由本衙门具奏，奉旨后知照吏部。四五品以下者具呈本衙门咨明吏部，俱由考功司移付稽勋司入半月汇题，督、抚告休自行具奏，藩、臬由督、抚代奏，道府丞率、州县以上，由督、抚具题。其教职、首领、佐杂等官告休，由督、抚咨明吏部，俱由考功司移付稽勋司入半月汇题。”⑤ 可见，清代不同品级的文官办理致仕手续时是有差别的。⑥ 京官和外官不同品级办理致仕手续时也有所不同，分为以下三类情况：第一类，三品以上（不包括三

① 《大清五朝会典》，线装书局 2006 年版，第 120 页。

② 朱金明：《清代官吏致仕待遇研究》，硕士学位论文，东北大学，2011 年，第 24 页。

③ 《大清五朝会典》，线装书局 2006 年版，第 136—137 页。

④ 刘红力：《清代官员致仕制度研究》，硕士学位论文，哈尔滨师范大学，2011 年，第 19 页。

⑤ 文孚纂修：《钦定六部处分则例》，文海出版社 1969 年版，第 242 页。

⑥ 朱金明：《清代官吏致仕待遇研究》，硕士学位论文，东北大学，2011 年，第 27 页。

品）官吏致仕，不管京官、外官，均需要本人向皇帝自陈乞休并得到皇帝批准。第二类，三品以下京官、外官办理致仕方式不同。三品以下（包括三品）京官致仕，本人首先呈报本衙门，再由本衙门报告给吏部批准致仕。地方五品（包括五品）至三品官吏致仕必须首先通过督、抚，由督、抚报告吏部批准致仕。第三类，六品以下官吏致仕，本人首先提出申请，再由道、府、州、县教职、首领、佐杂等地方官吏报呈吏部批准致仕，不需通过皇帝准奏。八旗及绿营将领的武官致仕由兵部下设的职方司清吏司负责，在京武官致仕俸禄依然由户部支领，回籍武官由户部拨给，地方州府支付。①

3. 致仕养老待遇

官员是重要的政治资源，也是支撑江山社稷的基石，因此官员享受很高的待遇。清代规定，官员在职时不用负担徭役和赋税，其中有的高级官吏的子女也不用负担徭役和赋税，而且官员致仕后的待遇也十分丰厚，在政治、经济、生活等方面保障官吏能老有所养、老有所安。其政治待遇主要有存品加衔、恩荫子孙以及一些特殊的待遇，有些高级官吏还可以上殿议事、参与朝政等。经济待遇主要是赐给官吏致仕俸禄，而且三品以上官吏致仕几乎都可以享受全俸待遇。致仕待遇上满汉官吏之间大体上是一致的。

政治养老待遇。清代给予官员致仕的政治待遇主要有三方面。一是存品加衔。品级是一个官吏政治等级的标志、终生身份的象征，故清朝根据官员在职期间的政绩多少、官品大小等的不同，给予致仕官员加官晋衔、原品休致的职衔，以保障其享有优越的政治荣誉和社会地位，但也有降品休致的。清代官吏多数能够以原品来致仕的，清律规定："内外三品以下官员老病告休，均准其原品休致。"② 清朝对政绩显著的三品以上官员致仕给予加衔晋级的优厚待遇，但三品以下官员很少有获得此优待优荣的。如雍正朝大臣陈元龙，"虽年近八旬，而

① 侯建良：《中国古代文官制度》，党建读物出版社、中国人事出版社 2010 年版，第 310—311 页。

② 张友渔：《中华律令集成》（清卷），吉林人民出版社 1991 年版，第 332 页。

精力尚健，著加恩授额外大学士，以示优眷之意。寻授文渊阁大学士兼礼部尚书。十一年七月，以年老具疏乞休。得旨大学士陈元龙老成练达，学问优长，奉职多年，宣劳中外。朕念圣祖仁皇帝简用旧臣，晋秩纶扉。俾承恩眷，今以年逾八旬乞休，勉从所请，著加太子太傅衔，以原官致仕。乾隆元年，恩予在家食俸，八月卒，予谥文简”①。此外清朝对勒令致仕者采取降级休致。这些勒令致仕者一般出于非自愿致仕，是政府因各种原因强制官员致仕的，故降品致仕。如乾隆规定："官员已老疾而不自请乞休，待俸满推升时，因担惧经部调取看出衰老情形方由督抚奏请或自陈休致将该官品降顶戴二级休致。"② 二是恩荫子孙。清朝建立后遵循前朝制度实行荫袭制度，即朝廷为了选拔官员，鼓励在职官吏，采取官吏的子孙可凭父亲及祖父的官品或功绩而获得做官资格的一种制度。从秦汉到明清，各朝各代都实行荫袭制度。各朝实行荫袭的虽然制度不同，资格要求不同，但一般的情况下只有高级官吏才可享有，也有个别朝代要求比较低，如明代七品以上官吏就有荫袭资格了。各朝代对荫袭名额多少也不同，一般规定仅限荫补一个名额，但宋代对高级官吏特别照顾，可允许荫补两名至三名子孙。清代承袭以往的荫补制度，但有了新的特点，荫补必须经过皇帝的批准特恩，称之为"恩荫"，而且细化了荫补资格，根据不同的条件分为恩荫、难荫和特荫三种类别，其中恩荫和难荫是常制，特荫是特制。难荫是官吏殁殁于王事而子孙得荫补的一种制度。特荫是朝廷对已故而名节很好的官吏的子孙特加恩惠任用的一种制度，③ 这种制度实施不经常，也没有规范性。清朝恩荫制度明确规定："国初旧制，官员或考满、或逾恩诏，历任三年而勤时者，皆官其子孙以世其禄。"④ 可见，清朝政府十分重视恩荫子孙工作。"凡荫叙品级，正一品子，正五品叙；从一品子，从五品叙；正二品子，正六品叙；从二品子，从六品叙；正三品子，正七品叙；从三品子，从七品叙；正四

① 蔡冠洛：《清代七百名人传》（中），中国书店出版社 1984 年版，第 87 页。
② 文孚纂修：《钦定六部处分则例》，文海出版社 1969 年版，第 308 页。
③ 朱金明：《清代官吏致仕待遇研究》，硕士学位论文，东北大学，2011 年，第 32 页。
④ 《大清五朝会典》，线装书局 2006 年版，第 454 页。

品子，正八品叙；从四品子，从八品叙；正五品子，正九品叙；从五品子，从九品叙；正六品子，于未入流上等职事内叙；从六品子，于未入流中等职事内叙；正七品子，于未入流下等职事内叙。”① 从这里可以看出，清朝恩荫制度十分健全，并且根据官员品级高低制定了不同恩荫层次。荫袭制是封建社会的一个官僚特权，有利于笼络官僚队伍、稳定人心。② 三是参与朝政，即朝廷给予致仕官员可参与国家大事决策的权力，还可向皇帝陈述地方政务。这既可充分发挥致仕官员丰富的阅历和经验的作用，还可以培养和提高现任官员的工作能力。③

经济养老待遇。清代官员致仕后给予优厚的经济待遇，根据官级高低和政绩大小享有“食全俸”“食半俸”和“不食俸”的标准。与以前历朝相比，清朝官员致仕后的养老待遇要好得多。如明代实行官员低俸禄制，官员致仕后没有额定俸禄，只有一些贫困而不能维持生计致仕者才能获得一定的俸禄救济。清代初期官员退休后不分政绩，按原官职级享受全俸待遇，后来逐步规范，官员致仕后的待遇与他们在职时的工作政绩相关。“大学士、尚书内原品休致大臣，给食全俸，永为定例。从前谕旨，如自奏乞休，朕加恩奏准令原品休致者，著即照此旨给食全俸。其遇京察自陈，朕加恩奏准原品致仕者，该旗该部以应否给食半俸，具奏请旨。若非自行奏请，朕特旨令其原品休致，又遇京察自陈，部议致仕人员，不必给食俸禄。”④ 至此，清朝在乾隆三年（1738）制定了官员致仕享受食全俸、食半俸或不食俸的标准，即符合致仕年龄，自奏乞休，又恩准以原品致仕者，可以享受食全俸的标准；未达到致仕年龄，经考察属于年老有疾又被“恩准原品致仕”者，可“着令休致”，但只能享受食半俸标准；因勒令休致的

① 《大清五朝会典》，线装书局 2006 年版，第 455 页。

② 刘红力：《清代官员致仕制度研究》，硕士学位论文，哈尔滨师范大学，2011 年，第 22 页。

③ 刘云自：《清代致仕制度研究》，《鲁东大学学报》（哲学社会科学版）2009 年第 6 期，第 8—11 页。

④ 黄惠贤、林锋：《中国俸禄制度史》，武汉大学出版社 2005 年版，第 594 页。

“部议致仕”者，不享受食俸的待遇。道光三十年规定：“休致官员，奉旨赏给全俸者，止支正俸，不准兼支恩俸。”① 这些规定一直沿用至晚清，官员致仕后享受的经济待遇主要是这三种形式。②

从上述可知，清代致仕要遵循一定的程序，因官员品级不同而致仕程序不同，官员品级不同和政绩不同而致仕待遇不同，致仕待遇细化、标准明确，享受致仕待遇标准依品级、政绩而非出身，这说明清代致仕制度比以前朝代更加严密。

第三节　终养制度

终养制度是官员离职回籍奉养父母的一种制度。终养，又称归养、侍养，是指在职官员因父母年迈先辞官回家赡养父母，待父母死亡守孝结束后再入朝为官的一种制度。③ 这是古代朝廷对官员的父母、祖父母等直系亲属养老问题的高度重视和长期的制度安排，是把孝文化与国家统治实践相结合的具体表现。

一　终养制度的产生及其发展

终养制度由来已久，大致确立于西晋时期。《庾峻传》：“峻上疏曰：……其父母八十，可听终养，则孝莫大于事亲矣”，“大晋依圣人典礼，制臣子出处之宜，若有八十，皆当归养”④，可见，官员终养制度确立于西晋。⑤ 清人赵翼考证也支持了这个观念：“亲老归养之

① 黄惠贤、林锋：《中国俸禄制度史》，武汉大学出版社 2005 年版，第 426 页。

② 姚舞艳：《试论清代官员的致仕制度》，《甘肃联合大学学报》（社会科学版）2007 年第 3 期，第 67—71 页。

③ 赵树国、王丽亚：《明代官员终养制度述论》，《云南社会科学》2011 年第 1 期，第 131—135 页。

④ 《晋书》卷五《庾峻传》。

⑤ 赵树国、王丽亚：《明代官员终养制度述论》，《云南社会科学》2011 年第 1 期，第 131—135 页。

制，盖即晋时所定也。”（《陔余丛考》卷三）①

孝是终养产生的价值基础，“终养”是弘扬孝道的重要举措，是统治阶级笼络人心的重要工具。子曰：夫孝，德之本也，教之所由生也。② 孝是一切伦理道德的核心，是做人的根本，百行之首要。孝养父母是为人之本，为人之基。因此，中国古代认为，若一个人在家能孝敬父母，在外就会友善他人，为官就会忠诚，所以孝养父母是中国人之为人的价值基础、道德基础、为政基础，也是终养产生的思想基础。《孝经》中就认为：“始于事亲，中于事君，终于立身”③ “以孝事君则忠，以敬事长则顺，忠顺不失，以事其上，然后保其禄位，而守其祭祀”。④ 因此，一个人之孝首先在于侍养父母，然后才是效忠君主，最后才是建功立业。如果一个不遵守孝道、不孝敬父母、不关爱他人，忘记为人之本的官员，怎么可能治国理政呢？所以，中国古代历朝历代都十分重视移孝作忠了。要想让臣民忠顺于朝廷，必须使他们在家遵从孝道、孝顺父母，在外关心他人、关爱百姓。西晋时期特别重视孝治，这是因为政权稳定的需要。由此可见，西晋首倡终养制度，将侍养父母的爱与敬转移到对君王的忠顺上，移孝作忠，是出于稳定江山的政治目的，这是终养制度产生的政治基础。

终养制度产生后在唐宋时期进一步发展，在元明时期得以成熟，最终在清代已经十分成熟，并成为清朝重要的人事行政制度。⑤

唐朝时历任统治者都十分重视终养，将终养上升到法律的高度，引孝入法。这说明唐朝不仅制定了专门的法律保障养老的顺利实现，而且针对那些家有祖父母、父母身患疾病、无人侍养，自己却仍在外做官者，朝廷是不允许的，这种现象是要受到法律的惩罚。

明朝建立后对终养制度加以沿用和完善。明代官员终养制度的相

① 杨明：《清代官员的终养制》，《四川师范大学学报》1986 年第 3 期，第 77—81 页。

② 《孝经·开宗明义章》。

③ 胡平生译注：《孝经译注》，中华书局 1996 年版，第 1 页。

④ 胡平生译注：《孝经译注》，中华书局 1996 年版，第 10 页。

⑤ 袁帅鹏：《清代官员终养制度研究》，硕士学位论文，河南师范大学，2017 年，第 9 页。

关规定，在洪武年间初步确立，完善于嘉靖年间。洪武时期主要从两个方面规定了终养官员的资格，即对官员父母终养的年岁、终养的程序以及当事官员的家庭成员情况等方面做了基本的终养制度规定。① 如“洪武二十六年定，凡官员父母年七十之上，许令移亲就禄侍养。如果父母老疾去官路远，户内别无以次人丁者，方许亲身赴京面奏揭籍定夺，及吏员人等年老别无人丁者，务要经由本部勘是实，明白奏准，方令离役，俱候亲终，服满起复，赴部听用”（万历《大明会典》）。② 嘉靖时期，朝廷进一步完善终养制度，对终养官员资格进行了限定，其规定更加具体、详尽，更加合理，到此终养制度在施行中逐渐走向成熟。

清代终养制度沿用了明朝的一些做法，并在此基础上加以发展，终养制度完善化、全面化、规范化、具体化。欧磊和张祖平二位学者对清代的终养制度做了比较详细的研究，下面在他们研究的基础上论述清代终养制度。

二 官员终养的条件

（一）被终养者的年龄规定

在官员终养的年龄规定上清朝更为严格，对被终养者的年龄规定官员的亲人在七十以上即可以申请终养。如“父母年七十以上，其子均出仕在外户内别无次丁者，或有兄弟笃病不能侍奉者，或母老虽有兄弟而同父异母者，皆准回籍终养，其父母年至八十以上，虽家有次丁，愿归养者，亦听”。③ 这是康熙的规定。乾隆在被终养者的年龄规定上有了进步，从康熙朝的父母、祖父母要在年龄达到八十方可离职终养，乾隆时期只要年龄达到七十即可终养，“如果官员的父母年龄在七十以上，家中没有兄弟的，或有兄弟，但是有病不能奉养的；或

① 赵树国、王丽亚：《明代官员终养制度述论》，《云南社会科学》2011 年第 1 期，第 131—135 页。

② 申时令：《大明会典》卷一一《吏部十 · 侍亲》，明万历内府刻本。

③ 《清会典事例》卷一四〇《吏部二》，中华书局 1991 年版，第 801 页。

虽有兄弟而属于同父异母的，都可以申请终养。”①

（二）终养对象规定

官员的祖父母、父母以及继母都被列入终养的对象。② 如“父母年七十以上，其子均出仕在外，户内别无次丁者；或有兄弟笃疾，不能侍奉者；或母老虽有兄弟，而同父异母者，皆准回籍终养”。“旧时，继母年老，无终养例。康熙九年（1670），浙抚范承谟上疏，知县丁世淳以继母刘年老，呈请终养。吏部议驳，奉特旨允行。嗣后，继母、生母皆准终养。”另外，清朝还同意养子请求终养：“为人之养子者，养父母死，生父母年至八十以上之时”可请终养。此外在康熙九年（1670）题准，继母亦准终养。③ 加上对“母老，虽有兄弟而同父异母者，皆准回籍终养”的规定，清朝政府对终养的规定表现出人性化，同时也说明重视女性养老。④

（三）地方官员终养规定

清朝对地方官员终养资格要求比较严格，地方官员回乡终养一般情况下必须要任职 3 年以上经历，且任职期间没有发生过职务上的过失。⑤ “现任官员，职守地方，各有专责，不得借终养之名诿卸职任。即或父母衰疾，迎养维艰，陈情详情，必历俸三年，该督抚查明该员政务若无怠忽，仓谷钱粮并无亏空，取结具题，照例准其终养。”⑥ 这是雍正于 1727 年 8 月做出的规定。同时清朝对个别地方官员回家终养问题的处理比较人性化，对任职时间要求没有那么严格。

---

① 《清实录》，中华书局 1986 年版，第 446 页。

② 袁帅鹏：《清代官员终养制度研究》，硕士学位论文，河南师范大学，2017 年，第 11 页。

③ 《钦定大清会典则例・守制》卷二九。

④ 欧磊：《清代官员终养制度探微》，《廊坊师范学院学报》（社会科学版）2013 年第 4 期，第 76—80 页。

⑤ 欧磊：《清代官员终养制度探微》，《廊坊师范学院学报》（社会科学版）2013 年第 4 期，第 76—80 页。

⑥ 《清实录》，中华书局 1986 年版，第 916 页。

地方官员出仕之前如果家中有其他兄弟，出仕之后兄弟死亡，其父母年老无人照料，清廷放宽地方官员的任职年限，准许其回家终养。对于不符合终养资格的地方官员，父母年老多病且官员又特别孝行，朝廷也会考虑官员终养的请求。

（四）武职官员终养

武官作为朝廷武装力量的代表，职任特别，在清初并没有武职终养的规定。随着清朝社会的发展，从乾隆朝开始就正式确立了武职终养。如“各直省武职，除地方实有紧要戎务者，不准终养外，其余有祖父母、父母年老，该员果无伯叔兄弟、家无次丁者，应准其终养。又旗人出仕外省，也照汉官例准其终养。其各省驻防旗员，或路远不能迎养，家无次丁者，亦照此例”。① 这是说，在乾隆元年（1736）九月时兵部虽然议准武职终养，但凡有要务在身，关系到国家边疆稳定的武职官员，无论职务大小，都不能申请终养；其他武官，若是独子且其祖父母、父母年七十以上者，朝廷同意回籍终养。②

（五）八旗官员终养

清朝初期只规定汉族官员可回家终养。随着社会的发展和制度的逐步完善，特别孝道越来越得到重视，清朝也同意旗人按照汉官的制度要求回籍终养。“都司经历武弘祖具呈请回旗终养，查与例不符，应不准行……汉官有终养之例，旗下出仕外省者，向无终养之例，终养关系孝道，不宜以汉官旗下官分别。”③ 这是康熙七年四月吏部议复山西巡抚杨熙的疏言，事后吏部将此又上奏皇帝，同意武弘祖回籍终养，之后旗官享与汉官一样回籍终养的待遇并作为法

① 《清实录》，中华书局 1986 年版，第 571 页。

② 欧磊：《清代官员终养制度探微》，《廊坊师范学院学报》（社会科学版）2013 年第 4 期，第 76—80 页。

③ 《清实录》，中华书局 1986 年版，第 354 页。

令执行。① 但汉人官员和旗人官员的终养制度的父母年岁规定不同，汉人是亲年八十以上及独子之亲年七十以上，旗人则是父母年岁在七十五以上。

乾隆五年（1740）议准，满洲、蒙古在京文职旗员，皆不准告请终养，外任旗员可参照汉官例申请终养。但旗人的终养制度和汉人还是略有不同。旗人的终养制度可分为两种，不予外任和回旗终养。各旗文武官员，无论现任京官，还是候补候选外任人员，如有父母年至七十五岁以上者，均不准保送外任。旗人在外任职的文官，有呈请终养者，应照候补候选旗员、亲老改补京职之例，带领引见，请旨对品，以京员改补。武官副将以上，照文官例，准许终养。参将以下，一般不予准许，只有因亲老呈请终养者②，方得同意。

终养制度，经清朝多次颁布、修订，比以前更加丰富和完善，成为清朝的一项重要行政制度③，还要求满族也要像汉人那样优崇老人、知孝行、孝祖敬宗、忠孝两全，以达到汉官那样“尊君效力”的目的，这客观上很好地解决了老年人的养老难题，推动了养老事业的发展。

三　官员回籍终养的待遇

为了贯彻以孝治天下的理念，保证终养制度的实施，激励官员恪守孝道，清廷在制度和法律上保障回籍终养官员一系列优惠待遇，如封典、赐物、俸禄、恩荫后代、驰驿回籍等，以保障老人能够老有所养。

（一）给予封典并赐物

清廷对终养官员的优待主要是维持离职回籍奉养父母的官员不仅

① 欧磊：《清代官员终养制度探微》，《廊坊师范学院学报》（社会科学版）2013 年第 4 期，第 76—80 页。

② 张祖平：《明清时期的政府社会保障体系研究》，博士学位论文，西南财经大学，2005 年，第 145 页。

③ 欧磊：《清代官员终养制度探微》，《廊坊师范学院学报》（社会科学版）2013 年第 4 期，第 76—80 页。

可以享受原官品级的待遇，还给予封典，① 如雍正 1735 年定：“回籍终养之员，照伊等原官品级，一并给予封典，遂其孝思”。② 同年 12 月，清廷还给予养亲官员以封典：“养亲回籍之员，皆因父母年高，弃官归养，幸逮亲存，适逢庆典，而亦格于成例不得请封。情殊可怜，著将回籍终养人员，照伊等原官品级，一并给予封典，遂其孝思。”③ 朝廷还对有功的终养官员的家人给予封典。

（二）给予俸禄

朝廷不仅给予在任官员以俸禄，官员离职终养后仍享有。如“亲老呈请终养并在任丁忧者，自离任后至到京以前，准支世职全俸，仍由旗入册停领，俟查明离任日期，及前任内有无奖罚案件，再行分别扣支。回旗后当差者，准支全俸，不当差者，不准支给”。④ 乾隆于 1739 年就批准了。

（三）恩荫后代

一般是军功昭著的武职官员死后，其后代可享有在朝廷供职的待遇。例如，康熙十二年（1673）十一月前直隶巡抚卞三元离职回家终养，病逝后，朝廷考虑他在职时军功昭著，就特准予其子卞永誉“由荫生任通政使知事”⑤。

（四）驰驿回籍，预借养廉银

驰驿回籍是指朝廷尽力为终养官员回家途中提供便利，可享受乘坐沿途驿站的交通工具。而且，终养回籍官员途中还可预借养廉银作为路费。如果官员“养亲事毕”，补官一年后仍贫穷得还不起借款，

---

① 欧磊：《清代官员终养制度探微》，《廊坊师范学院学报》（社会科学版）2013 年第 4 期，第 76—80 页。

② 《钦定大清会典事例》，中华书局 1986 年版，第 837 页。

③ 《清实录》，中华书局 1986 年版，第 302 页。

④ 《钦定大清会典事例》，中华书局 1986 年版，第 935 页。

⑤ 《清史列传》，中华书局 1981 年版，第 501 页。

朝廷同意“于原任地方摊扣还项”①。

四 朝廷对官员终养的管理

（一）严格回籍终养审批程度

清朝终养制度管理比较规范，官员回籍终养一般要求应提前提出书面申请，并按一定程序进行审批。但遇到特殊情况没有提前提出书面申请，朝廷也会进行处理。如乾隆年间，直隶总督高斌奏称：永通道周彬奉旨调补平庆道时，母亲八十二岁了，奉调后以“原迎养在署，调任平庆地处极边，难以迎养”为由高朝廷请求批准回籍终养，有关方面认为他没有提前申请终养，这“应请旨交部议处”。② 此外，清朝对临时性的终养问题也做了规定。以前都是先申请，再回籍终养。康熙五十八年，对于告假回籍官员遇亲老笃疾者，只要地方官担保属实，呈详督抚，允许暂留在籍侍奉，等亲老病痊，便可到吏部补官。

（二）汉官为独子必须回籍终养

中国古代强调：官员不论大小，若为独子，则必须呈请回籍终养父母。清朝规定：汉官若是家中的独子，应回籍终养父母，否则会受到朝廷的惩罚。这说明朝廷非常重视官员的孝道，赡养父母，事关伦理纲纪，父母年迈，作为朝廷官员必须离职回籍终养，无所依靠的父母若得不到奉养，朝廷自当给予处分，以示惩戒。治国必先治家，治家必先孝养父母，对于不遵守终养之制的官员，朝廷会依规定给予处分。

（三）兄弟同时为官，不能双方都申请终养

为了保障国家行政机构的正常运行，清朝终养制度规定，兄弟如果同时为官，当父母年老时只需一人呈请回籍养亲，不能都申请终养。

① 《钦定大清会典事例》，中华书局 1986 年版，第 446 页。

② 《中国历史第一档案馆·乾隆朝上谕档》，广西师范大学出版社 2008 年版，第 855 页。

（四）不据实申请终养者要受到处罚

朝廷设立终养制度的目的，一是提倡孝道，可使官员父母能够老有所养，安享晚年；二是体现仁政。但该制度在执行的过程中，部分官员不遵守规章，不据实申请终养，对此，朝廷制定了严厉的处罚措施惩治违规官员，为其办理终养手续的官员根据事件轻重也会受到处分。①

综上所述，清朝统治者十分重视在统治实践中与孝道观念相结合，将孝作为一种价值观念和精神内涵融入终养制度并顺利地推行下去，要求做官者应该把孝顺父母作为自己的分内之事，而且朝廷对终养官员的管理相当严格的，这一方面教化督导官员尊老养老，另一方面有利于整个社会都形成尊老敬老养老的社会风气。尊老养老的观念蔚然成风，为终养制度的推行提供了良好的社会基础，而终养制度的推行带动了整个社会的养老发展，为老年人的养老保障奠定了制度基础。统治者大力倡导孝行孝道，认真落实终养制度，使朝廷官僚道德素质得到提高，也教化了民众，有利于安定国家，维护王朝统治。

第四节 平民老年人的养老政策

中国古代平民百姓养老主要是依靠家庭的供给而实现的，家庭不仅是养老的场所，更是养老的主体。中国传统家庭养老主要是依靠孝道思想而实现的，家法族规也起了很大的作用，但也离不开国家的支持与保障。作为少数民族入主中原的清朝，其头等大事是稳定社会。稳定社会的基础是家庭，而在当时的社会历史条件下解决家庭稳定的重要影响因素之一就是养老问题。在清代，普通民众的养老仍以家庭

① 欧磊：《清代官员终养制度探微》，《廊坊师范学院学报》（社会科学版）2013 年第 4 期，第 76—80 页。

为主体，因此清廷十分重视家庭养老，采取了一些优惠家庭养老的支持政策，以倡导尊老、敬老、养老的社会氛围。

一　免除老人及其家庭成员赋役

为了鼓励年轻人侍养老人，国家制定了免除侍丁徭役的政策。“凡军民人等，年七十以上者，免其丁夫杂差。”这不仅顺治于 1644 年采取措施免除差役，以利于照顾老人，还有康熙诏令“军民七十以上者，许一丁侍养，免其杂派差役”。①

二　给予老年人以物质优待和物质补助

中国古代是农业经济，普通百姓生活都十分拮据，国家为了保障平民百姓的家庭养老基本能实现，对高龄老人会赐予米、酒、肉、帛等生活资料作为矜恤或奖赏，以示尊老之意。这一方式早在先秦时期就开始实行，《礼记·月令》中写道：“是月也，养衰老，赐几杖，行糜粥饮食。”在西汉时期，对老年人的物质补助已经较为常见。据统计，有汉一代，对老人的赐物就有 55 次。② 汉代以后各朝也都有赐物的记载。明朝建立后，继续实施资助老人物质养老，如“六月甲辰，诏有司存问高年。贫民年八十以上，月给米五斗，酒三斗，肉五斤；九十以上，岁加帛一匹，絮一斤；有田者罢给米”（《明史》卷三，《太祖本纪三》）。③ 清朝初期顺治也实施军民八十以上者，政府赏给绢一匹、棉花十斤、米一石、肉十斤，九十以上，加倍给予的养老政策。④ 有德行著闻，为乡里所敬服者，给冠带荣身。一次优老，从受惠数额与价值上就超出历代，并给乡里敬服的老者以突出的精神褒扬，这让人想到周文王通过“天下之大老”而争取百姓归附的成功

---

① 雍正《大清会典》卷六八，转引自王卫平、黄鸿山《中国古代传统社会保障与慈善事业》，群言出版社 2004 年版，第 107 页。

② 庄华峰等：《中国社会生活史》，合肥工业大学出版社 2003 年版，第 230 页。

③ 张祖平：《明清时期的政府社会保障体系研究》，博士学位论文，西南财经大学，2005 年，第 151 页。

④ 雍正《大清会典》卷六八，转引自王卫平、黄鸿山《中国古代传统社会保障与慈善事业》，群言出版社 2004 年版，第 107 页。

策略，表明这种举措深深符合历百代而不变的中国国情。清朝不仅优老，而且严格管理优老物资，雍正元年（1723）朝廷重申优老规定，强调对优老物资“严查不许丝毫侵扣”。清朝时期采取减免老人及家丁赋役，并给予老年人一定物质资助，这在一定程度上弥补了老年人养老的赡养开支，保障了养老的人力供给，使老年人在经济上和生活上能够得到基本的赡养。

三 礼待高年

清代对高龄老年人的礼待主要体现在存问、旌表、重赴科举筵度、建人瑞坊、赏赐老人等。

存问高年。古代社会，高寿老人被喻为祥瑞之兆。为此，历朝给予高寿者存问，以示特别的礼遇①。为了形成尊重老年人的社会氛围，清朝也常存问老人。有司存问分为地方官存问和朝廷遣使存问两种。这种存问，不仅提高老年人养老的物质待遇，更能够提高老年人的养老地位，使得被存问的高年老人生活上得到慰问，精神上得到极大快乐。因此清朝十分重视对高龄老人的存问，并将存问老人作为地方官应尽的政治职责和要求，纳入法律条例之中。《大清律例》规定：“老人九十以上者，地方官不时存问。”②

旌表孝行。因百岁老人尤为难得，清政府不仅赏给财物，还常予以旌表。旌表，就是政府根据相关条件，按一定程序以国家的名义向一定年龄阶段的人发放的一种荣誉性权利符号，③ 是政府对老年人进行奖励的一种表彰形式。在中华文化中，旌表的由来极其久远，最早单称为“表”。“表”就是表彰的标志，包括木柱、旗帜、匾额等，其上附有文字。“旌”本是古代天子召唤朝臣用的一种华贵的大旗。“旌表”代表皇帝的旨意，是最高的褒扬，可以用于忠臣、烈女。第一位

① 王卫平、黄鸿山、康丽跃：《清代社会保障政策研究》，《徐州师范大学学报》（哲学社会科学版）2005 年第 4 期，第 77—82 页。

② 《大清律例》卷八《户律 · 户役 · 收养孤老》。

③ 杨建宏：《论宋代的民间旌表与国家权力的基层运作》，《中州学刊》2006 年第 3 期，第 193—195 页。

受旌表的是商朝旧臣商容（《史记·周本纪》），有人认为是常枞，曾教导老子尊老。而早期受到旌表的善行，都是与尊老紧密相关的孝行。这方面的事迹，可以追溯到战国时代。齐国女子名叫北宫（复姓）婴儿子的，为奉养父母，誓不嫁人，“齐王闻之，表其门，以显异焉”①。旌表孝行到汉代形成制度，规定为基层职官“乡三老”的职责。《后汉书·职官志》说，三老“掌握教化，凡孝子贤孙……皆匾表其门，以兴善行”。到了宋代，旌表制度开始有了一个系统的程序，而且十分完善和严格。宋代的旌表分地方和中央政府两级。地方的旌表程序是：乡民士绅集体联名上书，地方官员亲自审核并上报朝廷，中央政府批准后正式下诏旌表。② 这一程序从最基层的民间社会上书陈情，再经地方政府官员审核后上报中央，最后由中央批准定夺。相反地，国家的旌表过程是从中央朝廷到地方政府，再由地方政府下到基层社会。③ 如此严格的程序说明在宋代已形成了对基层社会的旌表仪制，表明中央对地方进行了高度集权，美化了社会风气，淳化了社会风俗。但是，宋代以前的旌表如周武王对商容的旌表，秦始皇对巴寡妇清的旌表，汉唐对前名贤、当代功臣、民间孝子节妇的旌表等等，这些旌表只有特权阶层的特殊人物有了优秀事迹才能享受旌表，民间基层社会的人物是几乎难以获得。④ 但到了宋代以后，政府对于民间基层社会的旌表也予以了一定的关注。宋代对民间的旌表类型有四种，即旌表义门、旌表孝行、旌表妇德和旌表隐逸。

到了清初，旌表与“人瑞”的观念结合起来，正式形成敕建“百岁人瑞坊”的朝廷旌老礼制。“人瑞”，指的是人间的祥瑞。最早出现于晋代，古代将长寿老人称为“人瑞”，这是从天上的德星、地上的宝鼎等“祥瑞”的传统观念，推论到“人瑞”的理应存在。⑤ 清王朝

① 《太平御览》卷四一五，引师觉授《孝子传》。

② 张留见：《清代尊老敬老问题探究》，《郑州大学学报》（哲学社会科学版）2013 年第 3 期，第 148—151 页。

③ 刘园园：《北宋旌表制度初探》，硕士学位论文，上海师范大学，2011 年，第 67 页。

④ 杨建宏：《论宋代的民间旌表与国家权力的基层运作》，《中州学刊》2006 年第 3 期，第 193—195 页。

⑤ 高成鸢：《中华尊老文化控究》，中国社会科学出版社 1999 年版，第 167 页。

将百岁老人视为“熙朝人瑞”，规定凡老年人年满一百周岁及以上，分别由各主管部门及省级地方官予以具奏，逐级上报，由皇帝“恩诏”赐给匾额和建立牌坊，以传扬乡里。① 雍正《大清会典》记载，康熙四十二年明令颁布：“百岁老民给与‘升平人瑞’匾额，并给银建坊。节妇寿至百岁者给与‘贞寿之门’匾额，仍给建坊银两。”《乾隆会典》规定：“凡优老之礼，百岁老民，赐银三十两，建坊里门，题以‘升平人瑞’四字，老妇旌以‘贞寿之门’；逾百岁者，加赏银四两，内府币一；百有十者倍之，百二十岁以上者，请旨加赏，不拘成例。”② 上述对孝行进行表其门的旌表奖励，向人们树立一种孝行的道德典型模范，这是利用社会舆论引导、激励和鞭策人们承担起家庭养老的重任，利用社会道德评价激发人们孝行的积极性，对人们侍养家中老人起一种引导作用，并形成中国古代社会特有的官方政府与社会民众评价机制。

四 推广乡饮酒礼之制

乡饮酒礼制源于周代，是古代最为隆重的敬老活动。据说，周代的乡饮酒礼每年秋季举行一次。乡饮酒礼发展到明清时期成了一套复杂的仪式，有揖拜，有宣讲，有读律，有献酒，有品馔。乡饮酒礼庆典活动一般分两次举行，每年定于孟春望日和孟冬朔日，而且规格较高，由政府地方长官在学官主行，③ 政府还拨专款专用。乡饮酒礼仪式特别隆重，按老龄齿序，“差以齿”，设主宾、介宾席位。④ 从这些乡饮酒礼的仪式中我们可以看出它具有两个方面的作用：一是具有道德教化功能。即教化人们尊老敬老，形成良好社会风尚。如乡饮酒礼中的宾，无论是大宾、僎宾、介宾，还是三宾，都要求具备两个条件，一个是年龄要求，另一个就是要有德。二者兼备，方可被推选为“宾”，才能受到尊敬。席上，酒礼司正致辞内容为：“举行乡饮，非

① 鲁子健：《清代的敬老制度》，《文史杂志》2003 年第 3 期，第 70—72 页。

② 高成鸢：《中华尊老文化控究》，中国社会科学出版社 1999 年版，第 169—170 页。

③ 鲁子健：《清代的敬老制度》，《文史杂志》2003 年第 3 期，第 70—72 页。

④ 鲁子健：《清代的敬老制度》，《文史杂志》2003 年第 3 期，第 70—72 页。

为饮食，凡我长幼，多相劝勉，为臣尽忠，为子尽孝，长幼有序，兄友弟恭，内睦宗族，外和乡里。”① 这说明乡饮酒礼一方面具有道德价值引领功能，有利于形成良好的敬老养老的乡风乡俗；另一方面有利于乡村治理，维护乡村社会秩序的功能。朝廷趁此机会宣讲法律和政策，教育和引导百姓遵纪守法。明清政府十分重视乡饮酒礼，还在法律上规定了乡饮酒礼的礼节，若有违反，将受到法律的制裁。如《大清律例》规定：“凡乡党叙齿，及乡饮酒礼，已有定式。违者，笞五十。”“乡饮坐叙，高年有德者，居于上；高年淳笃者，并之以次序齿而列。其有曾违条犯法之人，列于外坐，不许紊越正席。违者，照违制论。主席者，若不分别，致使良莠混淆，或察知，或坐中人发觉，作律科罪。”②

五　举办“千叟宴”

清代作为中国尊老的高潮时期，在尊老敬老形式上有两种突出表现，一种是“人瑞坊”，另一种就是“千叟宴”。人瑞坊属于正规的尊老礼制，千叟宴则是当时的尊老举措，体现“国家养老亲亲至意”。千叟宴，是清代帝王适逢岁首或隆重庆典时宴请众老臣，举行一种尊老敬老盛大典礼仪式，向民众倡导崇老之礼，密切君臣关系，稳定封建政权。届时，各省官员、士绅、老人进京赴会祝寿，入宴者少则几百人，多则几千人，故称“千叟宴”。史料记载，举办“千叟宴”最多次数的在康熙、乾隆年间，康熙、乾隆两帝共举行过 6 次，③ 其中，康熙帝主持了 4 次，乾隆帝主持了 2 次。康熙五十一年康熙帝六十岁生日时，首次举办千叟宴，按《清实录》记载两日预宴老叟共 6845 人（《清稗类钞》等记为 1900 余人）④，其中在畅春园举行的汉宴有 4240 人。按现今习惯 10 人一桌共要摆下 425 桌。其目的既能弘

① 岑大利：《清代的饮酒礼俗》，《文化学刊》2009 年第 3 期，第 113—119 页。

② 《大清律例》卷一七《礼律・仪制・乡饮酒礼》。

③ 朱明芳、周丽君：《八千耄耋赴盛会 如皋寿星觐天颜》，《档案与建设》2003 年第 7 期，第 49 页。

④ 楚胥、郭继荣：《康乾盛世千叟宴》，《晋中学院学报》2018 年第 4 期，第 68—72 页。

扬敬老尊老传统，又能宣扬“国家重熙累洽，景运昌明的形象”。[①]清代开了老年人可在紫禁城骑马的先河。还钦定老人受领赐品时免于起立。这种仪式后来发展到春节或国庆大典有时也举行，反映了清代景运昌明、社会安定、经济繁荣局面。

举行“千叟宴”，邀请平民庶老与皇帝同在一个宴会，普天同乐，皇帝以身作则，以皇帝的身份表达对年老者的尊敬和特殊恩待，说明以孝治天下的理念已经渗透社会生活各个方面。清朝举办“千叟宴”，其根本目的一方面是希望以自己尊老敬老的实际行动来强化社会的养老意识，由对老人的“孝”进而发展到对皇帝的“忠”，以达到笼络人心、稳定社会之功效；另一方面来宣示清朝皇帝受命于天而勤于政事、天下臣民普受恩泽、“涵濡休养，咸登仁寿”的惠民仁政。[②] 但“千叟宴”的举办客观上倡导了尊敬老人、优待老人的社会风尚，弘扬了中华民族尊老养老的优良传统，从侧面反映了清朝盛行尊敬老人的社会氛围。

第五节　清代社会养老思想及其实践

中国古代是以家庭养老为主，国家对家庭养老的支持只是一种补充。在前文中提到的如国家赏赐财物、存留养亲、官员致仕制度、官员终养制度、独子出继条令以及对老年人口家庭成员免除杂役等这些养老思想措施都只是历代政府为确保老年人能在家庭内进行养老而采取的特殊措施，更是为了实现以孝治天下的目的而做出的政策和法律规定。但在自给自足的经济社会里，政府对于养老的供给和责任只是一种救济性的补充形式。但家庭养老不可能包容所有人的养老，政府也无力承担所有老年人的养老，因此政府支持或鼓励社会力量资助养

① 朱明芳、周丽君：《八千耄耋赴盛会 如皋寿星觐天颜》，《档案与建设》2003 年第 7 期，第 49 页。

② 《清实录 · 高宗实录》卷一四八九，中华书局 1986 年版，第 930 页。

老事业或者建立养老机构就成为必然。如雍正二年，朝廷积极采取措施，大力支持和鼓励民间绅士、地方精英及商人积极投入养老事业。但中国古代，社会养老的对象主要是“孤老”群体，是因为这些“孤老”群体，家庭养老无法得到解决。

一 中国古代社会养老思想及其发展

（一）原始社会的朦胧敬老意识是中国古代社会养老的源头

众所周知，中国古代尊老养老是以“孝”作为思想理论基础的①。家庭养老如此，社会养老亦如此。康学伟先生认为孝观念是父系氏族公社时代的产物②，社会尊老养老的风尚也应于此时萌发。原始社会里，生产力水平极其低下，人类过着相对落后的氏族部落生活，人们只能“不独亲其亲，不独子其子”③，“孝之本宜，恐非限于父母，诸父诸祖亦应善事”④。敬老养老也是全体氏族成员的事。当然，这种尊老养老行为仅仅是一种本能的行为，是为了应对当时原始恶劣生存环境下的一种自觉选择，但这种行为也说明了中国传统养老观念的萌芽。⑤ 到了虞舜时代，“有虞氏养国老于上庠，养庶老于下庠”⑥。在落后的社会生产力状态下，人们是依靠经验吃饭的，年龄越大经验就越丰富，因此当时人们将生产经验和生活常识都丰富的老人集中起来，并根据老年人的地位以及所具有的经验不同分类集中于庠（中国古代学校），分别给予不同待遇进行集体养老。同时，这些老人在庠中还承担传授知识、负有教育下一代的责任和义务。这种形式无疑是中国古代社会养老的雏形。⑦

---

① 王春花：《唐代老年人口研究》，山东大学出版社 2011 年版，第 195 页。

② 康学伟：《先秦孝道研究》，吉林人民出版社 2000 年版，第 27—50 页。

③ 《礼记 · 礼运》。

④ 周法高等编：《金文诂林》卷八，香港中文大学出版社 1974 年版，5198 页。

⑤ 葛晓萍、李澍卿、袁丙澍：《中国传统社会养老观的变迁》，《河北学刊》2008 年第 1 期，第 125—128 页。

⑥ 《礼记 · 王制》。

⑦ 葛晓萍、李澍卿、袁丙澍：《中国传统社会养老观的变迁》，《河北学刊》2008 年第 1 期，第 125—128 页。

（二）奴隶社会时期，中国古代社会养老思想初步形成体系

中国的奴隶社会是从夏朝开始的，延续了一千五、六百年左右，到春秋时期才结束。春秋战国时期养老礼与法制度逐渐形成，孝道伦理思想也逐渐走向理论化、系统化。学者王春花认为，先秦时期社会养老尊老思想与理论体系也产生了，并已初步形成规模。

（1）春秋时期社会养老思想初步形成。在社会孝道思想形成、发展过程中，墨子、孔子、曾子、孟子和管子成为社会尊老养老思想的奠基者。

墨家有着人与人之间平等关爱的养老思想。认为“老而无妻子者，有所侍养以终其寿。幼弱孤童之无父母者，有所放依以长其身”（《兼爱》）。① 从这里可以看出，墨家是想通过敬爱他人的父母、他人也敬爱自己的父母，建立起人与人之间无差等级的爱的社会，使鳏寡老人都能有所奉养，都能够终养天年，这为社会养老奠定了思想基础。

管子有着丰富的尊老养老惠民思想。管子认为孝养父母是子女的崇高行为②，是士、农、工、商各阶层都应尊奉的准则。③ 管子十分注重民生，主张国家要制定有关老年人方面的惠民政策：在城邑和国设置“掌老”官，在城市、国设置“掌病”官，以管理和照顾老人。④ 还认为不孝是“人之大失”（《形势解》），⑤ 政府要对鳏寡老人实施救助，并要按时提供食物，“民生而无父母，谓之孤子。无妻无子，谓之老鳏。无夫无子，谓之老寡。此三人者，皆就官，而众可事者不可事者食如言而勿遗。多者为功，寡者为罪，是以路无行乞者

---

① 吴毓江撰，孙启治点校：《墨子校注》，中华书局 1993 年版，第 154—155 页。

② 黎翔凤：《管子校注》，中华书局 2004 年版，第 1166 页。

③ 王春花：《中国古代社会养老思想与实践述论》，《兰台世界》2016 年第 22 期，第 112—116 页。

④ 王春花：《中国古代社会养老思想与实践述论》，《兰台世界》2016 年第 22 期，第 112—116 页。

⑤ 黎翔凤：《管子校注》，中华书局 2004 年版，第 1175 页。

也。路有行乞者，则相之罪也”（《管子·轻重乙》）。[①] “君出四十倍之粟，以振孤寡，收贫病，视独老穷而无子者，靡得相鬻而养之，勿使赴于沟浍之中。”（《管子·轻重乙》）[②] 可见，管子对鳏寡老人的养老十分重视，他的这些救济鳏寡老人的社会养老思想成为中国古代设立孤独院、养济院等慈善养老机构，开展社会养老的思想基础。[③]

儒家的孝亲尊老的社会养老思想更为丰富。孔子认为既要赡养父母，更要尊敬他们。“今之孝者，是谓能养。至于犬马，皆能有养。不敬，何以别乎？”（《论语·为政》）[④] 把养老与敬老结合起来进行考虑，认为敬老才是养老的本质。还提出“老者安之，朋者信之，少者怀之”[⑤] 的理想和“老有所终，壮有所用，幼有所长，鳏寡孤独废疾者皆有所养”（《礼记·礼运》）这一古代社会养老的思想指导原则。孟子在孔子养老思想的基础上继承并丰富了儒家的社会尊老养老思想。孟子主张“老吾老，以及人之老”（《梁惠王·章句上》）[⑥]，若能既敬养父母又尊养他人，就会实现“大道之行也，天下为公，选贤与能，讲信修睦。故人不独亲其亲，不独子其子。使老有所终，壮有所用，幼有所长，矜鳏寡孤独废疾者，皆有所养”（《礼记·礼运》）[⑦] 的“大同”社会。

（2）建立了养老尊老的伦理制度。先秦各个朝代以不同的价值取向来表达同一种尊老敬老制度和风俗。《礼记·礼运》记载：“老有所终，壮有所用，幼有所长，鳏寡孤独废疾者皆有所养。”《礼记·祭

---

① 黎翔凤：《管子校注》，中华书局2004年版，第1529页。

② 黎翔凤：《管子校注》，中华书局2004年版，第1404页。

③ 王春花：《中国古代社会养老思想与实践述论》，《兰台世界》2016年第22期，第112—116页。

④ 何晏注，邢昺疏：《论语注疏》，李学勤主编《十三经注疏》，北京大学出版社1999年版，第17页。

⑤ 《论语·公冶长》。

⑥ 赵岐注，宋孙奭疏：《孟子注疏》，李学勤主编《十三经注疏》，北京大学出版社1999年版，第21页。

⑦ 郑玄注，孔颖达疏：《礼记正义》，李学勤主编《十三经注疏》，北京大学出版社1999年版，第658页。

义》云："昔者有虞氏贵德而尚齿，夏后氏贵爵而尚齿，殷人贵富而尚齿，周人贵亲而尚齿。"《礼记·内则》里有："凡养老……，五十养于乡，六十养于国，七十养于学，达于诸侯，八十拜君命……"《礼记·王制》中说："夏后氏养国老于东序，养庶老于西序；殷人养国老于右学，养庶老于左学；周人养国老于东胶，养庶老于虞庠。"① 此外官方设立了养老机构，并定期举办尊老敬老宴会，如《礼记·王制》中记载："夏后氏以飨礼，殷人以食礼，周人修而兼用之。"其中，"乡饮酒礼"是一种比较完善的敬老养老制度，也有着严格的尊老仪式程序，且这种形式由当地政府官员出面组织，规格较高，形式隆重，所以是最重要的尊老养老形式，其目的是给大家示范应该如何尊老养老。

（3）倡导尊老养老的社会行为。要求青年人对待他人要"年长以倍，则父事之；十年以长，则兄事之；五年以长，则肩随之"，② 还要"礼不逾节"③。"从于先生，不越路而与人言；遭先生于道，趋而进，正立拱手。……从长者而上丘陵，则必乡长者所视。"④ 而且"见父之执，不谓之进，不敢进，不谓之退，不敢退，不问不敢对，此孝子之行也"⑤。即对父亲的朋友也要像对待父亲那样去尊敬，进退有礼，不违孝道。⑥

综上所述，墨子、管子、孟子等从多个层面与角度阐释了尊老养老的思想与行为准则，而且还倡导每个人不仅要赡养自己的父母，也应赡养社会上的其他老人，因而包含了丰富的社会尊老养老思想，并逐渐系统化、理论化、规范化。而当时的政府根据这些养老思想倡导组织实施，这就把尊老养老行为由个体道德、家庭道德

① 《礼记·王制》。
② 《礼记·曲礼上》。
③ 《礼记·曲礼上》。
④ 《礼记·曲礼上》。
⑤ 《礼记·曲礼上》。
⑥ 王春花：《中国古代社会养老思想与实践述论》，《兰台世界》2016 年第 22 期，第 112—116 页。

提升为社会道德规范，上升为国家伦理与制度。① 这说明老年人养老不仅仅是家庭的义务与责任，也是国家和社会所必须承担的责任，其所内含的养老价值观为人类建立社会养老制度奠定了精神理念和思想基础。②

(三) 封建社会时期，中国古代社会养老制度较为完善并基本成熟

自秦以来，传统社会养老观念无论从思想体系还是价值取向发展都日趋成熟，基本趋于稳定，并形成有特色的“养老、尊老、敬老”的内容、形式、制度及其养老机构。③

1. 国家十分重视政府救济

国家的政府社会救济主要采取物质赏赐和免除税赋。

葛晓萍等人研究认为，封建历代朝廷均比较注重给予鳏、寡、孤、独、穷困老年人物质赏赐。如汉文帝“诏曰：‘方春和时，草木群生之物皆有以自乐，而吾百姓鳏、寡、孤、独、穷困之人或阽于死亡，而莫之省忧。为悯父母将何如？其议所以振贷之。’又曰：‘老者非帛不暖，非肉不饱。今岁首，不时使人存问长老，又无布帛酒肉之赐，将何以佐天下子孙孝养其亲？今闻吏禀当受鬻者，或以陈粟，岂称养老之意哉！具为令。’”④ 北魏孝明帝诏云：“朕冲昧抚运，政道未康，民之疾苦，弗遑纪恤。夙宵矜慨，鉴寐深怀，眷彼百龄，悼兹六极。京畿百年以上给大郡板，九十以上给小郡板，八十以上给大县板，七十以上给小县板；诸州百姓，百岁以上给小郡板，九十以上给小县板，八十以上给中县板；鳏寡孤独不能自存者，赐粟五斛、帛二

---

① 王春花：《中国古代社会养老思想与实践述论》，《兰台世界》2016 年第 22 期，第 112—116 页。

② 葛晓萍、李澍卿、袁丙澍：《中国传统社会养老观的变迁》，《河北学刊》2008 年第 1 期，第 125—128 页。

③ 葛晓萍、李澍卿、袁丙澍：《中国传统社会养老观的变迁》，《河北学刊》2008 年第 1 期，第 125—128 页。

④ 《汉书·文帝纪》。

匹。”[①] 明朝朱元璋令：“六月甲辰，诏有司存问高年。贫民年八十以上，月给米五斗，酒三斗，肉五斤；九十以上，岁加帛一匹，絮一斤；有田产者罢给米……鳏寡孤独不能自存者，岁给米六石。”[②]等等。

免除税赋。历代封建朝廷十分重视免除老年人的赋税和债务，使老年人能够满足基本养老需求，以确保可以安享晚年。如南陈武帝下令：“鳏寡孤独不能自存者人谷五斛。逋租宿债，皆勿复收。”[③]

可以看出，这些物质赏赐的数量，不仅仅是政府对老年人养老的一种心意表示，更是实质上的物质供养。按照古代消费能力，每人日食米一升，岁用绢一匹来计算，不用说汉文帝的“赐米人月一石”，还是明太祖的“月给米五斗”，基本上能够满足一家两位老人养老需求。[④] 这些物质赏赐更多地体现为政府对贫民的社会救济，成为最直接也是最有效的恤老方式，这是实际意义上的社会养老举措。

2. 社会养老机构已经建立

为了使鳏寡孤独者得以顺利养老，封建朝廷设置专门养老机构，为那些无家庭供养能力的老年人提供专门的照顾。官办养老机构最早产生于魏晋南北朝时期。受佛教宣扬的慈悲观念和福田思想的影响，南北朝时期开始出现专门的社会救助机构即慈善机构，社会养老由单纯的物质救济开始发展为以专门机构为依托，物质赡养、医疗救济与丧葬救济为一体的综合性或多功能的养老方式。隋朝时，建有悲田与敬田，帮助贫病孤老。唐代建立了作为“矜孤恤穷，敬老养病”的国家经营的专门慈善机构“病坊”。南朝建有政府设立的孤独园、六疾馆等专门慈善机构，主要收容鳏寡孤独者和病人，提供衣食，养其至终老，并负责料理丧葬。同时，北朝还设立了类似于医院设施的“别坊”，救济“单老孤稚不能自存”者。宋代继承唐代的病坊，建立了

① 《魏书》卷九《孝明帝纪》。

② 《明史》卷三《太祖本纪》。

③ 《陈书》卷二《高祖本纪下》。

④ 葛晓萍、李澍卿、袁丙澍：《中国传统社会养老观的变迁》，《河北学刊》2008 年第 1 期，第 125—128 页。

由国家经营管理或由国家经营而由僧侣管理的福田院等收养“老幼废疾”和“孤穷”的机构。元朝于1261年1月设立孤老院，1271年设置了一所济众院，1282年设置了一所养济院，收养“鳏寡孤独废疾不能自存之人”。①

明代政府继承了唐宋及元朝政府设立养济院慈善救助机构的方式对社会养老予以高度重视，1372年设立由官府负责的孤老院，赡养孤独残疾。1372年正式设立养济院，提供住屋舍和衣食，收养“六十以上无妻子兄弟”者。② 而且明代政府对社会养老予以法律和制度上的保障，将“收养孤老”和“对所在官司应收养而不收养者，杖六十。应给衣粮，而官吏克减者，以监守自盗论”③ 写入《大明律》中，开展官方物质和精神救济，政府还加强对养济院等慈善救助机构的社会养老管理，可见，这是明代政府从法律的高度对管理者进行严格要求，以确保“鳏寡孤独废疾不能自存之人”能够被收养。

3. 民间互助型养老和宗族养老得以发展

唐宋时期，受佛教思想的影响，平民自愿组成了以具有一定目的为主要活动内容的民间互帮互助、经济相互合作的组织，如社邑。该组织在成立的早期，主要以丧葬互助为目的。后来发展到乡村邻里养老模式，这是民间互助养老模式，是一种新的养老现象。在唐代“诸鳏寡孤独贫老疾不能自存者，令近亲收养。若无近亲，付乡里安恤”，④ 老人养于乡，乡村邻里养老模式是在宗族养老的基础上发展起来的。宗族养老是中国古代社会养老的重要形式，是中国家庭养老的重要补充。宗族养老是靠族规发挥作用的。至宋代

---

① 葛晓萍、李澍卿、袁丙澍：《中国传统社会养老观的变迁》，《河北学刊》2008年第1期，第125—128页。

② 王春花：《中国古代社会养老思想与实践述论》，《兰台世界》2016年第22期，第112—116页。

③ 宋秋颖：《明代的养老政策》，硕士学位论文，吉林大学，2007年，第24页。

④ ［日］仁井田陞著，栗劲等译：《唐令拾遗》，开元二十五年户令，《日本东方文化学院东京研究所》，1933年。转引自［日］夫马进《中国春会善堂史研巧》，伍跃、杨文信、张学锋译，商务印书馆2005年版，第35页。

宗族的养老职能发挥了更加明显的作用，宗法宗族制产生的累世同居的宦室大族设立了养济族众的义庄养老，是宗族养老的重要形式，这是中国古代社会养老的重要形式，发挥着强大的尊养老人的作用。之后这一义庄养老方式得到朝廷的表彰并形成一种民间宗族养老模式。①

综上所述，这一时期，各朝代均十分重视鳏寡孤独废疾者的养老，制定了较为完善的养老制度，设有规范的实体养老机构，实现了“养老、尊老、敬老”。首先，建立了以“孝”为核心内容的道德标准和价值取向，使得中国传统社会养老有了更加牢固的价值基础和思想基础。孝因血脉关系联系着家庭成员，不仅成为家庭养老的情感基础，也是累世同居的大家族养老的情感基础。在此基础上，“老吾老，以及人之老；幼吾幼，以及人之幼”这种全社会有着近乎相同的道德标准和价值取向的观念得到进一步发展，同时也使得“尊老养老”行为通过家庭走向社会，成为社会养老的情感基础和价值观念。封建统治阶级有意识地引导这种观念，使“尊老养老”行为进一步得到了加强，社会养老的产生有了一定的社会基础，并在明清时期产生了一定的社会影响。这种影响延续至今，就形成了有中国特色的“养老、尊老、敬老”的社会风尚。其次，封建王朝实行以孝治天下，实施定期赏赐，建立常设的专门养老机构等，各代设置的机构有官办，亦有民办，也有官民合办的，大多是综合性的，收养的是鳏寡孤独不能生活自理者，具有复合职能，这已经超越了单纯的救济形式，表现为社会化养老的一种形式，已具有了社会养老机构的性质，其发展也取得了明显的进步。

二 清代社会养老思想及其实践

与以前所有朝代相比，清朝时期社会养老在继承的基础上得到了空前的发展与扩充，成为中国古代社会养老体系最为健全、社会养老制度最为完善、社会养老形式多元并存、社会养老发展最为成熟的时

① 陈琛：《清代社会养老制度研究》，硕士学位论文，山东大学，2017 年，第 4 页。

期。表现为政府救济、慈善组织与民间互助养老制度多元并存，包括政府主导的社会养老制度，即养济院养老，以及民间互助型社会养老制度，即善会善堂养老及义庄养老，政府和民间共同承担养老责任。从官方的养老体制而言，养济院主要收养社会孤贫老人养老，留养局主要收养那些外地来的临时性的孤苦无依之人；从民间的社会养老体制方面，政府认可和支持民间养老机构的创设及工商行会自助组织的发展。① 清朝对社会养老有着严格的管理。一般来说，社会养老的对象主要为无劳动能力或无生活来源的鳏寡孤独废疾不能自我养老的群体。但清代政府对官办社会养老的对象进行了明确具体界定，不仅要满足年龄条件，并且是孤贫者，还需符合一定的道德要求，否则不予救济。同时加强对官办养老机构的管理，建立了社会养老监督体系。清朝还加强了对官办养老机构养济院日常运行和资金周转情况的监督。

众所周知，养老是一个复杂的庞大系统性工程，在自给自足的自然经济条件下，仅凭国家政府的力量是无法解决养老问题，满足社会上所有老人的养老生活需要的，所以国家需要鼓励并采取政策，吸纳社会力量的参与。清代是中国封建最后一个皇朝，经济相对比较发达，社会资本相对丰富，这为民间养老提供了更为充足的养老物质基础。清朝政府鼓励地方绅士参与养老救济，民间养老得到空前发展并成为最重要的社会养老方式。本部分主要考察清代政府主导的养老专门机构养济院和民间互助型养老机构普济堂。它们与明代相比规模扩大，组织更健全，制度更完善，在扶困济贫、倡导善举、维护社会稳定上发挥了积极作用。

1. 养济院

养济院是由官方举办的用以收养鳏寡孤独残疾无依者的养老机构。② 养济院的前身是南宋时的病坊，用来收养那些鳏寡孤独残疾无

---

① 陈琛：《清代社会养老制度研究》，硕士学位论文，山东大学，2017 年，第 8 页。

② 王卫平、黄鸿山、康丽跃：《清代社会保障政策研究》，《徐州师范大学学报》2005 年第 4 期，第 77—82 页。

依靠之人，后经元朝、明朝的发展与完善，成为中国古代封建政府开展社会养老、进行社会救济的重要救济方式。①

清代养济院是在明代的基础上建立和发展起来的。洪武五年，诏“天下郡县立孤老院，民之孤独残疾不能自立者许入院，官为养赡”。不久，“改孤老院为养济院”。② 清代十分重视存恤孤老之事，在顺治五年就建立了养济院，“各处设养济院，收养鳏寡孤独及残疾无告之人，有司留心举行，月粮依时给发，无致失所”。③ 顺治八年八月又诏“各省、府、州、卫所旧有养济院皆有额设米粮，该部通行设立给养，该道官府从实稽查，俾沾实惠”④ （《清世祖实录》卷五九）。此后诸帝多有复申。清朝政府对养济院建设给予高度重视，在朝廷的督促下，各省、府、州、县对以前建立的养济院进行了修复，在没有养济院的省、府、州、县新建了养济院，养济院设置得以全国普及，全国县治以上城市，每城至少建有一所。⑤

清代养济院属于官办慈善机构，其功能是抚恤孤老残疾之人。正如乾隆元年，谕“各省府州县皆有养济院以收养贫民，此即古帝王哀矜载独之意”。⑥

清代养济院收养制度比较严格，设置了收养孤寡老人的标准，即个人条件和地域条件。清代早期养济院主要收养当地“鳏寡孤独残疾无告之人”，即只有无所依仗的当地老人才可以进入养济院，如《大清律集解附例·户律》：鳏寡孤独、年逾六十且不能食力或成笃疾不能谋生的军流等犯、老人九十以上且子孙贫穷不能赡养者。⑦ 如乾隆二年规定：“各州县设立养济院，原以收养孤贫，但因限于地额，不能

---

① 白琼：《清代养老思想与措施研究》，硕士学位论文，华中师范大学，2016 年，第 14 页。

② 张萱：《西元闻见录》卷四一《户部十》，杭州古旧书店 1983 年影印本，第 1113 页。

③ 《清世祖实录》卷四一。

④ 曾思平：《清代广东养济院初探》，《韩山师范学院学报》2000 年第 4 期，第 21—28 页。

⑤ 王卫平、黄鸿山、康丽跃：《清代社会保障政策研究》，《徐州师范大学学报》2005 年第 4 期，第 77—82 页。

⑥ 《钦定大清会典事例》卷二六九《户部·蠲恤》。

⑦ 陈琛：《清代社会养老制度研究》，硕士学位论文，山东大学，2017 年，第 10 页。

一同沾惠。嗣后，如有外来流丐，察其声音，讯其住址，即移送各本籍收养。”① 从这可以看出，清朝养济院注重考察收养对象的年龄、身体状况、家庭条件，收养要求较为严格，以确保所收养的是最需要得到抚恤的人。对于外来鳏寡孤独残疾无告者，清朝做了特殊安排，一方面尽力将他们移送本籍养济院收养，另一方面专门设立留养局，为他们提供短暂的食宿与临时性的衣服棉被。但是随着社会形势的发展，清朝对养济院收养对象进行了扩大，同意将部分外来者列入收养范围。

养济院收养程序严格，管理比较规范。孤贫入养济院后须严格接受养济院的管理。养济院将各个孤贫“挨甲开列花名、年貌、疤痣，注明鳏、寡、孤、独，及何项残疾，兼注原住村庄、里图、食粮年月，遇有开除、病故顶补、新收，随时申报”。② 孤贫有名额限制，分为额内额外收养，③ 实行“上下稽查责成之法”，“将现在额内额外孤贫，饬令各该州县逐一详查，凡不愿居住院内及冒滥食粮者，悉行革除。将境内实系老病无依之人，照例取结，收院顶补，其余多者亦准作额外孤贫收养。有滥收捏结者，照例治罪。核定之后，将实在人数按额内额外分造二册，挨次编甲开列花名，辨明年貌、委系何项残疾孤苦之民，并注明原住籍贯，出具印结，由府转送上司稽查。后遇裁革病故顶补新收，随时申明……”④ 各个省对这些规定认真落实，嘉庆十六年，安徽省黟县颁布了增养额外孤贫的告示，要求“各该地保查明各都，如有实在困疾人等，未经入额者，准其呈明充数，按照名口给予额外候补腰牌，即于每月给放口粮日，齐集县堂听候点名，给放半月口粮，俟补入正额再照例全给”⑤。如果养济院收养已经满

① 《清会典事例》卷二六九《户部·蠲恤》。转引自代莉莉《清代广东地区慈善组织普济堂研究》，硕士学位论文，广东省社会科学院，2015 年，第 16 页。

② 冯煦主修，陈师礼总纂：《皖政辑要》卷二《养济》，黄山书社 2005 年版，第 163 页。

③ 朱雪薇：《清代养济院管理制度运行结构——以安徽养济院为例》，《海南广播电视大学学报》2019 年第 1 期，第 106—109 页。

④ 《钦定大清会典事例》卷二六九《户部·蠲恤》，上海古籍出版社 1995 年版，第 295—296 页。

⑤ 嘉庆《黟县志》卷一一《政事志》，同治十年刻本，第 46 页。

员，符合收养条件者则必须等待名额空缺时才能顶补。为便于管理，避免孤老滋事，养济院对入住孤贫老人进行编制，选拔人员轮流值班管理。规定“每十名编一甲长，挨次轮充，互相觉察，遇生事孤贫，甲长禀官究治，疏纵通同作弊，革粮，另补孤贫”。①

清代养济院各地救助标准不一，存在地区差异。各地救助标准，清初差异较大，到乾隆初年逐渐统一。② 如“每孤贫一名，岁给银一两一钱六分，米一石八斗二升各有奇。遇闰加银二分，加米一斗二升各有奇”。③ 但从乾隆四年开始，云南“向于常平捐输项下每名日给谷一升，请照江南等省之例，每名日改给银一分，以资养赡”。④ 事实上，各地养济院的救济标准还是根据各地的财力而定的，地方财力雄厚则救济标准较高，财力窘迫则标准较低。⑤

养济院的管理比较完善。养济院的经费主要由政府负担，地方官负责管理。但一些地方官员管理不当，有些官员腐败，为此，清代中后期政府允许地方绅士和民间力量投资养济院建设，并同意参与养济院经营与管理，养济院养老主体多元化，养老功能随之社会化。同时清朝加强了对养济院的管理，乾隆六年，制定了稽查责成之法，把抚恤工作纳入法制管理范围，其中具体规定了地方官员对养济院的管理责任，并将养济院的管理运行状况与经营情况列为地方官员的考绩内容。稽查责成之法对地方官员管理养济院的要求十分严格，要求地方官员对孤贫残疾之人做到应收尽收，同时须将养济院内收养孤贫人数按额内额外分别造册，登记孤贫个人资料、发放银米、点验人员、维

---

① 乾隆《钦定户部则例》卷一一六《蠲恤》，载《故宫珍本丛刊》，海南出版社 2000 年版，第 264 页。

② 刘宗志：《浅析清前期的养济院制度》，《河南师范大学学报（哲学社会科学版）》2008 年第 4 期，第 144—147 页。

③ 席裕福、沈师徐：《皇朝政典类纂》卷一八二，文海出版社 1982 年版。转引自王卫平、黄鸿山、康丽跃《清代社会保障政策研究》，《徐州师范大学学报》（哲学社会科学版）2005 年第 4 期，第 77—82 页。

④ 刘宗志：《浅析清前期的养济院制度》，《河南师范大学学报》（哲学社会科学版）2008 年第 4 期，第 144—147 页。

⑤ 王卫平、黄鸿山、康丽跃：《清代社会保障政策研究》，《徐州师范大学学报》（哲学社会科学版）2005 年第 4 期，第 77—82 页。

修设施等，建档立档交上司稽查。如果应养而不尽力收养孤贫者，地方官要受到杖六十的处罚。每个季末地方官员负责发放孤贫口粮，不许冒领克扣，否则以监守自盗论。地方官员对养济院要经常进行检修，如要添造或修盖养济院，则将估价报告督抚，在司库公用银内拨给修造。①

养济院作为一个常设的官办养老机构，为收养社会孤贫老人、拯救一批孤老残疾之人的生命做出了一定的贡献，起到了维护社会稳定、倡导乐善好施、扶困济贫的社会风尚的作用。

2. 普济堂

清代是传统慈善事业发展的高峰时期，民间互助型社会养老比较发达，有民办养老机构普济堂、善会，还有工商行会自主创办的养老机构，如咸丰六年，苏州估衣业所建“云章公所”规定“凡有同业伙友，年老失业无靠，报知公所，留养衣食。倘有给资，以备棺敛一切”。② 清末还出现了具有现代保险意识并以安老为主要目的的“洋布工会”组织，要求年老会员要领取晚年生活保障必须满足两个条件，其一，年龄及身体要求。没有劳动能力且年满六十岁及以上的贫苦者。其二，须连续缴纳会费五年以上者。第二个条件已经具有现代保险的理念，这将养老的个人责任与所得利益相结合，强调了受益者的义务与责任。③ 在清代，民间资助的普济堂发展最具特色和影响，下文仅对普济堂较作详述。

“普济堂”即“普”度众生、“济”世救民之意，由佛家用语发展而来的，主要是救助鳏寡笃疾废疾孤独之人。养济院只收养本地户籍的鳏寡孤独残疾贫病之人，而普济堂收容的既有本籍人员也有外来人口，④ 这扩大了养老收集的范围。明代已开始建立普济堂，明末因战

---

① 曾思平：《清代广东养济院初探》，《韩山师范学院学报》2000 年第 4 期，第 21—28 页。

② 苏州博物馆编：《明清苏州工商业碑刻集》，江苏人民出版社 1981 年版。转引自白琼《清代养老思想与措施研究》，硕士学位论文，华中师范大学，2016 年，第 19 页。

③ 白琼：《清代养老思想与措施研究》，硕士学位论文，华中师范大学，2016 年，第 19 页。

④ 邓静：《近现代社会救济行为变迁初探》，硕士学位论文，南京大学，2016 年，第 22 页。

乱暂停。清初，养济院收养能力不足，经营不善，普济堂为补养济院不足在民间得到恢复。康熙年间普济堂最早在北京出现。① 百数十年来，寒冬煮粥以养贫民，赖以存活者不可数计矣。② 普济堂最初由绅士出资，后政府十分重视，也出钱资助，普济堂转为官民合办，官办为主，成为清代官方救济鳏寡孤独残疾贫病的重要组成部分。在清朝政府的支持下，普济堂得到快速发展。乾隆元年规定：各省会及通都大郡，概设立普济堂，养赡老疾无依之人，拨给入官田产，及罚赎银两，社仓积谷，以资养赡。③ 于是，全国各省基本上建有普济堂，清代广东包括 13 个府都建有普济堂，河南省 109 个州县共建立了 129 所普济堂，山东省 101 个州县卫所中也设置了 131 所普济堂。这些普济堂“纤毫不需公项”，完全利用民间资金兴建。但乾隆以后，官方开始担负起创设、资助普济堂的责任。④ 清朝时期，全国的普济堂救济标准不一，但各地区以“养”为主的传统救济方式，主要提供食宿、医疗、送葬等，而缺乏对被救济者开展劳动和生活技能的培训教育，以增强被救济者自谋生存和发展的能力。⑤

普济堂的管理由出资者担任，采取董事负责制。早期普济堂经费来自地方捐助，当然由出资人轮流管理。如广东省一些普济堂实行董事负责制管理，一般是由当地推荐家境充裕且乐善好施的士绅担任董事，有的则由几个品行较好的绅士或家族经理轮流担任。⑥ 随着清朝政府投资后，其管理采取聘任制的方式，由官方聘请地方绅士管理。

综上所述，清代中国社会化养老体系比较完善，虽然社会养老机

---

① 代莉莉：《清代广东地区慈善组织普济堂研究》，硕士学位论文，广东省社会科学院，2015 年，第 21 页。

② 吴振棫：《养吉斋丛录 · 养吉斋余录》卷一，清光绪刻本。

③ 《钦定大清会典事例》卷二六九《收羁穷》，清光绪二十五年京师官书局石印本。

④ 王卫平、黄鸿山、康丽跃：《清代社会保障政策研究》，《徐州师范大学学报》（哲学社会科学版）2005 年第 4 期，第 77—82 页。

⑤ 代莉莉：《清代广东地区慈善组织普济堂研究》，硕士学位论文，广东省社会科学院，2015 年，第 45 页。

⑥ 代莉莉：《清代广东地区慈善组织普济堂研究》，硕士学位论文，广东省社会科学院，2015 年，第 44 页。

构多以政府为主导，但组织形式较为多样，包括官办养老机构、民间养老机构、官民合办养老机构、工商自办养老组织、宗教养老机构等多种组织形式，提供各有侧重的养老救助活动，社会养老工作具有制度化和法律化的特征。养济院和普济堂是清代社会养老机构中较具代表性的两类，在很大程度上弥补了政府养老经费的不足，扩大了受济孤贫的范围，这有利于解决社会养老问题，淳化民风稳定社会。

第七章　传统孝道养老伦理思想的当代思考

第一节　网络时代传统孝道养老伦理思想的传承与发展

一　网络时代的社会特征

自18世纪末世界进入蒸汽时代以来，人们的生活就发生了翻天覆地的变化。马克思曾认为蒸汽机的发明最先影响了当时所存在的动力部门，大大提高了生产力，改变了生产方式，从而改变了世界格局，推动了世界发展。与蒸汽时代不同，目前我们正生活在一个电子计算机与现代通信技术相互结合基础上构建的宽带、高速、综合、广域型数字化电信网络时代。① 网络时代人类社会的发展更加迅猛，网络显然已成为当今加快人类历史发展进程的重要因素，成为推动全球创新与变革、发展与共享、和平与安全的重要议题。网络时代生产力的发展速度远远超过了蒸汽时代，而且网络和蒸汽机最大的差别就是，网络不仅和蒸汽机一样融入社会生产领域提高了整个社会的生产力，还逐步融入生活的各个领域，改变了人们原有的生活方式的同时也使得当代社会焕发出不同的色彩。例如以下：

① 詹恂：《网络文化的主要特征研究》，《社会科学研究》2005年第2期，第183—184页。

1. 开放性与平等性

与过去的飞鸽传书、电报等传播方式不同。网络时代的到来大大降低了信息交流的成本，网络实现了信息交流的时效性和即刻性。网络时代人人都可以利用互联网掌握各种信息，还能发表各种言论。随着网络技术的成熟，网络用户数量不断激增，网络时代开放性的特征日益明显。与此同时，网络时代还打破了人与人交流之间的等级障碍，人人都可以平等参与，每个人既可以是消息的发布者又可以是消息的接收者。① 当今社会任何重大信息、时政热点都可以第一时间通过各大媒体、网络平台得到迅速传播。

2. 虚拟性与复杂性

网络时代的到来，给人们提供了全新的交流方式。虚拟性是网络时代的一大特征，网络将现实的文字信息转化为虚拟的数字符号进行传播，数字化后的信息传播起来会更加便捷与迅速。各网络用户可以隐藏自己的真实身份，甚至可以虚构新身份在网络平台进行活动，只要不触及法律，一般都能长期使用这一虚拟身份。正是因为网络时代具有虚拟性，网民可以用不同的虚拟身份在互联网上活动，与现实社会不同，网络用户很难像在现实生活中那样被分类进行管理，再加上使用网络的用户众多，且角色复杂，不易管理。同样地，随着网络技术的不断进步，网上信息良莠不齐，难辨真假。人的阅读能力十分有限，很难在众多信息中汲取正确有用的信息，这也在很大程度上增加了网民挑选信息的难度。

3. 多元性与个性发展

网络技术的不断成熟，大大缩短了时空距离，国际间的交往越发便捷。此时，人们不再只是接受单一的文化，而是可以通过网络领略不同国家的文化，网络时代呈现出文化多元化。例如，玄奘西行、鉴真东渡等，过去人们需要长途跋涉去宣传本宗教思想发展教徒，现在利用网络就可以让千里之外的人了解相关教义。文化多元化在年轻人身上体现得更加明显，生活在网络时代的他们思想开

① 詹恂：《网络文化的主要特征研究》，《社会科学研究》2005 年第 2 期，第 183—184 页。

放，更容易接受外来文化。当代接受文化的主体也呈现出多元性，某种文化可以通过网络传输到世界上的任何地方，因此学习该文化的人不仅是当地人还可以是不同地区的人。这大大激发了网民的个性发展。面对多元文化，网民由于自己的爱好会偏向某种特定的文化，再利用网络去搜索关于这种特定文化的更多内容，成为此文化的忠实学习者和传播者。

二　网络时代传统孝道养老伦理思想传承与发展的必要性

网络时代一个国家除了拥有先进的信息科学技术、国防力量，还需要文化强国。目前中国的航天技术、信息技术等多项技术位居世界前列。但是对于传统文化的传承与发展做得还不充分。中国人正在学习各种先进知识，却忽略了传统文化的学习。目前大多数国人传统孝道文化观念淡薄，从而导致部分人道德缺失。以“孝道”为核心的家庭伦理是中国伦理学中最重要的部分，影响中国数千年。虽然传统孝道文化历经上千年的发展，其中带有一些封建残留，但它仍是中国传统文化的重要组成部分和中华民族的宝贵精神财富。因此，网络时代更应该注重传统孝道文化的传承与发展。

1. 文化自信的需要

习近平总书记指出，文明特别是思想文化是一个国家、一个民族的灵魂。无论哪一个国家、哪一个民族，如果不珍惜自己的思想文化，丢掉了思想文化这个灵魂，这个国家、这个民族是立不起来的。① 可想而知，网络时代我们仍要传承与发展传统孝道文化。可是由于“重男轻女”“子为父隐”等传统孝道文化的糟粕没有及时剔除干净，以至于被一些不怀好意的人在网上大肆宣传，如近期网络上流传的“女德培训班”视频等，网络时代宣传传统孝道文化糟粕显然比从前要更加方便，影响要更加深刻，这严重动摇了传统孝道文化在国人心中的地位。幸运的是大部分人知道这些是传统孝道文化糟粕，但他

① 王立霞、沈文君、李红康、沈银书：《新时代农业科研机构的创新文化建设》，《农业科技管理》2020 年第 1 期，第 84—87 页。

们却以偏概全认为整个传统孝道文化都是糟粕，没必要将其传承下来。

当代人孝道养老观念淡薄，与过去尽孝赡养父母不同，现在社会上出现很多“啃老族”，这些人不但没有承担起做儿女赡养父母的责任，反而在成年后仍靠父母来生活。① 网络时代人们忽略了后代孝道文化教育，部分人从小就不讲理，自私自利，破坏社会和谐。出现这些现象是因为当代些许人对传统孝道文化的认识不彻底，只看见传统孝道文化糟粕，却没有看到历经数千年风雨而传承下来的精华。当今社会仍需要传统孝道文化，并且一直需要。因为这是中国祖先们的集体智慧结晶，也是他们对美好社会的向往，是留给炎黄子孙的宝贵精神财富。

2. 社会主义核心价值观的需要

党的十八大提出的社会主义核心价值观，是目前中国正处于改革关键期所面临复杂环境的需要，同时也是传统孝道文化精髓的体现。社会主义核心价值观从个人层面论述的“爱国、敬业、诚信、友善”与传统孝道文化所提倡的尊老爱幼、诚实守信、待人和善等思想不谋而合。网络时代，除了依靠基本的道德规则，还需要法律来约束人们的行为举止。中华人民共和国成立以来，中国一直在不断完善自身法律体系。直到今天提出的社会主义核心价值观中仍然注重“法治”，足以彰显法律对一个国家的重要性。弘扬传统孝道文化能够提高人的道德素质，当人们有较高的道德素质时，自然而然也会去维护法律。

3. 良好社会风尚建设的需要

传统孝道养老伦理思想强调“尊老爱幼”，能够让人们在网络时代同样也做到“老吾老以及人之老，幼吾幼以及人之幼”。传统孝道文化所宣传的美德正是如今公共场所所需要的。类似“扬名显宗”的观念也是当代所需要的，任何人出门在外能谨记自己代表着父母、国

① 朱思阳：《中华传统文化传承中存在的问题及对策研究》，硕士学位论文，哈尔滨理工大学，2016年，第43页。

家等，其必定会是一个有责任感的人。在这样的社会氛围下，整个社会就会形成负责任、讲诚信的风气。网络时代，各种有损社会风气的思想都能利用网络渗透到各个行业，因此当代传统孝道文化的传承与发展显得格外重要。只有加快孝道文化的普及，净化人的内心，削弱各种矛盾冲突，协调人与人之间的关系，才能净化整个社会的风气，建设良好的社会风气。

三　网络时代传统孝道养老伦理思想所面临的挑战

1. 西方文化对传统孝道养老伦理思想的冲击

网络时代社会具有开放性与平等性，各国文化都可以通过网络传播进入中国。特别是西方，为了侵袭中国年轻人，近年来将带有享乐主义、自由主义的文化作品传入中国，给传统孝道文化带来巨大的冲击，并悄悄地改变人们的价值观念。与此同时，英语作为世界通用语言，欧美国家借助英语这一载体使得其文化传播到其他国家显得格外的轻松。相比之下，中国传统孝道文化就缺少这些传播优势。①

面对中西文化冲突，很多崇洋媚外的中国人，一味地推崇外来文化，贬低传统孝道文化。与此同时，网络时代下电视电影行业的作品数量呈爆炸式增长，西方电影大片又凭借其制作精良深受各国年轻人追捧。西方大片在中国不仅赚得盆满钵满，还在无形之中加快了其思想文化的渗透。近年来情人节频频撞上春节，很多年轻人选择外出过洋节却不愿与父母长辈共度传统佳节。此现象的出现也表明中国人不注重中国传统孝道文化的传承与发展。网络时代西方文化以更迅猛的速度影响着中国年青一代的价值观，给传统孝道文化带来了沉重的打击。

2. 传统孝道养老伦理思想的糟粕仍然存在

传统孝道养老伦理思想历经几千年的发展早已深入人心。历朝历

① 沈晓婧：《“互联网+”背景下中国传统文化传承与发展的问题研究》，硕士学位论文，沈阳师范大学，2018 年，第 19 页。

代的统治者利用孝道文化主张的“忠孝合一，移孝作忠”等思想来教化百姓愚忠，达到巩固统治的目的。对传统孝道文化的传承如果不及时剔除这些封建糟粕会残害更多的人。可网络时代有人打着振兴传统孝道文化番号，利用快速便捷的网络大肆宣扬这些与新时代相违背的传统孝道文化糟粕，如已经被揭露的丁璇关于当代女性女德的讲座和各种披着弘扬传统文化外衣开办的女德学校或男德学校，它们打着弘扬传统文化的旗号，却不加区分地把一些传统糟粕宣扬开来，贻害社会比较大。也许过去这些现象也存在，但由于传播途径受限，它们的影响范围远没有网络时代大。网络时代，它们利用网络隐藏自己的同时还能召集更多的“信徒”，扩大自己的影响范围。因此网络时代传统孝道文化的糟粕仍然存在。

3. 传统孝道创新力不够

当前传统孝道文化面临的困境，一个很重要的原因就是其创新力不够。如传统孝文化中的一些消极思想诸如“父子相隐”等就不适合当今时代的需要，还有类似于“厚葬久丧”的说法也是不合时宜的。当今社会，越来越多的人在父母活着的时候为了赚钱而忽略赡养父母的义务，可是当父母离世后又追求排场，大办丧事，以此来向旁人彰显自己的孝心。可是对父母的孝和敬不是用“厚葬久丧”来评定的，同时这也是对社会资源的浪费。与其“厚葬久丧”不如“厚养薄葬”，父母在世都不能尽心尽力照顾父母，光死后讲究排场，完全就是本末倒置。总之，在网络时代还有大量的传统孝道文化糟粕存在，我们应该结合时代特征，取其精华，去其糟粕。当代要做的就是大改过时的孝道观念，不断地去提高传统孝道文化的创新力。

4. 养老问题日益严峻

网络时代社会生活节奏加快，价值观念发生很大变化，有不少人认为人生在世不过短短几十年，应该享受生活，无须过多操劳。养儿防老不如给自己多买几份保险更划算些。也有越来越多的人倾向于社会养老或者机构养老，认为政府要减轻年轻人的压力，承担起养老的责任，以家庭养老为主的模式应该向社会养老为主的模式进行转变。① 过去20年，很多地方养老服务风生水起，但是也暴露出了很多问题，住进养老机构的老人普遍有心理问题，他们很难感受到家人的温暖。要知道职业素养再高的护工也比不上自己的亲生儿女的重要性。社会养老和机构养老有它的合理性，但这不是我们将父母置之不理的理由。父慈子孝是天经地义的事情，父母含辛茹苦将子女拉扯大，子女也必须承担起赡养父母的义务。国家和社会只能在一定程度上采取措施来缓解当代年轻人养老负担。随着国家越来越重视养老问题，养老行业逐渐正规化、科学化。老人们也要试着改变自己的观念尝试接受新事物。总而言之，无论时代如何变迁，血缘关系永远存在，那么养老问题永远是一个不可逃避的问题。不管未来是采取何种方式养老，作为子女一定要关注老人的心理健康状态，要给予他们安全感。

四 网络时代传统孝道养老面临挑战的原因

1. 传统孝道观念日益淡薄

网络时代传统孝道文化面临的挑战主要还是因为当代人传统孝道观念淡薄。首先，当今社会过分看重孩子的数理化成绩，而忽略了对孩子最基本的传统孝道文化教育。现在的孩子大多数是以自我为中心，不顾及旁人的感受，从未想过是父母的辛勤付出才换来了自己美好的童年。其次，现在的父母也没有发挥好榜样作用，他们对孩子是尽心尽责，可是却忽略了生育养育自己的父母，甚至工作不顺利的时候，还会把负面情绪传送到父母身上。这也让处在学习阶段的孩子，从小就没有接受到尊敬老人的教育，处于被赡养期的父母也没有享受到天伦之乐，结果老幼问题都没有处理好。最后，网络时代比之前任何一个时代都要追求功利，小学教育和中学教育没有重视传统孝道文化的教育，而是一味去迎合升学考试。同时，高等院校也是迎合学生

① 孟颖：《我国社会转型背景下孝文化传承和家庭养老的重构》，硕士学位论文，河北经贸大学，2015年，第36页。

家长需要开设就业课程，同样也忽视了传统孝道文化的教育。目前的中国人除了自己私下看看孝道故事等，或在语文课本上简单学习几篇古人尊老爱幼的文章，几乎没有机会接受系统的传统孝道文化教育。这样就导致了中国人传统孝道观念普遍淡薄。从而禁不住外来不良思潮的侵蚀，容易受外国文化干扰而诋毁中国传承近两千年的传统孝道文化。

2. 对传统孝道文化的认识不彻底

现在很多年轻人过洋节不过传统节日，是因为他们不知中国传统节日的习俗，反而熟知经各种商家大力宣传的洋节。可笑的是，中国过西方节日的气氛远比传统节日浓厚。① 孔孟之道、诸子百家、四大发明等是古代中国给世界留下的灿烂财产。再加上中国地大物博，古代中国是何等的风光，当时的中国人骨子里散发着一种由内到外的优越感。然而，清王朝的狂妄自大，实行闭关锁国政策，不与外界来往，不愿正视自己和他国的差距，一度狂妄到无法理解西方国家坚船利炮之厉害。中国近代屈辱史教会中国人要正视对手，要自身强大。可是不少人走向了思想偏激之路，曾经小觑外来文化，如今却崇洋媚外。崇洋媚外的人认为外国所有思想都是先进的，所有产品都是顶尖的，而任何带有传统思想的东西则是腐朽的，国产商品都是劣质的。这些都可以归结为近代以后中国人不自信了，尤为突出的是文化不自信。甲午中日战争，清朝的惨败，重创了国人的自信心，也大大激发了中国人的民族意识。一百多年来，有些知识分子在反思中国失败的原因时认为我们的传统文化存在国民性问题。传统孝道文化所宣扬的敬养、善待父母等积极正确的思想被类似“郭巨埋儿”“老莱斑衣”等民间故事宣扬的愚孝全盘否定。这些都只因为中国人对传统孝道文化的认识不彻底。

3. 对传统孝道文化传承与发展的重视程度不够

网络时代是一个讲究效率的时代，对于大众而言，越是高效率的事物越有吸引力。可我们的传统孝道文化与这一主流显得格格不入。

① 谢新洲：《网络传播与实践》，北京大学出版社 2005 年版，第 15—16 页。

传统孝道文化所提倡的“敬养，祭祀，传宗接代”都需要人花费时间精力来完成。因此传统孝道文化传承弱化似乎显得理所当然，传统孝道文化之所以能在封建社会得到较好的传承与发展，跟当时的环境息息相关。两汉时期将“孝廉”作为选官的标准。与此同时，封建社会大家庭都格外重视孝道文化，大家族的晚辈从小就接受在家要尊老爱幼、尊重兄长、关爱弟妹，在外要与人和善、待人真诚的教育。[①] 因此几乎人人都懂礼数，不会越界。可现如今，国家选拔人才更多是靠理论知识来选拔人才，个人品德放在其次。再加上大多数人私欲膨胀，初入社会时还是中规中矩，可随着个人私欲的不断膨胀也渐渐失去了初心。长此以往，个人德行在人际交往中似乎就显得不那么重要，久而久之，整个社会风气开始变得自私自利，贪图享乐。传统孝道文化就失去了一个传承发展的环境。人们的物质生活条件越来越好，那些经历过祖国最困难时期的老一辈的人，都不愿让自己的晚辈吃苦受累，对小孩是听之任之，很是宠爱。在追求为晚辈创造良好的物质生活条件时，忽略了对他们的管教。传统孝道文化又失去了一个传承发展的环境。

4. 网络监管松弛

目前部分网络主播为了哗众取宠，在网络直播或朋友聚会时会公开丑化、侮辱中国革命烈士或道德模范等国家悉心树立起来的榜样。这些无疑是对中国传统文化的打击，同时也是对中国大众信仰的一种打击。由于网络监管松弛，近年来网上出现了很多恶搞传统孝道文化的视频，这严重影响了传统孝道文化在中国的地位，也会让青少年对其产生错误的认识。只有各部门分工明细，积极调研制定完善的规章制度，加大对诋毁传统文化及正面人物的行为惩罚力度，才能确保传统孝道文化在网络时代能够正常的传承与发展下去。

① 李伟：《弘扬中华孝道文化构建现代家庭美德》，《改革与开发》2018 年第 17 期，第 104—107 页。

五　网络时代传统孝道传承与发展的对策

1. 提高网络环境下人的道德素质

网络时代，不少与中国传统孝道文化相违背的外国文化传入中国，使得部分中国人开始质疑传统孝道文化，甚至有人摈弃“尊老爱幼”“感恩父母”等优良传统，变得自私自利，人情淡漠。只有提高网络环境下人的道德素质，才能够保证网络时代传统孝道文化的传承与发展。

首先，重视家庭对传统孝道文化的教育。家庭是人们最先接受教育的地方，家庭教育是个人成长的奠基性教育，同时也决定个体全方位和终身性接受的教育。孩子从小接受良好的传统孝道文化教育，自然而然会懂得谦卑、孝顺。此阶段的传统孝道文化教育应侧重身教。父母要以实际行动做到尊老爱幼，让孩子从小耳濡目染，发自内心去尊敬长辈爱护手足，有利于出现父慈子孝的局面。无论是孟子的“性本善”还是荀子的“性本恶”，其实都在强调道德教育的必要性，因为良好的家庭教育能够培养孩子的家庭美德。

其次，推进传统孝道文化进校园。目前国内教育一定程度上存在重数理化，而忽略文科教学，很少有学校开设与传统孝道文化相关的课程，忽视人的道德素质培养的教育，追求社会功利性。因此，提高人的道德素质刻不容缓。首要的就要推进传统孝道文化进校园。传统孝道文化博大精深，是提高人的道德认知的基础与起点。加强对“孝敬父母”“忠孝两全”“缅怀祖先”等传统孝道的教育，让人从学生时代就接受优良传统孝道文化的熏陶，就会提高知恩图报、不拘小节、待人和善等的道德品质。

最后，社会要加大对优秀孝德行为典型的宣传。文化指引人的行为，优秀孝道文化践行者能引导人良好品质的形成。因此学校采用榜样教育法，加大道德先进个人或集体的光辉事迹的宣传教育，特别对央视每年所评选的感动中国十大人物的宣传教育，这有利于提高学生的道德认知能力，提高个人道德素质。

2. 创新孝道文化内涵

传统孝道文化历经两千多年的传承与发展，是中华传统文化的精髓。网络时代人们普遍追求高效率、高回报，而传统孝道文化与之格格不入，其传承与发展遇到了瓶颈。创新传统孝道文化内涵是当代传统孝道文化传承与发展不可或缺的有效途径之一。

（1）创新传统养老观念。家庭养老是传统孝道文化的重要内容，传统孝道文化两千多年的延续，给后世留下了一套较完整的养老体系。包括父母晚年生活安排以及离世后的祭祀活动。老人曾经也是社会财富的创造者，有权享受安逸的晚年生活。① 父母含辛茹苦养大子女，同理子女也要为父母养老送终。目前生活节奏越来越快，人们为了创造好的生活条件，忽略了对父母子女的照顾。殊不知，相比极好的物质生活，老人们更期盼的是子女的关心。家庭养老能满足老年人精神上对亲情的渴望，可限制了子女事业发展。过去中国家庭是多子女共同赡养父母，自实行计划生育后，中国家庭规模逐渐变为“四二一”结构。这意味着国内养老压力普遍加重。因此，传统养老观念必须改变。政府有必要分担养老重任，国家财政应加大对社会养老机构的支助，同时也要加强对养老机构的监管，完善相关法律法规，加快中国社会养老体系的完善，实现家庭养老与社会养老相结合。虽然孝顺已不再是过去的“随侍在侧”，但即便子女不能时时刻刻陪在父母身旁，也得时常与父母联系。家庭仍然是社会的基本细胞，血缘关系不容改变，因此在网络时代我们仍需传承发展传统孝道文化。从心理学上分析，每个人的内心都渴望爱与被爱，而传统孝道文化就是能够将原本存在血缘关系的人，更加紧密地捆绑在一起。

（2）创新孝顺标准。自古以来，中国人就把对父母长辈的感恩赡养和尊敬扶助作为一种不可推卸的责任和义务，俨然成为炎黄子孙的一大特征。很多人对孝顺的标准产生误解，他们错误认为孝顺就是事

① 岳鹰：《中国传统孝道文化的内涵及其传承》，《齐齐哈尔大学学报》2017 年第 8 期，第 38—41 页。

事听父母长辈安排。① 其实不然，《论语·为政篇》中有明确的文字记载："孟懿子问孝，子曰：无违。"孔子所说的"无违"，并非不违背父母的命令，而是不违反"礼"的规范。显然，孝道文化不等于愚孝，愚孝只是某个时期有些人将孝顺理解得太绝对。当代的孝顺不应该只是"父母有求必应""随侍在侧"等，而是"孝心可贵"，孝顺父母不是做给别人看，而是子女发自内心要敬养父母，陪伴他们安度晚年。因此精神陪伴总比物质满足重要得多。子女要怀揣一颗孝顺的心，侍奉父母凡事都要讲求一个尽力而为，不可轻易以工作为借口，逃避赡养父母的义务。

3. 构建网络道德

网络时代具有虚拟性、复杂性的特征，部分人用网络随意发布毫无考证的言论，以诋毁公众人物等来获取利益。这也反映出社会道德风气日益沦丧，人们道德素质普遍低下，再加上国家对网络道德领域法律法规不完善，网络似乎成为法外之地。网络已成为大众生活的一部分，但与现实生活又存在差异。最典型的是有人在现实生活中人际交往能力差，但是却能在网上与陌生人畅所欲言。网络不仅方便了人们日常生活和工作，而且也给人的发展提供了新机遇。但有人将网络和现实分割开来，认为两者毫无联系。这种认识是不全面的，因为网络虽然具有虚拟性，但是网络的使用人是有血有肉的现实人，因此我们不应该将网络和现实这两个空间割裂开来，人们应当遵守法律，约束自己，并自觉将现实生活中遵守的道德原则和道德规范运用到网络中去，政府也应当建立和完善网络法律制度，加强网络道德建设，教育和引导人们自觉遵守和践行网络道德规范。

在这个充满机遇的时代，人们更应该提高自己的素质，无论面对什么诱惑都要做到自律，不可损害他人利益换取自己的成功。当今社会，之所以有人不断去触碰法律和道德的底线，追根究底就是这些人的自律意识淡薄。其实人都有私欲，但品德高尚的人可以靠自律，

① 罗国杰：《"孝"与中国传统文化和传统道德》，《道德与文明》2003 年第 3 期，第 8—11 页。

时刻提醒自己不去触碰道德的底线，甚至还会造福他人。品德合格的人，即使不为社会和他人做贡献，起码也能克制自己不去伤害他人的利益。而那些道德低下的人，做事情不会考虑他人。网络时代很多人受到拜金主义和享乐主义的影响，社会不和谐因素也大大增加。当务之急就是从小培养孩子的自律意识，各新闻媒体、自媒体平台也要参与其中，尽力在社会上营造一种人人自律的氛围，净化网络环境。

4. 完善网络法律法规

网络方便了人们的生活，但也让人们逐渐暴露了隐私。比如说，网上追踪软件会根据人们平日浏览喜好、购物喜好给用户推送他们可能感兴趣的产品。求职者在网上投放的简历会面临泄露的风险。总之，人们越是渴望在网络中隐匿自己，反而暴露得越彻底。虽然人们的隐私观念有所提高，但是网络时代科技发展迅猛，犯罪分子利用科学技术可轻而易举套用他人信息。想根治这一现象，就要大力倡导人们主动尊重他人隐私。可做到这一点很难，光靠个人的道德很难实现，只能依靠法律来约束，严厉打击泄露他人隐私的行为，法律禁止不可为。网络不是法外之地，必须严厉惩治各种网络违法行为。

5. 利用媒体传播孝道文化

网络是一把双刃剑，给传统孝道文化带来挑战的同时，也带来了机遇。一方面，随着手机等电子设备的普及，催生出自媒体行业。该行业门槛较低，用户可以自己在网络平台申请账号，发布各类生活、工作视频。与侧重社会热点和国家局势的主流媒体相比，自媒体的作品更加贴近生活，其影响不容小觑。政府应引导和鼓励自媒体行业参与传统孝道文化的传播，将传统孝道文化从空洞无趣的说教变为富有视觉听觉效果的视频作品等，让广大群众在休闲之余，能够认识到传统孝道文化的魅力。政府根据视频点击率、转载量来给予积极参与传统孝道文化宣传的自媒体物质奖励和精神奖励。除此之外，还可以根据实际情况，针对不同的群体给予具体的奖励，这样可以激发大众传播传统孝道文化的热情。

另一方面，相关部门应积极与各卫视热门综艺节目合作推动传统孝道文化传播。最具有代表性的是浙江卫视《奔跑吧兄弟》这档节目，其收视率一直居高不下。可圈可点的是，作为一档户外游戏综艺节目，其真正做到了既有意思又有意义，节目组所引领的“跑男公益”不但为公益事业贡献了不少力量，也促使人们放下手中的电子设备为公益奔跑，不经意之间改变了人们的生活方式。总之，此节目积极传递正能量的同时还弘扬传统文化。这就提供了一种思路，相关部门可以和金牌制作组共同策划宣扬传统孝道文化的真人秀节目或鼓励各卫视各平台制作宣传传统孝道文化的节目。相关部门也需要关注网络，帮助有参与宣传传统孝道文化的节目在政府网页或主流媒体上宣传，对他们的做法给予高度的肯定。

第二节　关于中国传统孝道养老伦理思想的现状调查研究

一　调查研究目的、意义及方式

（一）调查研究的目的及意义

按照联合国最新标准，当65岁老人占总人口的7%时即可认为该地区进入老龄化社会。国家统计局数据显示，2019年中国65岁以上人口已达1.7亿人，占人口总数的12.6%，远超过老龄化社会的认定标准，并逐渐向深度老龄化社会迈进。老龄化问题的出现不仅使人口红利消失，更使养老问题成为社会问题中迫切需要解决的热点问题，如何应对人口老龄化、做好养老服务工作是一项复杂的系统工程。党的十八大以来，以习近平同志为核心的党中央高度重视老龄化问题及养老问题，他指出满足数量庞大的老年群众多方面需求、妥善解决人口老龄化带来的社会问题，事关国家发展全局，事关百姓福祉。

《“十三五”国家老龄事业发展和养老体系建设规划》提出：“到

2020年，多支柱、全覆盖、更加公平、更可持续的社会保障体系更加完善，居家为基础、社区为依托、机构为补充、医养相结合的养老服务体系更加健全”，间接表明了当前居家养老仍是中国的主要养老方式。但加速到来的“银发浪潮”，加之市场经济的发展和计划生育政策作用的显现，给传统的家庭养老模式带来了极大的不适应性。一方面，随着国家经济的发展，人们的文化思想和生活观念更加开放和自由，不再囿于传统的伦理道德的约束，在一定程度上使家庭养老功能逐渐弱化。同时，人口流动性不断增加，尤其是农村地区，越来越多的年轻劳动力选择进城务工，“空巢”老人的现象越来越多。另一方面，随着“80后”第一代独生子女的父母开始迈入老年，与我们传统家族式的大家庭不一样的是，越来越多的家庭将会是4个老人、一对夫妻和1个孩子的家庭结构，即我们常说的“四二一”结构，生活成本增加，养老压力无人分担，养老问题已经成为亟待解决的重大社会问题。目前中国的人均GDP尚无法和发达国家相比，“未富先老”的社会现状，使得养老问题在思想理念、制度建设和经济发展水平上都未做好充分准备，而传统的孝道中囊括的大量关于敬老、爱老、养老的思想对更好地实现家庭养老具有重要作用。

本着通过进一步挖掘传统孝道中的养老思想来为当前养老困境找到更好的破解方案的想法，本次课题组从对传统孝道的认知、实践以及当前存在的问题和出现问题的原因等方面进行了问卷设置，并通过微信客户端进行发放和收集，为我们深入了解传统孝道养老伦理思想在当代的发展情况具有很强的参考价值。

（二）调查方式及方法

1. 调查对象的基本情况

这次调查范围广泛，涉及全国16个省自治区、直辖市。共发放6682份，收回6651份有效调查问卷，其中3586位被调查者来自农村，1562位来自城市，1503位来自城镇或城镇郊区。文化程度是大学学历857人，高中学历2572人，初中学历3065人，小学及以下学历157人。婚姻状况是2758人未婚，3752人已婚，72人丧偶，69人离婚。经济收入情况为77%以上的被调查者家庭年收入高于1万元，其中大约有38%的家庭年收入在5万元及以上。

2. 调查方法

由于本课题调查涉及湖南、广西、广东、黑龙江、福建、四川、内蒙古等全国16个省自治区、直辖市的农村、城镇，范围广、人员多，所以邀请了40多个大学生参与调查与访谈，数据采集、分析与统计等。本次社会调查采取的是课题组成员、大学生主要利用近四年的假期开展入村入镇发放问卷和访谈法、随机发放问卷与采访、电子问卷调查等方法，共设置36个客观选择题和1个主观建议题，不受地域和年龄限制在全国范围开展“传统孝道养老伦理思想”的调查。电子问卷调查和随机发放问卷中由于是通过匿名填写的问卷，减少了被调查者心理压力或其他不适感，很多调查问卷可更加真实地表达自己的意见和看法，收集到的信息资料也更加客观有效。

二　调查研究的结果及分析

（一）传统孝道养老伦理思想发展的现状分析

通过调查统计以及数据分析，我们认为当前传统孝道养老伦理思想的发展现状如下。

1. 对传统孝道养老伦理思想认知不全面

（1）对传统孝文化具体内容了解较少

为了解当前大家对传统孝文化的认知程度，本课题组在问卷中设置了以下几个问题。

问题一：“您对传统二十四孝了解多少？A. 不了解；B. 知道一点点；C. 知道很多；D. 完全了解”，最终选择D项“完全了解”的仅有5.41%，选C项“知道很多”的占13.51%，70.27%的人选择了B项“知道一点点”。

问题二：“您认为传统孝道在当今还需要继续发扬吗？ A. 很有必要；B. 有必要但必须改进；C. 不清楚；D. 没必要”，回答A选项和B选项的分别占71.62%和28.38%，无人选C和D项。

传统孝道作为中华传统文化的核心内容，在调查中大家一致肯定了其在维护家庭和睦、营造和谐社会氛围上的积极作用，70%以上的人觉得很有必要继承和发扬，剩下28.38%的人认为在继续发扬的同时需要改进。与此相悖的是，问及二十四孝的具体内容时，仅13.51%的选择“知道很多”，70.27%的人选择“知道一点点”，这说明大部分对传统孝文化的认知较浅，尤其在年青一代中表现最为明显，本次被调查者中在校大学生和拥有大学学历的人占37.03%，可见学校对孝文化教育效果不明显。

（2）把奉养当作对父母的孝顺，忽视老年人的精神生活

为了解当前老年人的养老生活状态，笔者在问卷中设置了以下几个问题。

问题一：“当今大部分老人是怎样养老的？A. 与儿子生活在一起；B. 与女儿生活在一起；C. 子女提供生活费用，父母单独生活；D. 父母单独生活，主要靠自己养老；E. 在养老院养老”，51.35%的人选择“子女提供生活费用，父母单独生活”，32.43%的人选择“与儿子生活在一起”，8.11%的人选择“父母单独生活，主要靠自己养老”，另外5.41%和2.7%的人选择“在养老院养老”或与“女儿生活在一起”。

问题二：“您认为，当前老人生活的状况是：A. 物质生活和精神生活都没有得到保障；B. 物质生活有一定保障，但精神生活方面没有得到慰藉；C. 有一定的精神生活，但物质生活没有得到保障；D. 物质生活和精神生活都可以”，回答“物质生活有一定保障，但精神生活方面没有得到慰藉”（64.86%）>“有一定的精神生活，但物质生活没有得到保障”（12.16%）=“有一定的精神生活，但物质生活没有得到保障”（12.16%）>“物质生活和精神生活都可以”（10.81%）。

《盐铁论·孝养》上提到：“上孝养志，其次养色，其次养体”，照顾父母最重要的是顺其心意，满足他们精神生活和物质生活需要，最为基础的赡养是提供物质生活资料。通过问题一，可以看出50%以上的老人的养老状态是子女提供生活费用，父母单独生活；选择与儿子生活在一起或与女儿生活在一起的仅占32.43%和2.7%。再结合问

题二的回答，选择物质生活和精神生活都可以的在所有选项中占比最少，60%以上的回答集中在物质生活有一定保障，但精神生活方面没有得到慰藉上。子曰："今之孝者，是谓能养。至于犬马，皆能有养，不敬，何以别乎？"（《论语·为政》）意为孝顺父母最难得的是敬养，要始终保持一颗爱父母的心，只是"能养"，那便同犬马等动物相比也无区别。而现在年轻人由于工作等现实原因，往往容易忽视父母对子女的情感依赖。

（3）把祭祀扫墓等与孝文化区别开

儒家把孝分为事生与事死两个阶段，《中庸》十九章中说："践其位，行其礼，奏其乐，敬其所尊，爱其所亲，事死如事生，事亡如事存，孝之至也。"肖群忠教授在《谈孝德》中讲孝的三种含义："第一，尊祖敬宗；第二，善事父母；第三，传宗接代"①，把尊祖敬宗放在孝的首位，万事万物都有其根源，儒家始终重视祭祀扫墓等习俗，表达的是报本反始。子曰："生，事之以礼；死，葬之以礼，祭之以礼"（《论语·为政》），事生和事死都要严格地依礼侍奉父母，把礼贯穿于始终。这里的礼可以通俗理解为尊敬，老人在生时要敬养，使其保持愉悦的心情，过世之后更要感念祖先意旨，加强修养自身德行，不忘祖先的福泽庇佑。清明节作为缅怀先祖的祭祀大节，对了解当前人们对扫墓祭祖的重视程度具有重要代表性，为此设置了相应问题。

问题一："您认为现在人们对清明节扫墓祭祖的态度是？"回答B. "重视"，尽量回家扫墓的占39.19%；回答C. "一般重视，视情况而定回家扫墓"的占36.49%；回答A. "非常重视，无论多远都回家扫墓"的占21.62%；还有2.7%的人选择D. "认为不重视，可去可不去"。

从以上调查的结果来看，人们对清明节祭祀扫墓的态度总体较好，但近些年，随着人们外出务工定居等各种原因，选择非常重视扫墓祭祖的比例仍偏低。通过进一步分析发现，当前很多人认为清明节

① 肖群忠：《谈孝德》，《中国德育》2014年第12期，第28—32页。

扫墓祭祀只是一种封建迷信行为，应该把更多精力放在老人在世的时候，更不知道扫墓祭祖也是孝道的一种表达方式。在市场经济的催生下，更有甚者还出现了一些花钱请人扫墓祭祖、哭丧、送葬等行为，已经严重脱离孝文化中的“敬”和“礼”。

2. 传统孝道思想在养老实践中逐渐淡化

（1）不尽赡养义务、遗弃或虐待老人现象时有发生

在社会生产方式不断进步的情况下，传统孝道思想在各种文化思想浪潮冲击下日渐削弱，社会上敬老爱老的社会风气出现滑坡，社会上老年人的生活状况令人担忧。为此笔者在问卷中设计了以下几个问题。

问题一：“若您认为当前人们的孝道观比以前差，其表现有哪些？”选择 B“父母年迈不在身边照顾”（70.27%）>F“子女不愿意跟父母生活在一起”（68.92%）>D“有些子女不尽赡养义务”（56.76%）>E“有些子女遗弃、虐待老人”（43.24%）>C“不听父母的安排，自作主张”（39.19%）>A“子女不尊敬老人”（37.84%）。

问题二：“您周围有子女遗弃、虐待老人的现象吗？ A.“很多”；B.“比较多”；C.“有，但不很多”；D.“没有”。回答有遗弃现象的占 44.59%；没有遗弃现象的占 50%，有很多和比较多的遗弃各占 2.7%。

《礼记·祭义》中提到“孝有三，大孝尊亲，其次弗辱，其下能养”，将孝分成了三个等级，最低层次为能养，能养是敬养的基础。在我们的本次调查中，发现对父母侍奉赡养现状不容乐观，超过 70%的老人缺少子女的陪伴，现在大部分老人处于自给自足的独居状态，甚至还有些缺乏孝心的子女遗弃或虐待老人，以经济困难无力供养或容易产生家庭矛盾等为理由，把老人当作累赘，对养老问题互相推诿扯皮不愿承担责任。

（2）对父母关心不够，缺乏日常沟通问候

对此笔者设置了以下几个问题。

问题一：“您对您父母健康状况了解吗？A. 十分了解；B. 不太了解；C. 不了解”，选择“十分了解”的有 68.92%，选择“不太了

解”和“不了解”的分别为29.73%和1.35%。

问题二：“假若您长期在外，您会怎样联系父母？” 68.92%的选择“经常打电话”；27.03%为“偶尔打电话”；1.35%为“基本没联系”；2.7%“有事才联系”。

问题三：“你记得你父母的生日吗？A 完全不记得；B 完全记得；C 大概记得”，68.92%的为“完全记得”，“大概记得”的占25.68%，5.41%选择“完全不记得”。

在此次调查中，关于是否清楚父母基本情况，存在超过30%以上的人选择不清楚父母健康状况，也不完全记得父母生日。平时通过电话经常联系父母的仅占68.92%，同传统孝文化中“养则致其乐，病则致其忧”相比还存在较大差距。子女们在日常奉养时，不仅缺乏对父母的关心和问候，而且不了解父母身体健康情况。在信息化时代下，知识更新换代速度十分之快，年老的父母对新鲜事物接受较慢，尤其是本次被调查者中，70%以上的人接受过大学教育，拥有独立的人生观和世界观，在沟通上很容易与父母产生思维分歧，加上父母与孩子双方思考问题的角度不同，容易在沟通过程中产生挫折感，久而久之父母与子女之间产生交流鸿沟。

三 传统孝文化在认知、实践方面存在问题的原因

1. 传统孝文化宣传教育力度不够

根据调查数据统计，54.05%的被调查者反馈对孝道的了解来源于家庭，39.19%的来自学校教育，还有4.05%和2.7%是通过其他途径或他人了解。学校作为进行系统教育的组织机构，一直把教育的主要精力集中到提升孩子的学习成绩上，没有把以孝文化为首的中国传统文化作为一门系统的课程进行讲授，年青一代对什么是“孝文化”知之甚少，有的学校将孝文化教育纳入德育课程，但大多授课方式也为理论宣讲，对学生缺乏感染力和吸引力，无法将学到的理论知识运用到实际生活中。同时，由于缺乏相应的教学、考核等评价体系，社会对该项教育不够重视，包括孝文化在内的中国传统文化教育成为学校教育的薄弱环节。

社会上对宣传力度不够，宣传的方式单一，在调查中发现孝道滑坡的两个重要影响因素就是社会宣传教育舆论不如从前，以及社会对不孝之子的舆论压力不够，无法通过大环境约束他人不孝行为，也没有充分利用好大众传媒这个主平台做好宣传引导作用。地方基层缺少开展多姿多彩的孝文化活动，数据显示经常开展孝文化活动的地区仅占 6.76%，而有宣传效果的孝文化活动则是更少，无法深入民心。

2. 小家庭模式的形成

传统孝文化形成并成熟于中国传统大家族式的家庭结构中，但随着计划生育政策的实施和人们生育观念的改变，大部分家庭为一对夫妻只生一个孩子的小家庭模式——三口之家，使得传统孝文化在当前社会的运用中逐渐受到挑战和忽视，刘生龙、胡鞍钢、张晓明基于 2010 年、 2014 年和 2018 年中国家庭动态跟踪调查数据分析得出：相对于生育一个孩子而言，生育两个及两个以上孩子的农村老年人的精神状况明显更好一些，具体反映在感到沮丧悲伤的概率更低，幸福感明显更强一些①。传统的长辈式家庭观念逐渐转变成孩子才是家里的中心，自小受到父母以及爷爷奶奶、外公外婆等各方长辈的无限宠爱，不自觉地使孩子们误认为对父母和长辈的索取是一种理所当然，不懂得体会和理解父母养育的艰辛，以自我为中心的意识十分强烈，这也淡化了传统孝道中关于养亲尊亲的伦理道德。

3. 经济社会发展的影响

经济基础决定上层建筑。这些年中国经济发展突飞猛进，改变了以传统农耕经济为主的生产方式，因掌握生产生活技术与经验而拥有绝对权威的父辈，在科技不断进步的情况下，其家庭经济地位逐渐被掌握新技术新知识的年轻人取代。社会分工细化促使地区间的人口流动不断加大，由“父母在，不远游”转变为“好男儿志在四方”。尤其是经济发展较弱的农村地区，迫于生活需要，大部分子女需外出打

① 刘生龙、胡鞍钢、张晓明：《多子多福？子女数量对农村老年人精神状况的影响》，《中国农村经济》2020 年第 8 期，第 69—84 页。

工谋生，男主外女主内的传统思想逐渐被弱化，随着女性参加工作比例大幅提升，留守老人的现象更加突出。虽然当前通信方式多样可以缓解父母对子女的思念和依赖，但异地行孝仍无法解决许多现实问题，尤其是年纪偏大或生活不能完全自理的老人，物质生活和精神生活都极度缺乏。

市场经济的发展也带来了中外文化的深入交流，很多西方思想中的开放、平等、自由等观念逐渐渗入人们的生活，客观上对传统孝文化的具体内容和实践产生了冲击，加之最近“国学班”“读经班”“女德班”突然风靡，许多不法机构利用该热度的兴起谋取私利，颠倒黑白，与中华优秀传统文化内容南辕北辙，造成社会负面导向，部分人甚至将传统孝文化当成封建糟粕并加以全盘否定批判。

4. 对待不孝子女缺乏可靠有效的解决途径

在调查中设置了这样几个问题：“当您周围老人的子女不孝或老人遭到子女的遗弃或虐待时，周围人的态度一般是什么”，大部分回答是亲戚朋友劝说或认为是别人的家务事，不好干预，而周围人劝说调解的效果选择很有效的仅占 8.11%，社会对不孝之子的舆论压力不再像从前那样具有震慑力，认为照不照顾老人是自家的事情，与旁人无关，即使当场进行了劝说调和有一定效果，其效果也是短暂性的，并不能从根本上解决遗弃、虐待老人等问题。中国宪法虽对赡养老人做了明确规定，但现实生活中极少有老人选择用法律的手段来保护自身合法权益。一方面老年人对法律认知水平有限，不知法、不懂法；另一方面老人对子女多有顾虑，比如害怕打官司会影响子女名声，对孩子于心不忍，也怕官司打完后仍得不到有效解决方案反而造成与子女之间的矛盾升级等，对不孝行为缺乏有力的惩戒措施，这让很多缺少孝心和责任心的子女有了可乘之机。

四 传承与发展传统孝道养老伦理思想的对策

传统孝道文化发展至今已成为中华文化的瑰宝，也是我们中华儿女绵延至今的重要法宝。通过本次调查研究发现人们对于继续发扬传统孝道还是持积极态度，但其总体发挥效能在当前还存在诸多不足的地方，需要提出相应对策来加以改善。

（一）加强教育，增强对孝文化的认识

首先是家庭教育，父母是孩子的第一任老师，家庭教育是孩子的启蒙之地，但现实生活中很多家长偏重于孩子的学习成绩提升而忽视了内在品德的培养，或平时忙于工作缺少耐心指导和陪伴，没有很好地通过家庭教育帮助孩子学习传统孝文化。习近平总书记在 2015 年春节团拜会上的讲话指出："家庭是社会的基本细胞，是人生的第一所学校"，并把家庭教育与国家发展、民族进步、社会和谐等联系起来，充分强调家庭教育的重要性，在本次调查中也显示 54.05%的人了解孝道的主要途径是家庭教育，表明家庭中言传身教的效果更为理想。没有规矩不成方圆，家庭教育要充分利用家风家训中推崇的忠孝节义、礼义廉耻等来滋养后人，实现代代相传。

其次是学校教育，通过系统化地学习文化知识、道德品质、行为规范等来影响人社会化的水平和性质，是孩子成长的关键。学校教育不能只以考试科目为中心，素质教育更应放在首位，尤其是中学阶段，是孩子思维成熟的重要阶段，也是学习压力最大的阶段，往往容易形成唯分数论的教育理念，而忽视孩子的德行教育，这也是当前传统孝文化式微的一个重要原因。传统的孝道教育也不能只是蜻蜓点水，更重要的是将其纳入教学内容，通过建立多样化的考核评价标准，让中华传统孝文化系统进教材、生动进课堂、鲜活入头脑。此外，授课老师也应在学科教学中积极主动融入传统孝文化，丰富教学内容，真正实现德智体美劳全面发展。

最后是社会教育。古人有云："染于苍则苍，染于黄则黄"，社会环境对个人的价值认识具有潜移默化的影响，穆光宗教授指出"精神赡养"问题不仅仅是家庭范围内的事情，而且与整个社会都有密切联系①，要营造出尊老爱老的社会氛围，让尊重、礼让、关心老年群体

① 穆光宗：《老龄人口的精神赡养问题》，《中国人民大学学报》2004 年第 4 期，第 124—129 页。

等成为一种个人行为自觉。随着大众传媒的发展，还可以利用“两微一端”大力宣传敬老爱老的典型案例，形成正确的价值导向，让弘扬优秀传统文化成为社会主流，让社会舆论的压力成为不孝或遗弃、虐待老人的高压线，从而实现“老吾老以及人之老”的社会风气。同时可以借助基层自治组织这个平台，即村委会和居委会来围绕孝文化开展多种多样的主题活动，如母亲节、父亲节、清明节、重阳节等重大传统节日期间开展最美家庭评选表彰等活动，让孝文化不断渗入大众的生活，增强人们的参与感和体验感。

（二）完善养老机制，软硬措施兼施

据全国老龄办发布的消息，2050 年，中国老龄人口将达 4.87 亿人，如何使所有老人实现老有所养、老有所乐，可以说是一项庞大的民生工程，仅以传统孝道为支撑的家庭养老不足以应对如此多的老龄人口，必须不断完善现下养老机制，真正实现以居家为基础、社区为依托、机构为补充、医养相结合的多元化养老服务体系。截至目前，国家出台了众多关于养老的法律和相关政策，包括《老年人权益保障法》《“十三五”国家老龄事业发展和养老体系建设规划》《关于深入推进医养结合发展的若干意见》等，党的十九届四中全会上也明确提出坚持和完善统筹城乡的民生保障制度，对所面临的老龄化等社会问题做出了真切的回应。但社会多元化的养老服务仍存在养老的机构不够、养老金较少等现实问题，政府应通过积极优惠的政策来吸引更多社会资本对养老机构的投入，激活社会养老的活力，分散养老的社会压力，同时还可以降低养老成本。

在传统观念的束缚下，很多家庭尤其是农村地区并不愿将老人送进养老机构，经调查发现其主要原因可以总结如下：一是担心养老院管理不好，会亏待老人；二是担心别人说自己的闲话，名声不好；三是自身家庭经济负担不起。在担心影响名声之余，顾虑最多的还是养老院是否能照顾好老人这个根本问题，尽管近些年国家不断强化对养老机构的管理，并出台了中国养老服务领域的第一项强制性国家标准——《养老机构服务安全基本规范》，但与发达国家相比，我们的

老龄化社会来临稍晚，养老机构的还不完善，服务质量无法保证，可以通过借鉴其他国家或地区的评估测评方式来加以改进，如高梦希、范维、王燕等在总结日本、澳大利亚、中国台湾等国家和地区的养老机构服务质量评价体系的特点后，提出了邀请消费者以及各方专家对养老机构质量的进行多方测评的方式①，对提高当前服务质量具有很大的参考价值。

从整个社会环境来说，老人人群仍然以家人子女的照顾养老为主，当缺乏以法治为保障的强制性干预手段时，不赡养老人、虐老行为也时有发生，这与我们所期待的老有所养完全相悖。而光靠道德约束并没有办法阻止虐老弃老悲剧的发生，必须配以相关的法律法规来强制保障老人的合法权益，做到“兜底”保障，包括借助银行的征信等方式来建立相应的惩治手段。

（三）开放发展，树立新型养老观念

作为中华传统文化的核心内容，孝文化在中国社会发展过程中不断丰富并赋予了新的内容，要及时转变传统的思维方式。卢义桦、陈绍军提出“在农村家庭结构趋向于核心化以及年轻人趋向于个体化、理性化、平等化的背景下，孝道理念也应实现时代转换，以减少代际冲突、促进代际关系和谐”②。一方面老龄化是人个体发展中的一个阶段，老年人要塑造积极乐观的心态来看待老龄化的过程，不能以年长的理由倚老卖老，要保持自尊自强的养老价值观。另一方面社会要摒弃养老就意味着增加负担的观念，全力保障老年人的合法权益，还可以通过返聘等形式充分发掘老年人人力资源，一来可以增加社会财富，二来也可以增强老年人的获得感和幸福感。如教育部在 2020 年 2 月研究制定了《高校银龄教师支援西部计划实施方案》，利用高校退休教师优势资源来推动西部教育的发展。弘扬中华民族的传统孝文化，

① 高梦希、范维、王燕、盖恬恬：《国内外养老机构服务质量评价体系现状》，《护理研究》2019 年第 33 期，第 3526—3529 页。

② 卢义桦、陈绍军：《新型城镇化进程中农村老年人养老的变迁、困境与对策》，《湖北社会科学》2008 年第 8 期，第 37—46 页。

并对接新型养老观念，对融合代际关系、实现家庭和睦、营造孝亲敬老的良好社会氛围、构建社会主义和谐社会具有重要的现实意义。

总的来说，在老龄化社会的最高峰来临之前，我们要最大化发挥传统孝道养老中的积极作用，并不断完善养老的体制机制，将老龄化状态转化为社会发展优势，共同为建设和谐社会提供源源不断的精神动力。

第三节　湖南农村养老保险制度研究——以祁阳为例

中国已成为老龄化国家，中国人口老龄化增长的速度位于世界第一，实施合适的农村养老保险制度既符合中国老龄化发展趋势，又是中国社会经济发展的现实需要；农村养老保险问题直接影响到农业的可持续发展，也是重要的民生问题；完善农村养老保险制度，有利于增强农村人口的养老保障，进一步推动新农村建设。为此，课题组选择湖南省永州市祁阳县作为农村养老保险制度的个案进行典型研究，这是因为一是湖南省是中国的中部，是农业大省，二是祁阳县是湖南省的大县，是永州市人口最多的县，总人口 106.4 万人，其中农业人口 87 万人，农村养老保险制度也是农村养老保障重要部分，保险制度一般采用国家通用政策。因此，通过在祁阳县走访座谈，总结分析祁阳县农村养老保险制度存在的问题，在借鉴国内外农村养老保险实施经验的基础上提出相关建议，对促进祁阳县农村养老保险制度的健康发展有重要意义，同时，也能为其他农村地区的养老保险制度提供新方法和实践样本。

一　当前祁阳县农村养老保险制度基本概况

祁阳县，隶属于湖南省永州市；总面积 2538 平方公里，辖 21 个镇（街道办事处），7 个乡， 614 个行政村（社区）。截至 2019 年 3 月，祁阳县户籍人口 106.4 万人，年末常住人口为 85.63 万人，按城乡分，城镇人口 42.18 万人，农村人口 43.45 万人；按性别分，男性 44.34 万人，女性 41.29 万人。出生人口 9936 人，人口出生率为 9.61%，人口死亡 7020 人，人口死亡率为 6.79%，人口自然增长率为 2.82%。2018 年全县农村居民可支配收入 14004 元，同比增长 9.3%；农村居民人均生活消费支出达 15225 元，比上年增加 1736 元，比上年增长 11.4%。2018 年，城乡居民基本养老保险基金收入 23761 万元，为年度预算 22905 万元的 103.74%，城乡居民基本养老保险基金支出 19593 万元，为年度预算 17530 万元的 111.77%；城乡居民养老保险参保缴费责任制及工作经费 128 万元，全县参保人员共 53 万，其中农村适龄居民参保基本上全面覆盖。

（一）祁阳县农村养老保险制度基本内容

1. 参保登记

根据国家对参保人员资格规定，办理祁阳县城乡居民基本养老保险需年满 16 周岁（不含在校学生），具有永州市户籍，非国家机关单位和事业单位工作人员，并且，不属于城镇职工基本养老保险制度覆盖范围的城乡居民，可申请办理城乡居民基本养老保险。办理时要持参保人员身份证或者户口本到户口所在地的村委会、乡镇社会保障部门、县人力资源和社会保障局相应服务台办理。

2. 资金筹集

城乡居民基本养老保险基金由个人缴费、集体补助、政府补贴三部分组成。目前个人缴费标准为 14 个档次，分别是 100 元、200 元、300 元、400 元、500 元、600 元、700 元、800 元、900 元、1000 元、1500 元、2000 元、2500 元、3000 元。① 国家规定的缴费档次为前 12 个档次，祁阳县为适应部分居民的要求，增加了 2500 元、3000 元两个档次；参保人自主缴费，采取多缴多得原则。有条件的村镇经济组织、公益慈善组织可予部分补助，资助金额不超过 3000 元缴费档次，补助标准由村民委员会共同协商决定。政府补贴方面，中央财政对中

① 《祁阳县城乡居民基本养老保险实施办法》（祁政发〔2014〕24 号）。

部地区按中央确定的基础养老金标准给予全额补助，地方政府对居民选择最低缴费档次至少补贴 30 元，500 元以上档次补贴不低于 60 元，祁阳县地方政府补贴参照了国家规定的最低规格进行补贴，选择 100 元至 200 元档次每人每年补贴 30 元，选择 300 元至 400 元档次每人每年补贴 40 元，选择 500 元及以上每人每年统一补贴 60 元。未满 60 周岁的“五保户”或者完全丧失劳动力且没有经济收入来源的困难群体，由县政府代其缴纳 100 元养老保险费。

3. 个人账户建立

祁阳县对参保人员按照国家规定建立终身记录的养老保险个人账户，在办理城乡居民基本养老保险，由经办机构人员为其建立终身记录的个人养老保险账户。各方面的补贴以及个人缴费记录全部记入参保人员的个人账户中，个人账户储存额按照国家规定计算利息。参保人不得提前支取个人账户储存额或者弃保，中断缴费人员，其账户会给予保留，但其原有的储存额不再计息；参保人员死亡后，个人账户的资金可由其亲属依法继承。

4. 养老金待遇

最初，中央确定的基础养老金为 55 元/月，后增加为 70 元/月，根据人力资源社会保障部、财政部印发《关于建立城乡居民基本养老保险待遇确定和基础养老金正常调整机制的指导意见》（人社部发〔2018〕21 号）指示，自 2018 年 1 月 1 日起，基础养老金的最低标准为 88 元/月。祁阳县自城乡居民基本养老保险试点实施时，2011 年 7 月至 2014 年 6 月养老金为 55 元/月；2014 年 7 月至 2015 年 12 月养老金为 75 元/月；2016 年 1 月至 2016 年 12 月养老金为 80 元/月；2017 年 1 月至 2017 年 12 月养老金为 85 元/月；2018 年 1 月至今养老金为 103 元/月。个人账户养老金月计发放标准为个人账户全部储存额除以 139，累计交满 15 年且年满 60 周岁可领取养老金。待遇领取人员死亡后停止发放养老金，相关部门对其进行资格认证。建立丧葬补助制度，参保人员死亡后可由其亲属在 1 个月内办理注销登记领取 300 元丧葬补助金。

5. 转移接续和制度衔接

转移接续和制度衔接方面与中央规定一致，如果参保人员在缴费期间因户籍迁移原因，需要在省内转移者，可在迁入地申请转移养老保险关系，不用转个人账户资金，可按迁入地规定继续参保，缴费年限累计计算，个人账户储存额由省在年内统一结算。跨省转移者，在其迁入地申请转移，一次性转移个人账户全部储存额，并按迁入地相关规定继续参保、计算缴费年限。已经按规定领取养老金者，无论户籍是否迁移，其养老保险关系不变，与社会保障制度如职工基本养老保险的转接按国家有关规定执行。

6. 基金管理和运营

按照国家规定，将城乡居民基本养老保险基金纳入社会保障基金财政专户，实行“收支两条线”管理方式，单独记账、独立核算，即基础养老金与个人账户基金分开管理，个人账户基金不会用于发放基本养老金。城乡居民养老保险基金按照国家规定统一投资运行、保值增值；祁阳县城乡居民基本养老保险基金的管理，由县经办机构负责定期向社会公布参保情况以及基金收入、支出、结余和收益情况；县财政部门、审计部门对基金的收支、管理和投资运行情况进行监督，虚报冒领、非法挪用、贪污浪费等违纪违法行为，按照相关法律法规进行处理。

7. 经办管理服务和信息化建设

中央要求各省（区、市）人民政府要加强城乡居民养老保险经办能力建设，通过对经办机构人员的业务培训，提高公共服务水平。社保经办机构负责参保人员的缴费和待领取记录，并建立社保档案，当地政府要为经办机构提高必要的办公场地、基础设备、待遇保障等，形成省级城乡居民基本养老保险管理系统，确保信息资源共享，并建立全国统一的社保卡。祁阳县对城乡居民基本养老保险的管理服务与信息化建设，做了明确的工作任务安排，要求县劳动和社会保障部门负责牵头组织、政策宣传、业务指导、督促检查；县经办机构配齐岗位所需工作人员，负责参保登记管理、缴费申报管理、基金征缴、个人账户建立与管理、待遇核定与发放、保险关系转移接续、档案管理、统计分析等工作；县财政部门负责养老保险金预算安排、财政专户的核算与管理；县民政局部门负责“五保户”等缴费困难人员的认定工作；县残联负责重度残疾人员的认定工作；乡镇经办工作人员负责参保人员的参保资格、基本信息、缴费信息、关系转移接续等初审，组织资格领取人员的认证工作、上报有关情况和信息；村委会或者社区服务中心负责基层政策宣传、参保登记、待遇申领等各个业务环节所需材料的收集与上报，进行死亡申报、有关摸底情况等信息收集、公示工作等。

8. 金融服务与法律责任

各级人力资源社会保障部门与相关协助部门履行监管责任，要求建立内控制度和基金稽核监督制度。祁阳县劳动和社会保障部门设立城乡居民基本养老保险金收入户、支出户；县财政部门在国家财政部规定的社保专户开户数范围内，设专账核算；相关部门建立对合作金融机构服务工作的考核评价制度及退出机制。任何单位、个人不得挪用、抵押、冒领养老金，不得违反规定受养老保险费或者滞留，违反规定者，相关监督部门责令限期整改，情节严重者，按相关管理权限，依法处置，构成犯罪者，追究刑事责任。

（二）祁阳县农村养老保险制度运行状况

1. 发展历程

1991 年，湖南省建立农村社会养老保险制度试点工作，1997 年全省全部实施，2008 年，开展全省“旧农保”清退工作。2009 年根据《国务院关于开展新型农村社会养老保险试点的指导意见》（国发〔2009〕32 号）文件，湖南省从 2009 年开始启动新型农村社会养老保险试点工作。祁阳县是全省第三批试点县，从 2011 年 7 月正式启动试点工作。2014 年，根据《国务院关于建立统一的城乡居民基本养老保险制度的建议》（国发〔2014〕24 号）指导文件，将新型农村社会养老保险和城镇居民基本养老保险合并，统称为城乡居民基本养老保险；湖南省政府根据上级指示出台了《湖南省人民政府关于建立统一的城乡居民基本养老保险制度的实施意见》（湘政发〔2014〕8号），祁阳县人民政府按照上级要求在结合祁阳实际制定《祁阳县城乡居民基本养老保险实施办法》（祁政发〔2014〕24号）。祁阳县人民政府召开了关于实施统一的城乡居民基本养老保险工作会议，明确各部门职责，原则上要求参保人员必须参保，参保率达到80%以上。

2. 机构设置

自2011年启动城乡居民基本养老保险以来，得到了县委、县政府的高度重视。成立了副科级全额拨款事业单位“祁阳县新型农村社会养老保险中心”，后改名为“祁阳县城乡居民社会养老保险局”并将城乡居民基本养老工作纳入全县绩效考核中。县人力资源和社会保障局为城乡居民基本养老保险局安置了6间办公室，设立了80平方米的服务窗口，并要求各乡镇或街道设立专门的社会保障室。县城乡居民基本养老保险局人员配备定编15人，后增加到17人，共8个业务岗位；乡镇或街道安排1名至2名社保专干，各村至少安排1名协助管理人员。工作经费保障由县财政局根据全县缴费人员总数，按照4.5元/人的标准，保障工作顺利推进。

3. 服务保障

城乡居民基本养老保险经办机构由县城乡居民基本养老保险局负责办理，资金管理由县财政局负责，征缴费用由县税务局负责征收。宣传发动工作由多个部门配合执行，根据指导文件要求，对各镇或街道办下达任务指标，签订工作责任书。多采用悬挂横幅、发放宣传手册、播放电子屏广告、广播、微信公众号等方式进行宣传。要求相关部门下乡宣传政策，每年定期对乡镇或街道办管理人员组织业务培训。为方便居民办事，开设了“绿色”通道；在清明、中秋等传统节日，政府要求邮政银行所有网点在3月、4月、9月开设缴费专窗；县城乡居民基本养老保险局联合合作银行推行了“代扣代缴”业务；从2019年开始，可通过专门缴费的APP“智慧人社”进行网上缴费，响应了国家政策，助力扶贫，推进贫困人员应保尽保，实现了所有建档立卡贫困户人口全部参保。

4. 居民参保

参保范围覆盖率较高，参保人数达到 80%以上，全县共有 53 万人参保，共收缴保费 2.37 亿元，为 85.25 万人次发放待遇，累计发放养老金 5.7 亿元。参保档次较低，尤其是农村户口的居民 95%以上的人选择第一档次即 100 元/年，目前基础养老金为 103 元/月，对居民基本生活保障提高水平不高，政府补贴较少，缺乏参保激励机制。

二 祁阳县农村养老保险制度存在的问题

祁阳县从 2011 年 7 月试点实施农村社会养老保险政策以来，做到了参保人员基本全部覆盖，业务开展越来越顺畅，取得了不错的成绩，但也存在很多待解决的问题。就目前实施的城乡居民基本养老保险，在工作的开展过程中仍有一些阻碍因素，不利于城乡居民基本养老保险制度的发展，为更好地呈现祁阳县城乡居民基本养老保险制度在运行中存在的问题，本书以农村户籍人口为调查对象，对县人社局城乡居民基本养老保险部门的局长、主任、办公室工作人员、服务台经办人员进行个别访谈；采取简单随机抽样法，从 21 个镇、7 个乡中抽取潘市镇、梅溪镇、羊角塘镇 3 个镇，对这 3 个镇的社会保障部门的领导、工作人员进行个别访谈；再从已选定的 3 个镇中采用偶遇抽样，分别从每个镇选取 2 个村，每个村选取 5 名村民进行个别访谈或电话访谈，从多个层面获得了较为客观的一手资料。通过调查研究发现，祁阳县城乡居民基本养老保险在执行过程出现了某些政策执行不到位的现象。资金筹集上，要求村集体经济组织应对参保缴费给予补助，当前，祁阳县只有一两个乡镇有集体补助，其他大部分乡镇自农村养老保险实施以来，从未有过集体补助项目。过去几年里，某些乡镇工作人员没有认真执行特殊人员政府代缴制度，加重了未满 60 周岁的“五保户”、残疾人员的缴费负担，在特定期限内未享受到应有的政策福利。养老金待遇方面，虽有按照规定建立了丧葬补助制度，实际上自 2017 年建立开始时，未曾实施。经办管理服务和信息化建设方面，小部分乡镇经办机构设施老化或者不健全，县劳动和社会保障部门在政策宣传、业务指导、督促检查方面有待加强，据乡镇经办机构人员说，大部分员工自上岗工作以来只有过一次业务培训；某些乡镇社保部门对上级政策指示理解有误，如有些乡镇社保部门，在缴费档次上，对居民宣传不可以升档，有些则认为不可以降档。村委会存在严重的工作不规范现象，尤其是几个落后的乡镇，生存认证工作不及时，各个业务环节所需资料不齐全。金融服务与法律责任上，监督部门对个人或者单位挪用、冒领、多领养老金监管不到位，村民对村经办人员冒领、多领养老金现象反响强烈；在运行过程中具体存在下列问题。

（一）政策宣传不到位

在调查中了解到大部分村民对城乡居民养老保险不清楚，只知道年满 16 周岁可选择购买，累计缴费满 15 年，60 周岁后按照国家规定领取 103 元/月，对政府代缴保费政策不知晓、对丧葬补助制度不了解、参保人员享受的权益不明白等其他内容一概不知。某些镇某些村，政策宣传上存在宣传错误信息。据村民说，参保人员 80%以上选择 100 元/年养老保险费档次，在最初选择 100 元的缴费档次，后期想自愿升档或降档，村经办机构人员不允许，对此解释是政策的规定，而根据国务院颁发的《国务院关于建立统一的城乡居民基本养老保险制度的建议》（国发〔2014〕24 号）文件，居民可自愿变动缴费档次。村民知晓城乡居民基本养老保险的途径大多数来自新闻或邻里朋友，村经办机构未做到定期宣传。某些村，自 2014 年后，无论城乡居民基本养老保险政策是否有所变动，一直按照旧的政策执行。政策上宣传不到位的现象是大部分村民选择低档次的主要原因，村民普遍认为选择 100 元缴费档次在自己承受范围，由于村经办人员强制要求参保，力求完成每村的参保任务指标，村民并不理解养老保险的意义，有些村民，对政策存在怀疑，担忧之后政策改变，拿不到养老金、个人账户储存额清零，对社会化养老模式信心不足。信息的宣传失误严重影响了居民参保积极性、参保档次选择。

（二）财政投入不足

城乡居民基本养老保险基金主要来自财政投入，由个人缴费，集体补助，政府补助构成，财政投入对城乡居民基本养老保险的影响，主要是地方政府的补贴力度，祁阳县每年城乡居民基本养老保险的财政拨款不到全县公共财政收入的1%。其中，个人缴费和政府补助有明确规定标准，对村集体补助比较模糊，政策上规定有条件的村集体经济组织对参保人员给予补助，集体补助可操作性差。据调查，祁阳县城以外，90%以上并没有推行集体补助；有些村集体产业较多，收入可观，未设立集体补助。由于祁阳县各镇之间贫富差距大，财政投入较少，某些村自身运转困难，更无力给予参保人员补助。祁阳县2017年建立了丧葬补助制度，据县经办机构人员说，丧葬制度并未真正推行，上级相关部门未对丧葬制度拨款，丧葬补贴属于空缺状态，基层工作人员对丧葬制度不了解，也未对居民进行宣传，乡镇从未实施。

（三）基层平台建设滞后

祁阳县各乡镇都建立了社会救助和劳动保障服务站，大部分乡镇社会保障室只有1名社保工作人员，通常需要负责全镇所有社保、医保等工作。乡镇社会保障工作人员具有双重身份，隶属于乡镇政府管理，工资由当地政府财政发放；此外需要承担当地政府分配的各项工作任务，不便县经办机构的管理，不能做到专职专用。某些乡镇的功能配套不完善、基础设施不齐全；地方财政困难，无力加强基础设施建设；没有专门的办公室，社保办理窗口与其他业务办理共用；村级协助人员通常由会计担任，多为初中学历，年龄偏大，工作效率低，缺乏工作热情。部分乡镇或村级工作人员态度怠慢，对村民冷落；未按照工作时间正常上班，迟到早退现象普遍；每逢节假日前，早退率高达80%。总体上，乡镇工作人员学历水平偏低，未达到国家录用标准，不具备数字化办公能力。城乡居民基本养老保险规定养老金待遇领取人员死亡后不再领取养老金，取消其领取资格，经办机构需定期开展养老保险待遇领取人员资格认证工作。据访谈了解，祁阳县城乡居民养老保险局每年 4 月份开展一次对全体参保人员的资格认证，村委会、乡镇每月 5—15 号可向县经办机构上报死亡申报业务。据村民说，某些村资格认证不及时、待遇领取人员死亡后未及时上报、多领养老金现象存在普遍，虽然县经办机构规定对多领养老金的人员责令退还，但实际执行上有待加强。

（四）内部管理薄弱

祁阳县经办机构由城乡居民养老保险局担任，县经办机构社保部门共 10 人，社保管理工作 3 人全盘负责。除了养老保险，还需处理全县 28 个乡镇的工伤保险、生育保险、失业保险、医疗保险工作，工作任务繁重。岗位设置不合理，经办工作涉及面广，而工作人员有限，管理人员岗位长期固定，未做到岗位定期轮换，没有遵循不相容岗位分离的原则。业务资料不齐全，只有基本数据资料，未做数据分析表，对近几年的数据变化只有总体估计，相关数据也未公示。存在档案资料不完整现象，某些数据有疑点，疑点数据未及时核实，数据档案管理人员业务水平有待加强。信息沟通不顺畅，县、镇、村经办机构信息沟通不及时，如国家政策规定对未脱贫村民实行政府代缴养老保险费，某些村镇未及时落实到位，导致符合标准的村民由于没有上报，在扶贫期间无法享受国家扶贫人员代缴政策，待参保人员知晓政策时，大多数已脱贫，不符合申报条件，对特定村民造成了一定的损失。从业人员学历水平不高，很多是内部安排分配到岗位，理论知识缺乏，实践操作能力有限，无法做到经办工作标准化、规范化服务水平。内部管理制度不明确，没有建立详细的工作规则、奖惩制度、工作例会制度，对乡镇工作检查半年一次，间隔太长，工作考核简单，只需上交与村民有关的参保材料；村经办机构只需按要求上交村民基本信息，做好摸底工作，无工作考核绩效要求。

（五）法律法规不完善

自农村养老保险制度建立以来，历经了“旧农保”“新农保”“城乡居保”三个时期，到目前为止，还没有建立专门的农村养老保险的法律法规，只有一些相关法律文件附带，对农村养老保险制度只有简单说明法律责任，不详细，操作性低。有关农村养老保险较为权威的法律文件是2018年修订颁发的《中华人民共和国社会保险法》，文件中涉及农村养老保险有关的内容不太具体、数量较少，此文件是对整个社会保障体系的规定，农村地区实行的城乡居民基本养老保险只是基本养老保险中的一个方面，对违反规定的处理模式、过程，惩罚力度比较笼统，法律保障力度较低。中央开展的“一季一专题”集中工作也有涉及社保工作内容，根据《湖南省2018年至2020年开展扶贫领域腐败和作风问题专项治理工作方案》（湘纪发〔2018〕2号）和省扶贫领域腐败和作风问题专项治理工作办公室《关于开展“一季一专题”集中治理工作的通知》要求集中治理三类人员，识别不精准、骗取社会保障资金使用管理不合规范、社会保障政策宣传不到位的问题。据调查的村民了解到，祁阳县在开展农村养老保险工作中，某些村经办人员存在私自挪用养老保险资金、利用职务之便虚报冒领，代拿行动不便且失独老人的养老金，代拿后未如实全部归还或者私自扣留。造成这些现象，归根结底是国家立法层面的缺失，以规章制度支撑养老保险的运行，依托行政和社会的力量，虽取得了一定效果，但这些规定性的文件，不具有法律强制力，无法保障公民的合法权益不受侵犯。因此，形成了高层次的指导文件操作性不强，又因低层次没有立法权，政府执行无力；不能用法律手段保障养老保险的开展，实施过程中容易出现贪污、腐败等违法行为。

三 祁阳县农村养老保险制度发展建议

（一）多种途径宣传政策，建立缴费激励机制

农村参保档次低，年轻人参保率较低，很大程度上是政策宣传不到位，很多人只知道参保条件和养老金领取条件，不知道养老金的计算方式、政府补贴、丧葬补贴等内容。在实施过程中，乡镇工作人员内部宣传信息存在误差，对政策出现错误理解，如参保人员

不能自由升档或降档等问题。政策宣传不到位，内部业务培训不合格，极大打击了居民参保积极性。为提升居民参保热情，提升参保档次，需要对不同年龄阶段、不同文化水平的村民进行有针对性的宣传。对年轻人可选择互联网宣传方式，每个乡镇、村建立社保微信公众号，利用微信推文宣传社保知识，制作社保解读小视频微博推送，可结合广播、电视、网站宣传。对中老年人采取传统的宣传方式，乡镇、村制作宣传展报，挂横幅，贴标语，发宣传手册，有条件的乡镇社会保障部门定期开展专题讲座或者宣传大会，建立乡镇、村委会咨询服务台。文化水平低下或者行动不便村民，采用面对面谈话宣传，组织工作人员深入村民家中解读政策，可联合义工组织扩大宣传队伍，与当地学校合作，联合学生开展社保宣传社会实践活动。无论采用何种宣传方式，切忌形式主义，切实保障宣传全方位、无死角；有关村民权益方面的内容，如参保方式、缴费档次、待遇水平、政府补贴、政府代缴、丧葬制度等内容讲全面、讲透彻，确保政策深入人心。建立缴费激励机制，增加长期持续缴费动力。当前实施的“长缴多得、多缴多得”效果不佳，规定参保人员缴费累计超过 15 年，每增加 1 年，其基础养老金每月增加 1 元。[①] 这激励力度太小，建议建立梯度补贴制度，即选择参保缴费档次越高，政府补贴就越高，可使参保档次提升。

（二）推动村集体经济发展，加大财政投入力度

祁阳县城乡差距大，乡镇老龄化较严重；各镇之间经济发展两极化，总体上属于经济落后地区。对参保人员的补贴只有政府补贴，集体补贴虚设，集体补贴关键要靠乡村经济发展。习近平在党的十九大报告中提出，农业农村农民问题是关系国计民生的根本性问题，必须始终把解决好“三农”问题作为全党工作的重中之重，实施乡村振兴战略。利用现有资源开发产业，建设村集体经济，带动乡村发展。政

① 《湖南省人民政府关于建立统一的城乡居民基本养老保险制度的实施意见》（湘政发〔2014〕8号）。

府部门要因地制宜开发产业，多种渠道招商引资，加大财政投入，为乡村发展注入活力。某些村山田土地荒废，土地资源闲置浪费，可开展油茶、果树、养殖、传统手工业等产业。农村因地理位置、环境设置等客观原因，发展机会、条件不如城镇地区，更加需要国家的支持，必须加大财政投入力度，产业开发才能运转；此外，还需提供技术、人才的扶持。

（三）优化基层平台建设，建立基金管理体系

养老保险资金的挪用、冒领、骗取现象，首先是基层平台建设滞后，农村人口众多，工作繁重，基层工作人员不足，没有建立基金管理体制，基础设备不齐全，工作流程操作不规范。其次是城乡居民基本养老保险的基金由县财政部门和审计部门负责收支、管理和投资运行，基金也存在被挪用、留存等风险。政府要发挥主导作用，建立统一协调机制。除了建设良好的客观环境条件外，对居民最关心的基金问题，可设立监管委员会，对资金的运行过程进行监管；协助社会保障部门与财政部门、审计部门的关系，制定各项业务管理规则制度，规范业务程序，对基金的发放、运行、统筹过程进行监控和定期检查，相关监督部门要通过各种媒体对养老基金的运行情况进行公示，积极发挥媒体监督的作用，做到信息公开、透明；严禁利用职务便利虚报冒领、优亲厚友、盘剥克扣、截留挪用城乡居民基本养老保险基金。此外，可聘请专门的社会审计机构，对县城乡居民基本养老保险基金做一个评估与审查，起到了社会监督的作用，能够有效避免内部监督的漏洞。通过细化财务核算，提升资金管理水平；实行收支两条线，单独记账、独立核算。

（四）加强经办机构内部建设，提升服务管理水平

经办机构与群众的接触最为紧密，是做好社保工作的第一道防线。目前，祁阳经办机构最突出的问题是人员配备不足，必须加快增加经办人员数量。配足工作人员，建设一支高质量、高服务、高素质的经办队伍。在人员招聘方面，实行聘用制，定编定岗；重要部门工

作人员轮流替换。乡镇社保部门根据所在乡镇总人口适当增加新人员，每个乡镇要用2名以上社保专干，公益岗位多名，可面向社会招聘。村行政单位必须有1名社保专干人员，协助人员可聘用当地有过相关工作经验的村民担任，最好能做到每个村组都有1名负责人员。为了留住和吸引社保工作管理人才，相关部门要提高人员待遇、制定晋升制度、完善办公设施等。制定考核标准，严格按照考核标准落实工作。县、乡镇、村建立工作目标，制定每个月份或者季度的工作计划及实施方案，将村民满意度、参保率、执行政策情况等方面纳入考核标准。建立科学的内部管理制度，有助于提高工作效率。如建立奖惩制度、工作例会制度、工作规范制度等。成立业务抽查小组，不定期对乡镇、村工作人员进行业务抽查，定期对死亡人员、困难群体、残疾人员等信息进行核查，要求乡镇、村定期报告工作情况，上报的相关材料、数据做到真实、精确。每年开展业务培训一次到两次，采用集中培训、远程培训、网络培训等多种方法，推动信息化、标准化、数字化办公水平，实现县、乡镇、村三级“基础台账、工作流程、规则制度、服务标准”四统一。

（五）加快养老保险立法进程，发挥社会监督作用

建立专门的农村养老保险法律文件，通过法律，保证村民的合法权益。发达国家养老保险实施较早，大部分养老保险的开展是先有立法再实施；以法律条文保障人民的基本权益，能够推动社会保险事业的发展。农村地区多数农民文化水平较低，法律意识不强，属于弱势群体，应当将农民纳入养老保障体系中。通过法律明确参保人员、经办机构及财政部门、审计部门的权利和义务，保证监管部门对基金的监控不受外界干扰。并且，在城乡居民养老保险实行过程中，必须要有专项法律规范，对非法行为要严格执行处罚标准，严厉打击欺诈、腐败等行为。此外，须建立社保争议或纠纷法律救济机制。明确处罚规定，落实法律责任，如对村经办人员申报中虚报冒领、私自扣留等现象，要明确规定处罚方式。对违法现象或者人员要公示，设立村民投诉渠道，鼓励社会各界人士对冒领、骗取养老金等行为举报，经相

关部门查实，对举报人员给予一定的奖励。

附 录

访谈提纲（一）

1. 访谈时间：2019 年 4—5 月

2. 访谈地点：祁阳县城乡居民基本养老保险局、个别乡镇社保站、部分村委会社保部门

3. 访谈对象：祁阳县城乡居民基本养老保险局局长、办公室工作人员、服务台工作人员，乡镇社保站主任、工作人员，村委会社保专干人员

4. 访谈内容：

（1）访谈对象基本情况：姓名、性别、年龄、职业、文化水平等。

（2）请简单介绍祁阳县农村养老保险的发展历程。

（3）城乡居民基本养老保险参保对象、缴费档次、政府补助是怎样的？

（4）祁阳县的集体补助与丧葬制度有实施吗？

（5）由政府代缴养老保险费的对象包括哪些？

（6）参保人员可通过哪些方式缴费？

（7）个人账户有什么规定？

（8）参保人员死亡后，其个人账户的资金余额怎么处理？

（9）养老金月发放标准是怎样的？

（10）可领取养老金的条件是什么？

（11）对冒领、骗取、多领养老金现象，处理方式是怎样的？

（12）养老保险的转移接续和制度衔接具体流程是怎样的？

（13）城乡居民基本养老保险基金是如何运营与管理的？

（14）县劳动和社会保障部门、县城乡居民基本养老保险经办机构、县财政部门、县民政局、乡镇经办工作人员、村协助人员的职责

是什么？

（15）金融服务机构点有多少个？对他们的考核评价制度的要求是什么？

（16）个人或者单位挪用、留存、抵押、担保城乡居民基本养老保险基金，相关法律法规处理的方式是怎样的？

（17）参保人员是否可以对缴费档次自愿选择降档或者升档？

（18）参保人员资格认证方式？

（19）祁阳县总体参保率、农村地区参保率是多少？参保档次怎么选择？

（20）县政府对城乡居民基本养老保险的财政投入是多少？

（21）你们部门一共多少人，有几位编制人员，学历是哪个层次，工作报酬是多少，工作量多大？

（22）是否有业务培训呢？日常工作流程是怎样的？工作考核要求是什么？

（23）关于祁阳县城乡居民基本养老保险工作您有哪些建议？

（24）您在工作中遇到过哪些困难或者值得注意的问题？

访谈提纲（二）

1. 访谈时间：2019 年 5—6 月

2. 访谈地点：部分村民家中、人行道上

3. 访谈对象：农村地区群众

4. 访谈内容：

（1）被访人个人信息（年龄、职业、文化水平、姓名、性别）、家庭信息。（家庭收入、人数、各成员的年龄与职业）

（2）您有参加城乡居民基本养老保险吗？如果有，选择的是什么缴费档次；如果没有，请谈谈不参保的想法。

（3）你了解到的城乡居民基本养老保险的内容有哪些？这些内容信息是从什么途径获得的？

（4）您打算采用哪种养老方式？请谈谈理由。

（5）养老金的发放有没有遇到什么问题和困难？

（6）是否存在骗取、挪用、多领养老金现象？

（7）您所在的地方相关部门生存认证及时吗？

（8）缴费档次是否可自愿升档或降挡？可以重复参保吗？

（9）村集体经济是否有补助？

（10）基层工作人员工作态度、业务水平怎么样？

（11）对城乡居民基本养老保险您有什么建议吗？

第四节　传统孝道养老伦理思想的育人价值及其启示

一个人的品格对他的事业起着十分重要的作用，那么什么是一个好的品格呢？百善孝当先。子曰："夫孝，德之本也，教之所由生也。"① 一切善行是从孝开始的，这说明孝是道德的基础，也是良好品格的基础。那怎样才能做到好品格呢？一方面要立身做人，要站得住，独立不倚，不为外界利欲所左右，行为方式符合孝道标准；另一方面要行道为事，做事的时候一切要像敬养父母那样符合正道，遵循规则，不越轨、不妄行，有始有终。这样，他的人格品德就会成就他的事业，也会被人们敬仰，而且他的名誉还会被传颂，播扬于后世。一个人成名成功了，为人所敬仰，人们就会追根溯源，称赞他父母教养的贤德。可见，这说明行孝也是道德的重要组成部分。如今有些人，为了工作忘了身体，因而英年早逝，没有保全好身体；还有些人不洁身自好，沉迷于网络、打架斗殴、吸毒等，最后身陷囹圄，甚至以身试法，失去道德底线，给父母蒙羞。这些现象产生的主要原因在于当今社会孝道教育缺失，以及有些人没有弄明白该如何立身为人，行道为事。

一　传统孝道中的育人思想

（一）孝的本质特征是"仁爱"——仁爱是做人的基础

"仁"是儒家学说的核心概念和最高原则，"仁者爱人"是其根本

① 许刚：《中国孝文化十讲》，凤凰出版社 2011 年版，第 100 页。

含义。《论语·学而》中有言："君子务本，本立而道生。孝弟也者，其为仁之本与？"这说明孝悌是仁的根本，其他德行以此为基础发展。孝为立人之道，是个人道德提升的起点。"德以孝为至，孝以德为行；知孝，则知修德；修德，则广大其孝。"① 因此，一个人只要具备了孝德，其他所有的道德也就具备了，"忠、孝、仁、爱、信、义、和、平"八德的根本就在于要求有爱敬之心。《孝经·天子章第二》里说："子曰：爱亲者，不敢恶于人。敬亲者，不敢慢于人。爱敬尽于事亲，而德教加于百姓，刑于四海。"② 爱亲人，对别人也就不会很坏，这就是博爱；对亲人敬爱，对别人也不会很怠慢，这就是广敬。孟子说："亲亲，仁也；敬长，义也；无他，达之于天下也。"③ 孔子也说："孝悌也者，其为仁之本欤？"④ 所以说，孝是一切道德的本源、根本与起点。一个人要达到至德，其根本在于他有孝。⑤

（二）孝的根本精神是"责任"——尽职尽责是做人的根本要求

责任，是一个人的职责和义务，是一个人必须承担的事情。孝文化的核心精神之一是责任意识，这是一种赡养父母的责任，这种责任意识是天下为公的社会责任意识的源头。孝作为一种责任意识，首先要求一个人对自己的肉体和精神承担道德责任。"身体发肤，受之父母，不敢毁伤，孝之始也。立身行道，扬名于后世，以显父母，孝之终也。"⑥ 因而，作为子女应尽的责任，一方面身体要保持健康、完整、圣洁；另一方面还要具有道德素养，有仁善之心，行道义之举，显扬父母声名。其次，对自己的父母履行赡养的责任与义务。孝是子女对父母基于人的血缘关系自然情感而形成的义务和责任。只养不敬

---

① 韩雨秀、杨雷、越一锋：《大学生弘扬中国文化路径探究》，《人间》2015 年第 11 期，第 103 页。

② 许刚：《中国孝文化十讲》，凤凰出版社 2011 年版，第 102 页。

③ 《孟子·尽心上》。

④ 《论语》。

⑤ 杨振华：《论"孝"在提升个人道德修养上的价值》，《山东科技大学学报》（社会科学版）2005 年第 3 期，第 45—48 页。

⑥ 《孝经·开宗明义章》。

不是孝的本质，孝养老人的本质要求是敬养。孔子认为，敬养父母既要满足物质生活，更要给予精神和情感上的关心，要有孝敬之心、爱亲之情，这是孝的本质，与“犬马”的“能养”才有区别。而且，作为人是社会中的一员，还要承担社会养老的责任，“老吾老以及人之老，幼吾幼以及人之幼”。人的角色不同，承担者的责任也就不同。“谨身节用，以养父母”是庶人之孝；“保其禄位，守其祭”是士人之孝；“保其宗庙”是卿大夫之孝；“保社稷保国民”是诸侯之孝；“德教加于百姓，刑于四涨”是天子之孝。最后，孝的最高责任和最高精神是尽忠报国。孔孟儒学提倡的孝道，行孝者对社会公德负责，肩负着社会责任，倡导“天下兴亡，匹夫有责”的担当精神，推崇“孝忠一体”，提倡以“孝”立身，以“忠”兴邦。“夫孝，始于事亲、中于事君，终于立身。”（《孝经·开宗明义章》）身立才能方可言孝，“立身”之孝引发忧世的情怀，报亲扬名之孝是孝子忠君爱国的动力。儒家“立身”的价值追求是成仁取义，以天下为己任，以兼济为目标。“古之欲明明德于天下者，先治其国；欲治其国者，先齐其家；欲诚其意者，先致其知；致知在格物。物格而后知至，知至而后意诚，意诚而后心正，心正而后身修，身修而后家齐，家齐而后国治，国治而后天下平。”① 可见，对国家的责任与忠诚，其动力来源于对父母与家族的道德责任和爱的付出。一个人如果在家庭不能孝敬父母，那么对国家对社会就不可能尽职尽责。人可以地位上不伟大，但不可以没有责任心。有责任心，才会赢得尊重；有责任心，价值才会体现；有责任心，工作才有成效；有责任心，智慧才能迸发；有责任心，做人才能豁达；有责任心，国家才有希望，民族才有尊严。

（三）孝的根本宗旨是“感恩”——感恩是做人的行为宗旨

感恩是人类社会最基本的情感表达，是社会道德的基本要求。感恩也是中华民族的传统美德，自古就有“谁言寸草心，报得三春晖”“滴水之恩，当涌泉相报”的经典名句。鸦有反哺之义，羊有跪乳之

① 《大学》。

恩，人是有理性的情感动物，敬母爱母是人的情感要求。感恩首先是以孝养父母为基础的。孝的本质是一种爱与敬、情感与行为的统一，是人们道德实践的起点，更是一切道德之源。因为，人来到这个世界，最先接触的是父母，最先从父母那里感受到人间的爱。父母对子女的爱和恩情表现在生育之情、养育之情、教育之泽。这种爱与恩情也必然传递给子女，既反哺爱父母也会爱人类。《孝经》指出："不爱其亲而爱他人者，谓之悖德；不敬其亲而敬他人者，谓之悖礼。"因此孝养父母是感恩父母的必然要求，是第一位的，也是解决养老问题的最主要方式，是维系家庭和睦、社会和谐的基础。孝敬父母是子女的道德责任与道德义务，是做人的最基本要求与修养。其次要"孝丧、孝祭和守孝"，尊敬祖先，对死去的父母和先祖也要尽孝道，是对父母及先辈的感恩活动。再次要感恩他人与社会。孝道提倡推恩及人。父母是授之发肤的人，其他长辈是望其成长或关怀有加的人，兄长则是一母所出，在成长的过程中帮助关照过自己的人，对这些人也必须要感恩。孟子说过："古之人所以大过人者，无他焉，善推其所为而已矣。"又说："老吾老以及人之老，幼吾幼以及人之幼。"其意思在孝亲敬老中要推己及人，既尊养自己的父母长辈，也照顾他人的父母长辈，使全社会人与人之间能和谐相处、互尊互爱。可见，行孝也要报恩，孝是感恩的前提与基础，是人内在的品质；感恩是孝的外在体现，是人外在的品行。感恩报恩是孝的精髓，对自己有恩的要"生，事之以礼；死，葬之以礼，祭之以礼"。孝道与感恩是思想，是态度，是文化，是行为，是素养，是文明。每个人要学会感恩，不仅要感恩父母，还要感恩他人，感恩国家与社会。感恩他人恩惠和欲求报恩是一个人道德行为发生的重要感情基础，有了感恩之心，才会回报社会、回报他人、回报自然，有责任心，才能懂得正确处理人与自然、人与人的关系。

（四）孝的最高境界是"忠诚"——忠诚是做人的灵魂和最高要求

孝在古代道德体系中处于本源性的重要地位，是一切道德的基础。古人提倡“忠臣出于孝子之门”，这不仅是对孝的德性基础的尊重和看重，更重要的是对忠的理解和追求。《孝经》上说：“夫孝，始于事亲，中于事君，终于立身。”这说明“忠”“孝”的关系最为紧密，孝亲和忠君有极强的内在联系，事亲是忠君自然基础，忠君是事亲扩展，是至孝，是人们最高目标的价值追求。孔子将事父与事君两项内容相提并论：“出则事公卿，入则事父兄。”（《论语·子罕》）《孝经》则明确提出“以孝事君则忠”（《孝经·士章》）“君子之事亲孝，故忠可移于君”① 的意思是事父能够孝的人，到了事君的时候自然能够“忠”。至此，儒家孝道学说将“孝”“忠”相连，孝亲是忠君的自然伦理基础，忠孝同构的理论基础得以建立，这是家庭伦理的政治化，成为人们追寻理想的价值追求。“君子行其孝必先以忠。”“其为人也孝弟，而好犯上者，鲜矣；不好犯上，而好乱者，未有也。”（《论语·学而》）因而忠于职守，忠于国家成为公义大节。

二　传统孝道养老伦理思想的育人价值

（1）孝道忠诚思想帮助人们树立正确的道德信念，培养了人们爱国主义意识。孝道中蕴含着丰富的忠诚思想，在家忠诚于父母，于国忠君，并延伸到忠于国家和民族。古往今来人们视报效祖国如同追孝先祖，是人世最大的孝义、最隆重的德行，具有最崇高的道德价值，如精忠报国的岳飞、“男儿到死心如铁”的辛弃疾、抗击倭寇的戚继光等。这是民族凝聚力的核心，是爱国主义的情感基础，对人们爱国主义精神的培育产生了十分巨大的作用。

（2）孝道感恩思想陶冶了人们的道德情感，培育了人们道德责任意识。感恩图报是人类最基本的道德准则和道德要求，是为人的基本修养。感恩报恩即为孝道，尊长返本，亲亲感恩。“孝”讲感恩，实际上是一种责任，是对生我养我的父母负责。孝道要求人们学会感恩，担当赡养父母之责任；“孝”延伸为“孝悌”，还要敬爱自己的兄长、对自己的亲人尽责；孝道还讲“亲亲而博爱”“老吾老，以及人之

---

① 许刚：《中国孝文化十讲》，凤凰出版社 2011 年版，第 112 页。

老”，要尊敬别的老人，担当社会责任；国家是我们世世代代生活的地方，人们有责任对她进行感情回馈，要怀一颗对祖国对人民的感恩之心来孝祖国、孝人民。孝道的核心理念是爱和敬，只有具有爱心的人才能担当家庭和社会之重任。担当是一种精神，是一种风格。一个人如果对父母尽孝，与兄弟姐妹和睦相处，这个人就是个有责任感的人、有担当的人。在家担当家庭责任，在外承担社会担当。“孝”不仅仅局限在小家，有了各行各业的恪守其责，我们每个人才能过上好日子。常言道，懂得感恩之情是一个人健全人格、精神发展的基础，因此，当人们有了感恩知报的道德责任感，人们才有了善良的品质。

（3）孝道仁爱思想完善了人们的道德人格，培养了人们为民服务的意识。

仁爱精神是高尚道德人格的基础，是为民服务的文化源头。孔子认为，“仁”是人们道德行为和社会规范的范本。“仁者爱人”，是仁爱精神的主要内容，即要求人要充满爱心。孝悌是仁爱的根本。“爱人”应从“孝悌”开始，然后再由近及远，把对亲人的爱推广到社会上。故“弟子，入则孝，出则悌，谨而信，泛爱众，而亲仁”（《论语·学而》）。因此，儒家的孝道从本质上来说是道德学说，立身为人是其重要内容。而立身为人就是达到道德高尚的人、人格完美的人。那什么是道德高尚的人、人格完美的人呢？孔子认为，“仁者爱人”。要爱人必须行“忠恕之道”“己欲立而立人，己欲达而达人”“己所不欲，勿施于人”，这样才能最终达到“遵仁循礼”的仁爱精神和“从心所欲不逾矩”的圣贤人格。人格高尚了，为人就会厚道，为事就会扎实；人格高尚了，为人就讲究风格，为民就乐于奉献。仁爱的这种“推己及人，将心比心”行为方式是教导人们如何与他人相处、如何处理为事的行为准则。这说明每一个人都能在对待他人时做到考虑他人感受，遵守信用，体谅他人，如此，家庭就会和睦，社会就会和谐。

三 当今网络条件下加强孝道养老教育刻不容缓

孝道一直是中华民族推崇并遵奉的一个重要道德伦理规范和做人

的最基本原则，在育人方面发挥着十分重要的作用。然而，随着互联网技术的进一步发展，快速发展的网络文化以其不可阻挡的威力对中国传统孝道文化造成了强烈的冲击。虚拟的网络文化使孝道最基本的亲情关系变得松散，人们超越了现实世界的限制而想象、设计出虚拟的自我；开放而动态的网络文化对孝道的基本道德规范变得无序，人们尊老养老的义务和社会责任淡化；自主而又交互的网络文化对孝道的基本道德要求约束无力，人们超越地域、情感和价值观念而变得不相互尊重；多元、多样、多维度信息的网络文化对孝道的基本道德思想产生混乱，人们养老价值观念弱化，尊老行孝意识淡漠，对长辈不尊重、不关心、不照料，不知道自己的责任和义务。因此，网络条件下充分用孝道育人思想培养年轻人，让他们有更多的孝德行为承担当代社会的重要任务势在必行。

（一）个体道德人格塑造需要孝道完善

在任何社会中，人的身心健康和道德素质、修养是一个人道德人格的重要体现，是一个民族国家的根基。自古以来，儒家孝道把君子作为理想人格的价值追求，认为君子以仁为本，以仁爱为道德最高准则，强调以孝立身行事。要“仁者爱人”，尽己之心力帮助人，给人以爱，既敬养自己的父母长辈，也尊敬他人，承担社会道德责任；强调立德行事若以孝为本，就会立得正，受人敬。这古今同理，今天也是如此。在没任何边界、去主次的网络社会里，“现实中的个人”的“意志”和行动“隐性”，拆掉了家庭和社会的重重围墙，超越了传统的说教和权威，人们平等的、多样的“虚拟交往”，使网民主体产生道德人格障碍、诱发心理信任与道德危机，产生道德认识的矛盾、道德情感的矛盾、道德意志的矛盾和道德信念的矛盾等，从而在道德行为上产生孤独、抑郁和交往焦虑，忘却自己的社会角色和社会责任，做出一些有违道德的不理智事件，造成道德行为的越轨。一段时间以来，一些人格不健全、心理不健康而导致的极端行为不断见诸报端，诸如以语言、文字、图片、视频等具有恶毒、尖酸刻薄、残忍凶暴等为基本特点的网络暴力事件，还有袁源杀父弑母、对父母拳打脚踢的弃老事件时有发生。这是中国教育因片面追求“知识教育”，忽视健全人格的培养付出的沉痛代价。因此，要加强传统孝道教育，强调“孝是立人之本”，以德为先，如果我们培养出来的人才，连最基本的孝德都不具备的话，即使其专业知识多么过硬，也只能说是一种失败的教育。孝是一种责任，是做人的道德底线。只有懂得对父母尽孝，才能履行好自己的责任，才是一个心理健康、人格健全的人，才能遵守网络社会的各种法律法则，成为一个合格的公民。有孝之人必有爱心、感恩心和责任心，而这“三心”是构成健全人格的重要组成部分，也是当代网络社会中最欠缺的。一个有责任心的人就会有爱心，为人刚正，他的事业就会取得成功；一个有爱心的人就会有人性、有责任，尊重生命，不会危害他人、社会；一个懂得感恩的人就是一个人格完整的、心灵健康的人，就会珍爱生命、珍惜人生，体会亲情友情，爱护家庭，乐于报效国家和社会。

（二）建设家庭和谐社会稳定需要孝道支持

“构建和谐社会”，建设人类命运共同体，既是人类社会发展的基本趋势，也是千百年来人类的美好愿望。习近平说，家是最小国，国是千万家，家庭的和谐，家庭成员间关系的和睦是每个家庭人人向往与追求的。基于血缘关系建立起来的孝能维系家庭成员之间的团结，是维持家庭和谐的纽带。“天下之本在国，国之本在家。”蔡元培先生曾指出“家族者，社会、国家之基本也。无家族，则无社会、无国家。故家族者，道德之门径也”①。可见，一个和睦而精神风貌高尚的家庭对一个国家发展、社会稳定十分重要。当今中国，家庭结构虽然由以前的几世同堂演变为核心家庭，但家庭仍然是社会的基本单位。优秀传统孝道文化作为中国传统文化的重要组成部分在维系家庭成员之间的感情方面依然发挥十分重要的作用，仍旧是维持家庭稳定的调节器，维护邻里团结友爱的润滑剂，也是营造当前社会和谐氛围的有效手段。而在当今网络社会里，年轻人对网络技术的接受比父母

① 蔡元培：《中国伦理学史》，中国画报出版社 2013 年版，第 119 页。

要快，靠经验传授的时代已经过去，平等、开放的网络交往使家庭传统的不平等代际关系发生变故，为夫妻关系也带来一些不协调，对家庭和谐产生挑战。家庭的不和谐延伸到社会中，影响了社会和谐。现在有些年轻人和父母吵架后误入歧途，通过网游加入社会不法群体而扰乱社会秩序；有些年轻人沉迷于网络游戏，受一些不法网站的浸染，对父母的监管不满而对老人拳脚相加；等等，这些人缺乏尊敬之情，在社会中也缺乏尊人之心。因此，要大力开展孝道教育，把以“孝”为基础的敬、爱等伦理规范普及每个人心中，把家庭的亲爱关系推及整个社会，这样个人与家庭、家庭与其他家庭、家庭与社会之间才能形成友善关系，家庭、邻里之间才能充满祥和与活力，社会的稳定与发展才会有基础。

（三）良好家风和社会风气需要孝道维持

家风，影响着一个人的品质和行为。习近平指出，家风好，就能家道兴盛、和顺美满；家风差，难免殃及子孙、贻害社会。① 家风是一个家族的精神和风貌，是一个家庭内的道德观念和价值准则，是历经岁月的沉淀和世世代代相传的一种优良品质。“夫孝，德之本也，教之所由生也。”孝，是中华民族的传统美德，也是一切美德的源头，一个良好家风的养成是由孝道开始的。“君子务本，本立而道生。孝悌也者，其为人之本与？”（《论语·学而》）形成优良家风，“孝”是不可或缺的，百善孝为先。孝道文化在良好家风形成中具有文化凝聚功能。一个人的世界观、人生观、价值观是受家风影响的，遵行孝道可以培养人正确的价值观、思维方式、行为习惯。因为一个家庭的孝道理念潜移默化地影响着家庭每一个成员的思维方式和为人处世之道，也影响家庭每一个成员对一切事物的观点、看法和态度，使家庭成员用合乎家庭道德的评价标准看待这个世界，衡量自身和他人的行为。在这一过程中，一个家庭的家风就形成了一种独特的家庭文化。家庭

---

① 杨峻岭：《传统家训的道德意蕴及其创新发展——以宋代〈袁氏世范〉为主要对象》，《伦理学研究》2020 年第 1 期，第 75—78 页。

文化影响着家庭每一个成员，一个优化而有影响的家庭文化往往影响一个家族，进而影响邻里和周边社会，对有相同道德理念的人产生共鸣，对道德理念不太一致的人产生影响，对道德理念大相径庭的人施加威力。这样，整个社会就在良性的互动与影响中形成良好的社会风气。可见，良好的家风是良好社会风气形成的基础，而优秀的传统孝道是良好家风形成的前提。但是，快速发展的信息化时代深刻影响着人们的生活，网络既让在外漂泊的游子有家的感觉，带来“天涯若比邻”的美好享受，同时也让同在一个屋檐下的人变得陌生或冷漠，有种“咫尺天涯”的感觉；既让人们的生活和交往更加快捷、多样、丰富，但同时也可能给人内心深处隐藏的劣根性提供较大的宣泄空间。网络内的信息纷繁复杂，一些人受西方价值观念的影响而改变生活方式、价值观念和行为方式。特别一些虚假的网络信息颠倒黑白，弄假成真，混淆视听；制造假象，夸大其词，造成人们误判；新闻炒作，推波助澜；等等。如此发展下去，人们相互之间陌生，人际关系松懈，这对社会将会造成巨大冲击，产生严重后果，影响社会稳定，家庭风气和社会风气下降。因此，建设良好网络道德，发挥孝道维持良好家风和社会风尚功能具有十分重要的时代价值。中华民族历来重视孝道教育，认为一个在家庭中恪守孝道遵守家风的人，在社会上就会尊老爱幼，忠于职责，自觉遵守社会道德，自觉践行法律规范。因此，在网络十分普及的今天，加强孝道教育有助于发扬良好家风精神，促使人们遵循道德价值标准，遵纪守法，人人和睦相处，减少矛盾和冲突，增添友善和团结，最终推动良好社会风气的形成。

参考文献

一　文献资料

（宋）王钦若等编:《册府元龟》，中华书局影印本 1960 年版。

（南朝·宋）范晔:《后汉书·韦彪传·引孔子语》，中华书局 1965 年版。

（清）文孚纂修:《钦定六部处分则例》，文海出版社 1969 年版。

（北齐）魏收:《魏书》卷 211《刑法志》，中华书局 1974 年版。

（唐）房玄龄等:《晋书》卷 10《刑法志》，中华书局 1974 年版。

（唐）李延寿:《南史》，中华书局 1975 年版。

（后晋）刘昫:《旧唐书》，中华书局 1975 年版。

（清）赵尔巽等:《清史稿》，中华书局 1977 年版。

（宋）朱熹撰:《论语·为政》,《四书章句集注》，中华书局 1982 年版。

（清）董诰:《全唐文》，中华书局 1983 年影印本。

（清）陈梦雷编纂，蒋廷锡校订:《古今图书集成·明伦汇编·人事典·年齿部》，中华书局 1985 年版。

《清实录》，中华书局 1986 年版。

（宋）郑樵:《通志·选举略一》，上海古籍出版社 1990 年版。

（宋）朱熹著，黎靖德编:《朱子语类》，中华书局 1994 年版。

（宋）朱熹:《朱子文集》，齐鲁书社 1997 年版。

（唐）长孙无忌等撰，刘俊文点校:《唐律疏议》，中华书局 1999 年版。

（宋）程颢、程颐、王孝鱼点校：《二程集》，中华书局2004年版。

二　中文著作

罗国杰：《中国传统道德》，中国人民大学出版社1995年版。
万本根等：《中华孝道文化》，巴蜀书社2001年版。
肖群忠：《孝与中国文化》，人民出版社2001年版。
张岱年：《中国伦理思想史》，上海人民出版社1989年版。
高成鸢：《中华尊老文化探究》，中国社会科学出版社2000年版。
吴锋：《东方道德研究（孝养论）》，中华工商联合出版社2000年版。
杨荣国：《中国古代思想史》，人民出版社1954年版。
陈功：《我国养老方式研究》，北京大学出版社2003年版。
朱杰人等主编：《朱子全书》，上海古籍出版社2002年版。
杨庆忠：《大众道德——孝》，红旗出版社2000年版。
曹大林：《中国传统文化探源》，吉林人民出版社1998年版。
谢宝耿：《中国孝道精华》，上海社会科学院出版社2000年版。
东方桥：《孝经现代读》，上海书店出版社2002年版。
汪受宽：《孝经译注》，上海古籍出版社1998年版。
朱岚：《中国传统孝道思想发展史》，国家行政学院出版社2011年版。
陈功：《我国养老方式研究》，北京大学出版社2003年版。
张岱年：《中国伦理思想研究》，江苏教育出版社2005年版。
刘喜珍：《老龄伦理研究》，中国社会科学出版社2011年版。
奚志勇：《中国养老》，文汇出版社2008年版。
司马迁：《史记》，上海古籍出版社2011年版。
张文修：《礼记》，北京燕山出版社2009年版。
石峻、楼宇烈、方立天、许抗生、乐寿明：《中国佛教思想资料选编》，中华书局2014年版。
吕思勉：《中国制度史》，上海三联书店2009年版。
冯友兰：《中国哲学史》，华东师范大学出版社2011年版。
冯国超：《中华文明史》，光明日报出版社2003年版。
张立文：《宋明理学研究》，人民出版社2002年版。

朱贻庭:《中国传统伦理思想史》，华东师范大学出版社 2009 年版。
许慎:《说文解字》，中华书局 1963 年版。
马克思、恩格斯:《马克思恩格斯全集》（第三卷），人民出版社 1960 年版。
马克思、恩格斯:《马克思恩格斯全集》（第四卷），人民出版社 1958 年版。
马克思:《马克思主义经典著作选读》，人民出版社 2016 年版。
唐松波主编:《孝经》，新华出版社 2003 年版。
王玉波:《大樊笼、小樊笼——中国传统生活方式》，中国新闻出版社 1989 年版。
岳庆平:《中国的家与国》，吉林文史出版社 1990 年版。
赵紫宸:《赵紫宸文集》，商务印书馆 2007 年版。
王文锦译解:《礼记译解》，中华书局 2003 年版。
朱熹:《论语集注》，齐鲁书社 1992 年版。
杨伯峻:《孟子译注》，中华书局 1960 年版。
杨伯峻:《论语译注》，中华书局 2009 年版。
王先谦撰，沈啸寰、王星贤点校:《荀子集解》，中华书局 1988 年版。
班固:《汉书》，中华书局 1962 年版。
徐天麟:《东汉会要》，上海古籍出版社 2006 年版。
陈寿:《三国志》，中华书局 1959 年版。
高望之:《儒家孝道》，江苏人民出版社 2010 年版。
李学勤主编:《十三经注疏 · 孝经注疏》，北京大学出版社 2000 年版。
李林甫等撰，陈仲夫点校:《唐六典》，中华书局 1992 年版。
王钦若:《册府元龟》，中华书局 1960 年影印本。
刘肃:《大唐新语》，中华书局 1986 年版。
欧阳修、宋祁:《新唐书》，中华书局 1975 年版。
宋敏求:《唐大诏令集》，学林出版社 1992 年版。
仁井田陞、栗劲等译:《唐令拾遗》，《东方文化学院东京研究所刊》 1933 年版。

杜佑：《通典》，中华书局 1988 年版。
阮元：《十三经注疏》，中华书局 1980 年版。
王溥：《唐会要》，中华书局 1955 年版。
李学勤：《十三经注疏·孟子注疏》，中华书局 1975 年版。
李文玲、杜玉奎：《儒家孝道伦理与汉唐法律》，法律出版社 2012 年版。
郭奇、尹波点校：《朱熹集》第 3 册，四川教育出版社 1996 年版。
李隆基注，邢昺疏：《孝经注疏》，上海古籍出版社 2009 年版。
脱脱等：《宋史》，中华书局 1977 年版。
窦仪：《宋刑统》，中华书局 1984 年版。
张载：《张载集》，中华书局 1978 年版。
程颢、程颐：《二程集·遗书》，中华书局 1981 年版。
智旭：《梵网经合注》，（台）佛教出版社 1989 年印行。
班固：《颜师古注汉书》，中华书局 1962 年版。
杜佑：《通典》卷 33《职官十五·致仕官》，浙江古籍出版社 2000 年版。
王文素：《中国古代社会保障研究》中国财政经济出版社 2009 年版。
孔令纪：《中国历代官制》，齐鲁书社 1993 年版。
张岱年主编：《大清五朝会典》，线装书局 2006 年版。
侯建良：《中国古代文官制度》，党建读物出版社、中国人事出版社 2010 年版。
张友渔：《高潮·中华律令集成》（清卷），吉林人民出版社 1991 年版。
蔡冠洛：《清代七百名人传》，中国书店出版社 1984 年版。
黄惠贤、林锋：《中国俸禄制度史》，武汉大学出版社 2005 年版。
胡平生译注：《孝经译注》，中华书局 1996 年版。
王钟翰点校本：《清史列传》，中华书局 1987 年版。
《钦定大清会典事例》，中华书局 1986 年版。
王卫平、黄鸿山：《中国古代传统社会保障与慈善事业》，群言出版社 2004 年版。
庄华峰等：《中国社会生活史》，合肥工业大学出版社 2003 年版。

康学伟：《先秦孝道研究》，吉林人民出版社 2000 年版。
周法高等编：《金文诂林》，香港中文大出版社 1974 年版。
吴毓江撰，孙启治点校：《墨子校注》，中华书局 1993 年版。
黎翔凤：《管子校注》，中华书局 2004 年版。
何晏注，邢昺疏，李学勤：《十三经注疏・论语注疏》，北京大学出版社 1999 年版。
赵歧注，宋孙奭疏，李学勤主编：《十三经注疏・孟子注疏》，北京大学出版社 1999 年版。
郑玄注，孔颖达疏，李学勤主编：《十三经注疏・礼记正义》，北京大学出版社 1999 年版。
谢新洲：《网络传播与实践》，北京大学出版社 2005 年版。
许刚：《中国孝文化十讲》，凤凰出版社 2011 年版。
蔡元培：《中国伦理学史》，中国画报出版社 2013 年版。
吴锋：《孝养论》，中华工商联合出版社 2000 年版。

三　中文译著

[美] 哈尔・肯迪格等：《世界家庭养老探析》，刘梦、付愫斐、杨衡平译，中国劳动出版社 1997 年版。
[美] 孙隆基：《中国文化的深层结构》，广西师范大学出版社 2004 年版。
[意] 丹瑞欧・康波斯塔：《道德哲学与社会伦理》，李磊、刘玮译，黑龙江人民出版社 2005 年版。
[德] 马克斯・韦伯：《中国的宗教》，康乐、简惠美等译，广西师范大学出版社 2010 年版。

四　单篇学术论文

王涤：《于中国现代新孝道文化特点及其功能作用的探析——兼论提倡新孝道文化中应处理好的几个关系》，《人口研究》2004 年第 3 期。
肖群忠：《孝与友爱：中西亲子关系之差异》，《道德与文明》2001 年第 1 期。
魏英敏：《传统伦理与家庭道德建设》，《浙江学刊》1996 年第 2 期。

李辉:《论建立现代养老体系与弘扬传统养老文化》,《人口学刊》2001 年第 1 期。

肖群忠:《传统养老与当代养老模式》,《西北师范大学学报》2000 年第 3 期。

肖群忠:《谈孝德》,《中国德育》2014 年第 12 期。

宋金兰:《孝的文化内涵及其嬗变“孝”字的文化阐释》,《青海社会科学》1994 年第 3 期。

关颖:《建立现代社会新孝道的思考》,《理论与现代化》1992 年第 8 期。

何磊:《论中国传统文化中的“孝”》,《伦理学》2000 年第 5 期。

魏英敏:《孝与家庭文明》,《北京大学学报》1993 年第 1 期。

张践:《儒家孝道观的形成与演变》,《伦理学》2001 年第 3 期。

陈筱芳:《孝道的起源及其与宗法、政治的关系》,《伦理学》2001 年第 4 期。

郑智辉:《论传统孝文化与现代市场经济的冲突与整合》,《宁夏社会科学》2003 年第 2 期。

孙明君:《孝道浅说》,《道德与文明》2000 年第 2 期。

丁原明:《儒家“孝”文化的现代诠释》,《山东大学学报》2000 年第 3 期。

谢宝耿:《孝的历史嬗变及其现代价值》,《探索与争鸣》2000 年第 3 期。

郑智辉:《传统孝文化及其现代价值》,《前沿》2003 年第 2 期。

路丙辉:《中国传统孝文化在现代家庭道德建设中的价值》,《安徽师范大学学报》(人文社会科学版)2002 年第 1 期。

高成鸢:《论中华尊老传统》,《道德与文明》1999 年第 4 期。

曹立前、高山秀:《中国传统文化中的孝与养老思想探究》,《山东师范大学学报》(人文社会科学版)2008 年第 5 期。

孙洪军:《试论孔子“孝”说》,《滨州教育学院学报》1997 年第 1 期。

王长坤:《试论孝道观念的产生及伦理政治化》,《西安联合大学学报》2001 年第 1 期。

曹方林:《论孝的起源及其发展》,《成都师专学报》2000 年第 3 期。
钟克钊:《儒家孝文化的现代审视》,《学海》1996 年第 3 期。
姚远:《变化中的老年人养老方式的选择》,《南方人口》1999 年第 2 期。
王定璋:《孝文化与敬老养老习俗》,《文史杂志》2001 年第 5 期。
曹宪忠、杜江先:《家庭养老——我国现阶段养老制度的必然选择》,《山东大学学报》(哲学社会科学版) 1998 年第 4 期。
高成鸢:《中国尊老文化的伦理学与哲学》,《中国哲学史》1997 年第 2 期。
钟克钊:《孝文化的历史透视及其现实意义》,《江苏社会科学》1996 年第 2 期。
马尽举:《关于孝文化批判的再思考》,《精神文明导刊》2004 年第 4 期。
王志红:《建立新型养老文化》,《人口与计划生育》2003 年第 8 期。
姚远:《养老,一种特定的传统文化》,《人口研究》1996 年第 6 期。
高和荣:《文化变迁下的中国老年人中赡养问题研究》,《学术论坛》2003 年第 1 期。
张文范:《顺应老龄化时代要求建构孝道文化新理念》,《人口研究》2004 年第 1 期。
李辉:《论建立现代养老体系与弘扬传统养老文化》,《人口学刊》2001 年第 1 期。
王健:《我国农村家庭养老:挑战与应对》,《理论月刊》2002 年第 10 期。
李祖扬:《现代文明与孝伦理》,《道德与文明》2001 年第 6 期。
吴锋:《论孝传统的形成及现代际遇》,《孔子研究》2001 年第 4 期。
高和荣:《文化转型下中国农村家庭养老探析》,《思想战线》2003 年第 4 期。
刘敏:《论汉代“敬老”道德的法律化》,《天津社会科学》2005 年第 3 期。
王文涛:《汉代尊老养老教育与社会和谐》,《河北师范大学学报》(教育科学版）2007年第4期。

赖换初:《〈礼记〉“敬”“让”思想探析》,《伦理学研究》2012年第3期。

肖群忠:《〈礼记〉的孝道思想及其泛化》,《西北师范大学学报》(社会科学版）1995年第2期。

任福黎:《孔道与国家及人生之关系》,《船山学报》1934年第10期。

戴木茅:《孝：从家庭伦理到政治义务——基于〈孝经〉的分析》,《求是学刊》2012年第6期。

陈泽萍:《试论九品中正制创立的原因》,《湖南科技学院学报》2013年第5期。

崔永东:《〈王杖十简〉与〈王杖诏书令册〉法律思想研究——兼及“不道”罪考辨》,《法学研究》1999年第2期。

盛会莲:《试析唐五代时期政府的养老政策》,《浙江师范大学学报》（社会科学版）2012年第1期。

夏炎:《论唐代版授高年中的州级官员》,《史学集刊》2005年第2期。

张文胜:《唐代代婚姻法律制度评析》,《安徽史学》2010年第6期。

魏恤民:《试论〈唐律疏议〉中的有关养老敬老思想》,《咸宁师专学报》1995年第2期。

程向阳:《传统孝道的沦丧与重建》,《西安电子科技大学学报》(社会科学版）2004年第3期。

许宁:《儒佛孝道之比较》,《孔学研究》2000年辑刊。

王月清:《中国佛教孝亲观初探》,《南京大学学报》（哲学社会科学版）1996年第3期。

郭征宇:《简论佛教的因果报应说》,《晋阳学刊》2005年第4期。

朱岚:《论儒佛孝道观的歧异》,《世界宗教研究》2008年第1期。

韩焕忠:《佛教对中国孝文化的贡献》,《武汉科技大学学报》(社会科学版）2009年第6期。

方立天:《佛教与中国伦理（续)》,《五台山研究》1987年第2期。

王月清:《论宋代以降的佛教孝亲观及其特征》,《南京社会科学》

1999 年第 4 期。
吴擎华:《北宋官吏致仕制度浅探》,《文史杂志》2005 年第 6 期。
姚舞艳:《试论清代官员的致仕制度》,《甘肃联合大学学报》(社会科学版) 2007 年第 3 期。
刘云自:《清代致仕制度研究》,《鲁东大学学报》(哲学社会科学版) 2009 年第 6 期。
赵树国、王丽亚:《明代官员终养制度述论》,《云南社会科学》2011 年第 1 期。
杨明:《清代官员的终养制》,《四川师范大学学报》1986 年第 3 期。
欧磊:《清代官员终养制度探微》,《廊坊师范学院学报》(社会科学版) 2013 年第 4 期。
王卫平、黄鸿山、康丽跃:《清代社会保障政策研究》,《徐州师范大学学报》(哲学社会科学版) 2005 年第 4 期。
杨建宏:《论宋代的民间旌表与国家权力的基层运作》,《中州学刊》2006 年第 3 期。
鲁子健:《清代的敬老制度》,《文史杂志》2003 年第 3 期。
岑大利:《清代的饮酒礼俗》,《文化学刊》2009 年第 3 期。
朱明芳、周丽君:《八千耄耋赴盛会 如皋寿星觐天颜》,《档案与建设》2003 年第 7 期。
楚胥、郭继荣:《康乾盛世千叟宴》,《晋中学院学报》2018 年第 4 期。
葛晓萍、李澍卿、袁丙澍:《中国传统社会养老观的变迁》,《河北学刊》2008 年第 1 期。
王春花:《中国古代社会养老思想与实践述论》,《兰台世界》2016 年第 22 期。
雪薇:《清代养济院管理制度运行结构——以安徽养济院为例》,《海南广播电视大学学报》2019 年第 1 期。
刘宗志:《浅析清前期的养济院制度》,《河南师范大学学报》(哲学社会科学版) 2008 年第 4 期。
曾思平:《清代广东养济院初探》,《韩山师范学院学报》2000 年第 4 期。

詹恂:《网络文化的主要特征研究》,《社会科学研究》2005 年第 2 期。

李伟:《弘扬中华孝道文化构建现代家庭美德》,《改革与开发》2018 年第 17 期。

岳鹰:《中国传统孝道文化的内涵及其传承》,《齐齐哈尔大学学报》2017 年第 8 期。

罗国杰:《“孝”与中国传统文化和传统道德》,《道德与文明》2003 年第 3 期。

刘生龙、胡鞍钢、张晓明:《多子多福?子女数量对农村老年人精神状况的影响》,《中国农村经济》2020 年第 8 期。

穆光宗:《老龄人口的精神赡养问题》,《中国人民大学学报》2004 年第 4 期。

高梦希、范维、王燕、盖恬恬:《国内外养老机构服务质量评价体系现状》,《护理研究》2019 年第 33 期。

卢义桦、陈绍军:《新型城镇化进程中农村老年人养老的变迁、困境与对策》,《湖北社会科学》2008 年第 8 期。

杨振华:《论“孝”在提升个人道德修养上的价值》,《山东科技大学学报》(社会科学版)2005 年第 3 期。

杨峻岭:《传统家训的道德意蕴及其创新发展——以宋代〈袁氏世范〉为主要对象》,《伦理学研究》2020 年第 1 期。

五　博硕士学位论文

陈晓静:《两汉孝治研究》,硕士学位论文,湘潭大学,2013 年。

吕文静:《论两汉时期的尊老养老传统》,硕士学位论文,山东师范大学,2012 年。

李洁:《魏晋南北朝时期的“孝行”》,硕士学位论文,首都师范大学,2001 年。

温中华:《北魏孝文化研究》,硕士学位论文,西南民族大学,2013 年。

关开华:《魏晋南北朝孝文化研究》,硕士学位论文,山东师范大学,2012 年。

毛腾飞：《魏晋南北朝孝观念研究》，硕士学位论文，山东大学，2009 年。
王忠：《北魏国家尊老养老政策研究》，硕士学位论文，吉林大学，2015 年。
韩婷：《唐代〈孝经〉文献研究》，硕士学位论文，安徽大学，2017 年。
罗瑜：《唐代孝道研究》，硕士学位论文，中央民族大学，2010 年。
李秀立：《唐代孝文化初探》，硕士学位论文，山东师范大学，2011 年。
冯子怡：《隋唐时期养老思想及措施研究》，硕士学位论文，华中师范大学，2016 年。
汪翔：《唐代官员致仕研究》，博士学位论文，安徽大学，2016 年。
张君：《唐代家庭养老的社会基础及制度保障》，硕士学位论文，烟台大学，2014 年。
王倩倩：《唐代旌表制度研究》，硕士学位论文，山东师范大学，2013 年。
高爽：《唐宋时期孝行旌表研究》，硕士学位论文，辽宁大学，2017 年。
王倩倩：《唐代旌表制度研究》，硕士学位论文，山东师范大学，2013 年。
张双双：《〈唐律疏议〉 孝道法律化研究》，硕士学位论文，湖南师范大学，2017 年。
王明：《中国佛教孝道思想探析》，硕士学位论文，山东大学，2013 年。
白琼：《清代养老思想与措施研究》，硕士学位论文，华中师范大学，2016 年。
刘红力：《清代官员致仕制度研究》，硕士学位论文，哈尔滨师范大学，2011 年。
汪翔：《唐代官员致仕研究》，硕士学位论文，安徽大学，2016 年。
朱金明：《清代官吏致仕保障待遇研究》，硕士学位论文，东北大学，2011 年。
袁帅鹏：《清代官员终养制度研究》，硕士学位论文，河南师范大学，2017 年。
张祖平：《明清时期的政府社会保障体系研究》，博士学位论文，西南财经大学，2005 年。

刘园园：《北宋旌表制度初探》，硕士学位论文，上海师范大学，2011 年。

王春花：《唐代老年人口研究》，博士学位论文，山东大学，2011 年。

宋秋颖：《明代的养老政策》，硕士学位论文，吉林大学，2007 年。

陈琛：《清代社会养老制度研究》，硕士学位论文，山东大学，2017 年。

邓静：《近现代社会救济行为变迁初探》，硕士学位论文，南京大学，2016 年。

代莉莉：《清代广东地区慈善组织普济堂研究》，硕士学位论文，广东省社会科学院，2015 年。

朱思阳：《中华传统文化传承中存在的问题及对策研究》，硕士学位论文，哈尔滨理工大学，2016 年。

沈晓婧：《“互联网+”背景下中国传统文化传承与发展的问题研究》，硕士学位论文，沈阳师范大学，2018 年。

孟颖：《我国社会转型背景下孝文化传承和家庭养老的重构》，硕士学位论文，河北经贸大学，2015 年。

后　　记

立身百行，以学为基。第二个国家社会科学基金课题顺利结题，即将付梓，真是既高兴又沉思。高兴的是：作为地方高校学人能主持两个国家社会科学基金项目并结题出版；沉思的是：项目进行中包含着激情与亢奋，理想与抱负，向往与憧憬，同时也有痛苦与惆怅，失望与迷茫，凄凉与心碎。还有本书因研究涉及时间跨度大，资料搜集和整理的难度大，工作量大，多学科交叉难度大，研究成果还没有达到理想程度，因此而遗憾。

回想近几年来，我遥望南方，感慨万千，铭记永远，思如泉涌，元物唯一，幸运一七，缔于二〇，绽放六一，重阳九九。

我是十分幸运的，生活在这个伟大而自豪的国家里，文化丰富而深厚。在浩瀚的文化海洋里，我一直追寻着，将养老伦理文化的传承与发展视为己任，因此，无论我经历了多少痛苦和磨难，面对多少严峻考验，也不论我处于何种位置、何种境地，我都会为我国养老事业心甘情愿地献出自己毕生的精力和才智。

我也幸运让我生活在这个复杂的变局年代。说是复杂，是因为2020年初新冠肺炎疫情肆行，人们被阻在家里，中国传统的过年热闹习俗变得特别冷清，人们在惊慌中度过农历新年。面对这凶猛如虎的疫情，人性之善和人性之恶，也都在这面“照妖镜”中尽显无遗：原来，这世上还有比病毒更可怕的，那便是人心！说是变局，是因心灵的颤抖。《诗经》云：“投我以木瓜，报之以琼琚，匪报也，永以为好也。”在人生征途中，人与人的交往不是所有关系都能走到最后。常言道：人生，怕走错路，真心，怕给错人。但现实是残酷的……我坚信以真心能换真诚。说是幸运，因疫情而延期开学，给了我时间。我的课题必须要在2020年国庆节前完成结题上传任务，否则要被撤项。曾几何时，因全身心地投入一些开创性工作，无暇顾及课题研究。疫情防控期间，我一方面投入抗疫之中，另一方面从寒假开始夜以继日地投入课题撰写之中。拼搏中，我真正体味到了什么是心累，什么叫脑疲劳，以致我瘦了十斤。

在危机中育先机，于变局中开新局。经历过往，意识到经验教训是个严厉的老师，它总是先来考你，然后才给你上课。课后的心得便是：明智的放弃，胜过盲目的执着。遇到不适合自己的事情，果断放弃，才能得到人生路上的最优解。一个人做什么不重要，重要的是肩上该承担什么。深深地体会到，人生的最大遗憾，莫过于错误地坚持了不该坚持的，轻易地放弃了不该放弃的。花开花落，时间总能让人变得成熟。我也需要变得成熟了。

幸运的是，我遇上了一些关心和帮助我的人，让我生活在这个充满戏剧性的时代里并快乐前行。我的恩师龙静云对我的课题给予了精心指导。感谢与我一起研究养老项目的课题组成员唐艳明、黎永红、郭开虎、何建良等，使我意外地有可能如愿从事自己钟爱的养老文化事业，将自己的心灵和课题组成员的心灵进行沟通，完成了课题研究任务。其中，谢周艳、卢勇等为课题研究所做的贡献比较大。胡芜、梅美、刘一、张唯、美媛、欧阳素琴、潘偲偲、吴霞、陈猛等老师帮我组织挑选思想政治教育、外语、经管、音乐与舞蹈、体育等大学生进行省内外课题调研，付亮香、高畅等同学调研十分积极。当我去广州、深圳等地调研时，胡睿同志冒着炎热给予了我极大的帮助和精神力量，并参与了我课题的构思与设计。妻子吕小平和女儿潘怡婷与我及课题组成员一起深入基层开展调查研究，分析数据，整理与校对材料。恩兄杨金砖不断地督促和鞭策我，廖雅琴院长经常鼓舞我前行，马克思主义理论省级应用特色学科组成员也经常关心问候，了解进展，包本刚、王婷、唐言贵、王晚霞、刘铮、周芳检等老师给予了我无私的帮助。湖南科技学院的校领导对我的言语、处事方式等给予细致的指教，其他领导和同事们也给予了许多帮助、关心与支持，正是这些一次又一次帮助促使我投入这项艰巨的研究工作。现在，我总算能将自己的一些微不足道的收获献给我的读者朋友。

本书是国家社科基金《中国传统孝道伦理思想研究》结项成果和湖南省教育厅科学研究重点项目《湖南全面建成多层次农村社会养老保障体系研究》部分成果的内容。本书能够顺利出版，得到了中国社会科学出版社宋燕鹏编审极大的帮助和支持，他对本书稿提出了许多很好的修改意见，在此除向宋先生表示感谢外，对他的渊博学识和严谨的治学态度深表敬意。另外，在浩瀚的历史海洋里寻找养老伦理方面的资料，必然要查阅大量文献，本人汲取了许多专家和学者的真知灼见，但因限于篇幅，没有一一详具，在此一并表示感谢!

作为一个农民的儿子，有了这些帮助，还有什么不能满足的呢!

潘剑锋

2021 年 7 月于行政楼 517